尾矿渣样品采集及成分检测实用手册

他维媛　杨　林　薛旭东　金盛华　主编

中国环境出版集团 · 北京

图书在版编目（CIP）数据

尾矿渣样品采集及成分检测实用手册/他维媛等主编．
—北京：中国环境出版集团，2023.6
ISBN 978-7-5111-5522-1

Ⅰ．①尾…　Ⅱ．①他…　Ⅲ．①尾矿处理—矿渣—环境标准样品—采集—手册②尾矿处理—矿渣—环境标准样品—成分—检测—手册　Ⅳ．①X751-62

中国国家版本馆 CIP 数据核字（2023）第 097574 号

出 版 人　武德凯
责任编辑　李兰兰
封面设计　宋　瑞

出版发行　中国环境出版集团
（100062　北京市东城区广渠门内大街 16 号）
网　　址：http://www.cesp.com.cn
电子邮箱：bjgl@cesp.com.cn
联系电话：010-67112765（编辑管理部）
发行热线：010-67125803，010-67113405（传真）
印　　刷　北京建宏印刷有限公司
经　　销　各地新华书店
版　　次　2023 年 6 月第 1 版
印　　次　2023 年 6 月第 1 次印刷
开　　本　787×1092　1/16
印　　张　14.5
字　　数　350 千字
定　　价　65.00 元

《尾矿渣样品采集及成分检测实用手册》
编 写 组

主　编　他维媛　杨　林　薛旭东　金盛华

副主编　赵东旭　孟昭君　高晓庆

编　委　张　馨　李　娟　曹　巍　黄　磊　张媛媛　杨　幸

杜　妍　李欢欢　崔　佳　张　琦　魏学东　侯小红

刘　宏　王晓岩　赵　亮　杜　豆　史谊飞　王　彤

王二小　刘小波　薛志伟　金晓亮　杜　微　汪　婕

前　言

尾矿渣是指选矿厂对金属矿石选别后留下的残余脉石、矿砂，通常占矿石总量的50%～90%，主要成分为二氧化硅、氧化铁、氧化铝、氧化钙等，有的还含有色金属或稀有金属。尾矿渣一般堆存在尾矿库内，会携带重金属元素及其他有害组分，且在地表堆放条件下会发生氧化、水解和风化等，易造成扬尘污染。如果再与地表水或雨水相互作用，溶解某些有害组分并携带转移，会造成大范围污染。此外，选矿过程中使用的化学药剂会残存在尾矿渣中，并可能与其中某些组分发生反应，产生新的污染物。因此，对尾矿库中的尾矿渣进行采样分析，掌握其中的主要成分和各元素浓度水平，是摸清尾矿库内可能存在的特征污染物的必要前提，也可为开展尾矿库环境风险评估、探索尾矿库环境污染风险管控模型等工作提供重要支撑。

秦岭区域矿产资源丰富，存在大量矿山采选企业，同时也形成了大量尾矿库。2020年4月，习近平总书记到陕西考察时强调，“秦岭和合南北、泽被天下，是我国的中央水塔，是中华民族的祖脉和中华文化的重要象征”。为保护秦岭生态环境，陕西省生态环境厅从2020年起组织开展了“构建陕西省秦岭区域尾矿库环境污染防治管理体系”工作。其中，对尾矿渣进行采样分析，摸清每座尾矿库中的特征污染物，是此项工作的重要任务之一。

共有近10家检测机构、百余名检测人员参与此项工作，对300多座尾矿库内的尾矿渣进行采样分析，检测因子多达20余项。此项工作在严格执行国家已有采样分析标准和相关技术规范的基础上，不断优化工作流程和操作环节，总结出一套相对成熟的尾矿渣样品采集和成分检测技术方案。本书专门针对尾矿渣建立了一套样品采集、成分检测、质量保证与质量控制方案，旨在为同类工作的开展提供思路与指导。

本书由陕西省环境调查评估中心组织有关人员编写，他维媛、杨林、薛旭东、金盛华、赵东旭、孟昭君、高晓庆为编写组主要成员，赵瑞、鲍建军、韩学东作为本书顾问提供思路指导。参与本书编写工作的还有张馨、李娟、曹巍、黄磊、张媛媛、杨幸、杜妍、李欢欢、崔佳、张琦、魏学东、侯小红、刘宏、王晓岩、赵亮、杜豆、史谊飞、王彤、王二小、刘小波、薛志伟、金晓亮、杜微、汪婕等。感谢支持和参与本书编写的陕西省生态环境厅、陕西省环境监测中心站、陕西华邦检测服务有限公司、核工业二〇三研究所、西安康派斯质量检测有限公司、陕西正为环境检测股份有限公司、陕西华信检测技术有限公司、陕西省地质矿产实验研究所有限公司、中圣环境科技发展有限公司、陕西科睿斯达环境科技有限公司、西安同展环境咨询有限公司。限于篇幅，本书引用的大量法律法规、规范标准、专业名词等资料未能一一列举，在此向文献作者一并致谢。

由于时间和水平有限，书中难免存在不当之处，敬请广大读者批评指正。

编　者

2022 年 11 月

目　录

第一部分　尾矿渣样品采集及保存流转

在构建陕西省秦岭区域尾矿库环境污染防治管理体系过程中，陕西省环境调查评估中心开展了尾矿渣样品采集及保存流转工作，制订了一系列规章制度，并积累了大量宝贵的实践经验，依据《工业固体废物采样制样技术规范》（HJ/T 20—1998）、《危险废物鉴别技术规范》（HJ 298—2019），以及陕西省环境调查评估中心《尾矿库信息核查及布点采样技术规定》和《尾矿库污染源检测技术规定》，最终形成了《陕西省秦岭区域尾矿库污染源调查样品采集及流转工作手册》，该手册主要用于指导尾矿库污染源调查各级管理人员、采样人员、内外审等质量管理人员。

1　工作内容

尾矿渣样品采集及保存流转主要包括采样前的准备工作、现场样品采集和保存及样品流转工作。

2　工作方法

2.1　采样前的准备

2.1.1　采样计划

依据《尾矿库信息核查及布点采样工作方案》①，采样单位根据所承担的尾矿渣采样任务，结合区域分布，在区域内选定合适的样品流转点，及时与检测实验室对接，确定样品流转时间、地点；统筹考虑批次样品数量≤10 个，制订区域采样计划；与尾矿库使用权人沟通并确认采样计划，提出现场采样调查需协助配合的具体要求等。填写尾矿库基本信息一览表（附件 1-1）。

① 《尾矿库信息核查及布点采样工作方案》是各采样单位依据《尾矿库信息核查及布点采样技术规定》编制的用以确定布点采样工作内容、指导现场工作的方案。

2.1.2 采样物资

依据采样方案及尾矿库实际情况，选择适合尾矿渣的采样方法（剖面采样、柱状采样）及相应的采样设备和工具；根据采样指标参数确定样品容器类型及数量；必要时还应与尾矿库使用权人沟通确认现场采样需协助配合的事项。

采样前准备的主要物资见表 1-1。

表 1-1 采样前物资准备一览表

序号	项目	设备/材料	质量要求	用途
1	采样工具	采样钻、竹（木）铲、钢锹、钢锤、圆状取土钻、螺旋取土钻、取样铲、不锈钢药勺等	尾矿渣样品采样器应进行分开管理，采样前后应进行清洗，避免交叉污染	采集尾矿渣样品
2	样品容器	大号自封袋、棕色样品瓶、样品冷藏箱、蓝冰	保存容器不得含测试的目标物，样品冷藏箱具备温控要求	盛装样品
3	称量设备	台秤（粗天平）	量程满足现场需求	检查样品采样量是否满足要求
4	记录	现场采样记录表、相机、打印机、测距仪、GPS、标签纸、签字笔、写字板	规范填写、全程留痕	可追溯
5	其他	安全帽、安全警示牌、警示绳、工作桌、垃圾桶、一次性手套、劳保手套、口罩等	避免交叉污染	劳动、安全、环保用品

2.2 样品的采集、保存及流转

2.2.1 采样点位及采样深度

根据尾矿库内尾矿渣的实际堆存规模确定具体点位及样品份样数，原则上应分别在干滩和各级子坝布设采样点。一般布设 5 个尾矿渣采样点，最小份样数应为 5。

尾矿渣至少应采集表层 0～0.5 m 深度（不含覆土层）的样品。使用采样钻或钢锹等工具进行剖面采样，并使用竹（木）铲采集样品。

2.2.2 样品采集与保存

尾矿渣的份样采样量应基本一致，现场须将份样样品充分混匀，缩分后进行分装，样品量应满足检测项目要求。常见检测项目所需采样量及保存要求见表 1-2。

表 1-2 尾矿渣样品采样量及保存要求

分类名称	检测项目	最少采样量	保存条件	保存时间	备注
尾矿渣	汞、镉、铬、六价铬、砷、铅、镍、铍、银、钡、铜、锌、硒、锰、氟化物、钼、锑、钒、铊、钴、钛、pH	3 kg+1 kg	4℃以下冷藏	30 d	其中 1 kg 为留存样品
	硫离子、氰根离子	500 mL 瓶装满加盖	4℃以下冷藏	30 d	压实、采满

采样完成后应在每个样品容器上贴上标签，标签内容包括：样品名称、样品编号、检测项目、采样日期、采样人员等，同步填写现场记录单（附件 1-2）。

样品及时放入现场样品箱内进行临时保存，完成现场采样后检查核对样品数量、样品信息、检测项目，填写样品保存检查记录单（附件 1-3）再封箱。

2.2.3　样品流转与交接

样品运输至区域样品流转点，采样人员及时与检测实验室对接，在样品保存有效期内完成样品的交接、流转手续，填写样品交接单（附件 1-4）和样品运送单（附件 1-5）。

2.2.4　尾矿渣样品编码

①样品编码格式：

行政编码-YY-A-××

其中，行政编码一般为 9 位数，如 61×××××××（省-市-县区-乡镇）；YY 代表该行政区内的尾矿库代号，从 01 开始编号；A 代表尾矿渣样品；××代表尾矿渣采样点编号，从 01 开始编号。

②平行样编码格式：

采样单位四位字母缩写-A-P-流水号 ZZ（实验室内平行样）

采样单位四位字母缩写-A-S-流水号 ZZ（实验室间平行样）

其中，采样单位四位字母缩写由各采样单位自行规定；A 代表尾矿渣样品；P 代表实验室内平行；S 代表实验室间平行；ZZ 代表各采样单位质控样流水编号，从 01 开始编号。

2.2.5　平行样要求

应结合尾矿库采样任务，提前制订质控平行样品采样计划，合理分配和选择尾矿渣平行样点。

分配原则：按照每个采样批次≤10 个尾矿渣样品，每批次至少采集 1 个平行样。

选择质控平行样点应考虑的因素：矿种及主要污染物、尾矿库生产运行状况（在建、运行、停用、闭库、再利用）、尾矿库型式（山谷型、傍山型、平地型、截河型、其他型），综合考虑平行样点的覆盖率。

当某尾矿库确定为尾矿渣质控平行样采集点时，需在该尾矿库同步采集 3 个样品，其中 2 个送检测实验室，另 1 个送质控实验室。

2.2.6　注意事项

①采样前后对采样器进行除污和清洗，避免交叉污染；采集不同尾矿库样品时应更换手套，避免交叉污染；严禁用手直接采集样品；尾矿渣采样过程中工作人员应佩戴安全帽和一次性口罩、手套，使用后废弃的个人防护用品应统一收集处置。

②如需采集平行样，应注意各点位采样量是否充足；点位上的平行样样品量不够时，可就近打钻，取同一深度样品，以满足样品量需求。

③尾矿渣采样过程中应对关键环节进行拍照记录，核对样品信息并认真填写相关记录单。

④盛样容器应满足：与样品物质不发生反应、没有渗透性；具有符合要求的盖、塞和阀门，使用前应洗净、干燥。

⑤采样工具和设备所用材料不能和待采尾矿渣发生任何反应，不能使待采尾矿渣污染、分层和损失。采样工具和设备应干燥、清洁，便于使用、清洗、保养、检查和维修。

3 附件

附件 1-1 尾矿库基本信息一览表。

附件 1-2 尾矿渣采样记录单。

附件 1-3 样品保存检查记录单。

附件 1-4 样品交接单。

附件 1-5 样品运送单。

附件 1-1

尾矿库基本信息一览表

尾矿库名称			
详细地址			
中心经纬度			
尾矿库类型			
主要矿种和附属矿种			
尾矿库负责人及电话		尾矿库回水方式	□沟槽自流（无人为加压） □管道输送自流（无人为加压） □管道输送（泵站加压） □无
尾矿库型式	□山谷型 □傍山型 □平地型 □截河型 □其他型	尾矿库回水比例	□全回流 □部分回流（比例） □无回流
入库形式	□湿法 □干法 □混合	渗滤液日平均产生量	
坝体类型	□透水 □不透水	渗滤液收集设施	个数 容积
尾矿库等别	□一等 □二等 □三等 □四等 □五等	渗滤液（尾矿水）去向	□返回尾矿库 □返回选厂 □处理后排放 □直接排放
安全度等别	□危库 □险库 □病库 □正常库 □尚未核定	是否有废水处理设施	
运行状况	□在建 □运行 □停用 □闭库 □再利用	废水是否对外排放	
现状总坝高		废水在线监测设备	
设计总库容		地下水监测井	位置（经纬度） 数量
现状库容		库内排水设施	□排水井+排水管 □排水井+隧洞 □斜槽 □斜槽+排水管 □斜槽+隧洞 □溢洪道 □其他
启用时间		库外截洪设施	□截洪沟 □拦洪坝 □其他 □无
是否编制突发环境事件应急预案	□是 □否 备案/编制时间：	库区是否防渗	
环境风险等级	□一般 □较大 □重大 □未知	历史事件、环境违法情况	

附件 1-2

尾矿渣采样记录单

第 页 共 页

尾矿库名称：　　　　　　　　　　　　　　尾矿库编码：

尾矿库地址：　　市/区　　县/市/区　　乡/镇　　村

尾矿渣采样点位数量：

检测项目		样品包装	
采样方式		样品保存	
采样工具		混匀方式	

采样日期：　　　　天气：　　　　气温（℃）：

采样点编号	坐标（E，N）	采样深度（m）	样品重量（份样）	是否移位
				□是 □否
				□是 □否
				□是 □否
				□是 □否
				□是 □否
				□是 □否
				□是 □否
				□是 □否
				□是 □否
				□是 □否

样品编号			样品重量		
是否为平行样	□是　□否	平行样编码		平行样样品重量	
				平行样样品重量	

采样人员：　　　　　　自审人员：　　　　　　内审人员：

附件 1-3

样品保存检查记录单

第　页　共　页

样品编号	检查内容					
	样品标识	包装容器	样品状态	保存条件	保存时间	日常检查记录

工作组自审签字：	采样单位内审签字：

附件 1-4

样品交接单

第　页　共　页

<table>
<tr><td>采样单位</td><td colspan="3"></td><td colspan="2">采样时间</td><td colspan="2"></td><td>收样时间</td><td></td></tr>
<tr><td>检测单位</td><td colspan="3"></td><td colspan="2">样品类型</td><td colspan="2"></td><td>样品运送方式</td><td></td></tr>
<tr><td>要求分析参数</td><td colspan="9"></td></tr>
<tr><td rowspan="2">样品编号</td><td rowspan="2">尾矿库名称</td><td rowspan="2">采样位置</td><td colspan="4">样品描述</td><td colspan="2">样品验收</td><td rowspan="2">备注</td></tr>
<tr><td>采样量</td><td>包装容器</td><td>保存方法</td><td>是否固定</td><td>样品数量</td><td>样品状态</td></tr>
<tr><td></td><td></td><td></td><td></td><td></td><td></td><td></td><td rowspan="11"></td><td rowspan="11">特别说明：
保温箱是否完整：

接收时保温箱内温度：

样品瓶是否有破损：

其他：</td><td></td></tr>
<tr><td></td><td></td><td></td><td></td><td></td><td></td><td></td><td></td></tr>
<tr><td></td><td></td><td></td><td></td><td></td><td></td><td></td><td></td></tr>
<tr><td></td><td></td><td></td><td></td><td></td><td></td><td></td><td></td></tr>
<tr><td></td><td></td><td></td><td></td><td></td><td></td><td></td><td></td></tr>
<tr><td></td><td></td><td></td><td></td><td></td><td></td><td></td><td></td></tr>
<tr><td></td><td></td><td></td><td></td><td></td><td></td><td></td><td></td></tr>
<tr><td></td><td></td><td></td><td></td><td></td><td></td><td></td><td></td></tr>
<tr><td></td><td></td><td></td><td></td><td></td><td></td><td></td><td></td></tr>
<tr><td></td><td></td><td></td><td></td><td></td><td></td><td></td><td></td></tr>
<tr><td></td><td></td><td></td><td></td><td></td><td></td><td></td><td></td></tr>
<tr><td colspan="4">采样单位样品运送人：</td><td colspan="4">检测单位接收人：</td><td colspan="2">质控单位接收人：</td></tr>
<tr><td colspan="10">备注：样品包含质控样品时，质控单位接收签字。</td></tr>
</table>

附件 1-5

样品运送单

第　页共　页

采样单位：	联系人及电话：	尾矿库数量：　　样品数量：	
	地址：	尾矿库所在区域：	
检测单位：	联系人及电话：		
	地址：		
检测项目：		运送方法：	储存条件检查 保温箱是否完整：□是　□否 接收时保温箱内温度： 样品瓶是否有破损：□是　□否

样品描述		介质	样品量、包装容器及瓶数	是否有保护剂	监测项目	运输箱号
样品编号	现场接样日期 / 时间					
				□是　□否		
				□是　□否		
				□是　□否		
				□是　□否		
				□是　□否		
				□是　□否		
				□是　□否		
				□是　□否		
				□是　□否		
				□是　□否		
				□是　□否		
				□是　□否		

测试周期要求：□10 个工作日 □7 个工作日 □5 个工作日 □其他（请注明）		一个月后的样品处理：□归还样品提供单位 □由实验室处理 □样品保留时间　个月	
样品运送 姓名：　　日期/时间：	样品接收 姓名：　　日期/时间：	质控样品接收 姓名：　　日期/时间：	备注：涉及质控样品，质控单位接收签字。

第二部分　尾矿渣浸出方法

依据陕西省环境调查评估中心《尾矿库信息核查及布点采样技术规定》和《尾矿库污染源检测技术规定》，尾矿库环境调查确定的主要污染物为重金属及硫离子（S^{2-}）、氰根离子（CN^-）等无机物，参照《危险废物鉴别标准　浸出毒性鉴别》（GB 5085.3—2007），涉及的尾矿渣浸出方法有硫酸硝酸法和水平振荡法两种。

1　硫酸硝酸法

1-1　编制依据

本方法依据《固体废物　浸出毒性浸出方法　硫酸硝酸法》（HJ/T 299—2007）编制。

1-2　适用范围

本方法规定了尾矿渣浸出毒性的浸出程序及其质量保证措施。

本方法适用于尾矿渣及其再利用产物，以及土壤样品中无机物的浸出毒性鉴别。主要用于指导尾矿渣样品中无机物（重金属及 S^{2-}、CN^-）的浸出毒性鉴别。含有非水溶性液体的样品，不适用本方法。

1-3　术语和定义

下列术语和定义适用于本方法。

3.1　浸出

可溶性的组分溶解后，从固相进入液相的过程。

3.2　浸出毒性

固体废物遇水浸沥，浸出的有害物质迁移转化，污染环境，这种危害特性称为浸出毒性。

1-4　方法原理

本方法以硝酸/硫酸混合溶液为浸提剂，模拟废物在不规范填埋处置、堆存，或经无害化处理后废物的土地利用时，其中的有害组分在酸性降水的影响下，从废物中浸出而进入环境的过程。

1-5　试剂

5.1　实验用水：使用符合待测物分析方法中所要求的纯水。

5.2　浓硫酸：优级纯，ρ=1.84 g/mL。

5.3　浓硝酸：优级纯，ρ=1.42 g/mL。

5.4　1%硝酸溶液。

移取 1 mL 浓硝酸（5.3），用蒸馏水稀释至 100 mL。

5.5　浸提剂。

5.5.1　浸提剂 1。

将质量比为 2∶1（体积比 3∶2）的浓硫酸和浓硝酸混合液加入实验用水（1 L 水约 1 滴混合液）中，用 pH 计测定，使其 pH 为 3.20±0.05。该浸提剂用于测定样品中重金属的浸出毒性。

注 1：浸提剂用时现配；浓硫酸、浓硝酸使用前应未开封；使用精度为±0.01 pH 单位的 pH 计准确测定浸提剂 pH。

5.5.2　浸提剂 2。

实验用水，用于测定 CN^-和 S^{2-}的浸出毒性。

1-6　仪器和设备

6.1　振荡设备：转速为（30±2）r/min，可控温（23±2）℃的翻转式振荡装置，使用前经有资质部门检定/校准并确认。

6.2　提取瓶：2 L 具旋盖和内盖的广口聚乙烯（PE）瓶。

6.3　过滤装置。

6.3.1　正压过滤器：容积＞2 L，配有空气泵。

6.3.2　滤膜：玻纤滤膜或微孔滤膜，孔径 0.6～0.8 μm。

6.4　pH 计：在 25℃时，精度为±0.01 pH 单位。

6.5　实验天平：精度为±0.01 g。

6.6　烧杯或锥形瓶：玻璃，500 mL。

6.7　表面皿：直径可盖住烧杯或锥形瓶。

6.8　样品筛：特氟龙材质，孔径 9.5 mm。

1-7 样品的保存与处理

7.1 除非冷藏会使样品性质发生不可逆改变，否则样品应于 4℃密封冷藏保存。

7.2 用于金属分析的浸出液在贮存之前应用硝酸酸化至 pH＜2。

7.3 测定 S^{2-}和 CN^{-}时，需用聚丙烯或高密度聚乙烯瓶盛装样品，样品应于 4℃密封冷藏保存并于 1 个月内进行分析。

注 2：测定 S^{2-}和 CN^{-}样品不得使用玻璃瓶取样，否则易导致离子污染。

1-8 浸出步骤

8.1 含水率测定

按照本手册第三部分“1 干物质和水分”进行尾矿渣含水率的分析。

8.2 样品破碎

样品颗粒应可以通过 9.5 mm 孔径的筛，对于粒径大的颗粒可通过破碎、切割或碾磨减小粒径。

注 3：破碎、切割或碾磨应选择耐腐蚀、无交叉污染的设备，操作过程尽量减少样品损失。

8.3 样品浸出

称取两份各 150～200 g 新鲜尾矿渣样品，其中一份用于测定含水率。

另一份尾矿渣样品根据含水率按液固比 10∶1（L/kg）计算出所需浸提剂的体积并加入浸提剂，盖紧瓶盖后固定在翻转式振荡装置上，调节转速为（30±2）r/min，于（23±2）℃下振荡（18±2）h。在振荡过程中有气体产生时，应定时在通风橱中打开提取瓶，释放过度的压力。振荡结束后立即过滤。具体操作流程见图 2-1。正压过滤操作过程见本方法附录 A。

浸出液可按照各待测物分析方法的要求进行保存。

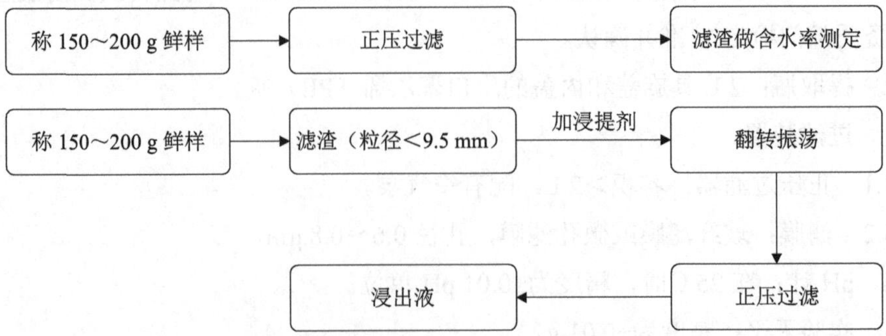

加入浸提剂的量=10×样品量×（1–滤渣含水率）

图 2-1 翻转振荡压滤操作流程

1-9　质量保证和质量控制

9.1　分析仪器应经过国家计量认证，并在有效期内使用。

9.2　每做 20 个样或每批样品（样品量少于 20 个时）至少做 1 个浸出空白，与样品同步进行浸提分析。

9.3　每批样品至少做一个加标回收样品。取过筛后的待测样品，分成相同的两份。向其中一份中加入已知量的待测物质，按照 8.3 规定步骤进行浸提分析，计算加标回收率。

9.4　每 10 个样品至少做 1 个平行双样。

9.5　样品浸出实验应在表 2-1 或相关分析方法所规定的时间内完成。

表 2-1　样品的最大保留时间　　单位：d

物质类别	从野外采集到浸出	从浸出到预处理	从预处理到定量分析	总实验周期
汞	28	—	28	56
汞以外的金属	180	—	180	360

附录 A
（参考性附录）
正压过滤操作过程

A1　将滤膜放在不锈钢滤网上，用浸提液润湿滤膜，使滤膜与不锈钢滤网保持充分贴合，再盖上另一片滤网，将滤膜夹在两片不锈钢滤网中间。安装好正压过滤器，并连接好空气泵。

A2　在正压过滤器底部接上接收瓶，将提取瓶中样品全部倒入正压过滤器，并拧紧盖子螺丝。

A3　打开空气泵开关，从顶部通入空气，将压力缓慢增加至 0.2 MPa 左右，在此期间观察接收瓶中滤液体积，待滤液体积与加入浸提剂体积接近，听到气体通过滤膜且连续 2 min 无浸出液流出，则过滤结束。若在 0.2 MPa 左右下无气体通过滤膜或者连续 2 min 无液体滤出，则继续缓慢加压。

A4　加压到 0.4 MPa 左右，气体通过滤膜或者连续 2 min 无液体滤出，则过滤结束，关闭空气泵，打开放气阀，释放压力。

A5　每过滤一个样品需将正压过滤器彻底清洗，用纯水冲洗并吹干，方可进行下一个样品的过滤。

2 水平振荡法

2-1 编制依据

本方法依据《固体废物 浸出毒性浸出方法 水平振荡法》（HJ 557—2010）编制。

2-2 适用范围

本方法规定了尾矿渣浸出毒性的浸出程序及其质量保证措施。

本方法适用于评估在受到地表水或地下水浸沥时，尾矿渣及其他固态物质中无机污染物（氰化物、硫化物等不稳定污染物除外）的浸出风险。本方法不适用于含有非水溶性液体的样品。

2-3 术语和定义

下列术语和定义适用于本方法。

3.1 浸出

可溶性的组分溶解后，从固相进入液相的过程。

3.2 浸出毒性

固体废物遇水浸沥，浸出的有害物质迁移转化，污染环境，这种危害特性称为浸出毒性。

2-4 方法原理

以实验用水为浸提剂，模拟尾矿渣在特定场合中受到地表水或地下水的浸沥，其中的有害组分浸出而进入环境的过程。

2-5 试剂

浸提剂：实验用水，GB/T 6682 二级。

2-6 仪器和设备

6.1 振荡设备：频率可调的往复式水平振荡装置，使用前经有资质部门检定/校准并经过确认。

6.2 提取瓶：2 L 具旋盖和内盖的广口瓶，由不能浸出或吸附样品所含成分的惰性材料（如玻璃或聚乙烯）制成。

6.3 过滤器

6.3.1 正压过滤器：容积＞2 L，配有空气泵。

6.3.2 滤膜：0.45 μm 微孔滤膜。

6.4 天平：精度不低于±0.01 g。

6.5 样品筛：特氟龙材质，孔径 3 mm。

2-7 样品

7.1 采集与保存

按照本手册第一部分相关规定进行样品的采集和保存。

除非冷藏会使样品性质发生不可逆改变，否则样品应于 4℃冷藏保存。

7.2 试样制备

挑除样品中的杂物，将采集的所有样品破碎，使样品颗粒全部通过 3 mm 孔径的筛。

注 1：破碎、切割或碾磨应选择耐腐蚀、无交叉污染的设备，操作过程尽量减少样品损失。

2-8 实验步骤

8.1 含水率测定

按照本手册第三部分“1 干物质和水分”进行尾矿渣含水率的分析。

注 2：容器的材料必须与样品不发生反应；进行含水率测定后的样品，不得用于浸出毒性检测。

8.2 浸出步骤

称取两份干基重量为 100 g 的新鲜尾矿渣样品，其中一份用于测定含水率。

另一份尾矿渣样品根据含水率按液固比 10∶1（L/kg）计算出所需浸提剂的体积并加入浸提剂，盖紧瓶盖后垂直固定在水平振荡装置上，调节振荡频率为（110±10）次/min、振幅为 40 mm，在 25℃下振荡 8 h 后取下提取瓶，静置 16 h。在振荡过程中有气体产生时，应定时在通风橱中打开提取瓶，释放过度的压力。振荡结束后立即过滤。具体操作流程见图 2-2。正压过滤操作过程见本手册第二部分 1 中附录 A。

浸出液可按照各待测物分析方法的要求进行保存。

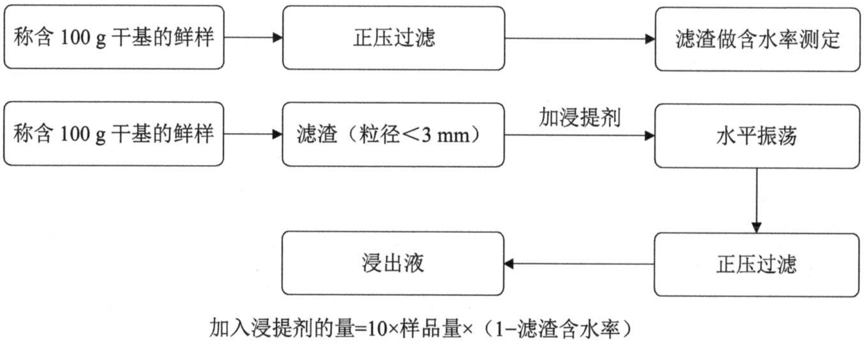

图 2-2 水平振荡压滤操作流程

注 3：依据新鲜样品含水率，计算出含 100 g 干基尾矿渣样品新鲜样的重量。

2-9 质量保证和质量控制

9.1 每做 20 个样或每批样品（样品量少于 20 个时）至少做 1 个浸出空白。

9.2 每批样品至少做 1 个加标回收样品。取过筛后的待测样品，分成相同的两份。向其中一份中加入已知量的待测物标准样品，按照 8.2 规定步骤进行浸提分析，计算待测物的回收率。

9.3 每 10 个样品至少做 1 个平行双样。

9.4 样品浸出实验应在表 2-2 或相关分析方法中所规定的时间内完成。

表 2-2 样品的最大保留时间

单位：d

物质类别	从野外采集到浸出	从浸出到预处理	从预处理到定量分析	总实验周期
汞	28	—	28	56
汞以外的金属	180	—	180	360

第三部分　尾矿渣样品分析测试方法

本部分收集整理了尾矿渣主要污染物（重金属及氰化物等无机物）目前已有的国家标准及生态环境部发布的分析测试方法，并结合“构建陕西省秦岭区域尾矿库环境污染防治管理体系”工作实际，将对 S^{2-}、CN^{-}等部分测定项目形成的作业指导书一并整理纳入，供本手册使用人员选择。

1　干物质和水分

1-1　重量法

特别提示：测定有毒有害样品时，应避免皮肤接触或者口鼻吸入，试验过程中应采取通风、排气等措施以防止实验室环境或者其他样品受到污染。

1-1-1　编制依据

本方法依据《固体废物　水分和干物质含量的测定　重量法》（HJ 1222—2021）编制。

1-1-2　适用范围

本方法规定了测定尾矿渣中水分和干物质含量的重量法。

本方法适用于常见尾矿渣中水分和干物质含量的测定，不适用于挥发性有机物含量高、易燃易爆的尾矿渣样品中水分和干物质含量的测定。

1-1-3　术语和定义

下列术语和定义适用于本方法。

3.1　水分含量

在规定条件下，从尾矿渣中蒸发的水的质量占样品总质量的质量分数。

3.2　干物质含量

在规定条件下，尾矿渣中干残留物的质量分数。

3.3　恒重

样品烘干后，再以 4 h 为时间间隔对冷却后的样品进行两次连续称重，前后差值不超过最终测定质量的 1%，此时的重量即为恒重。

注 1：选用微波干燥法或红外干燥法时，样品在水分测定仪持续干燥称重下，10 s 内前后质量差值不超过最终测定质量的 0.01%，此时的重量即为恒重。

1-1-4 方法原理

尾矿渣样品在（105±5）℃烘干至恒重，以烘干前后的样品质量差值计算水分和干物质的含量，用质量分数表示。

1-1-5 仪器和设备

5.1 鼓风干燥箱（烘箱干燥法）：温度范围为（105±5）℃。

5.2 微波水分测定仪（微波干燥法）：天平精度≤0.000 1 g，温度范围为（100±10）℃。

5.3 红外水分测定仪（红外干燥法）：天平精度≤0.000 1 g，温度范围为（100±10）℃。

5.4 干燥器：装有无水变色硅胶。

5.5 分析天平：实际分度值≤0.01 g。

5.6 具盖容器：防水材质且不吸附水分，容积≥100 mL。

5.7 样品勺。

5.8 一般实验室常用仪器和设备。

1-1-6 样品

6.1 样品采集与保存

按照本手册第一部分规定进行样品的采集和保存。应在采集样品后尽快进行水分和干物质含量的测定。

6.2 试样制备

一般情况下，可直接取样测定。试样制备也可按照选用的处置规范、评价规范或分析方法标准中相应的要求执行。

1-1-7 分析步骤

7.1 烘箱干燥法

具盖容器（5.6）和盖子于（105±5）℃下烘干 1 h，稍冷，盖好盖子，然后置于干燥器（5.4）中冷却（约 45 min），称量带盖容器的质量 m_0（精确至 0.01 g）。用样品勺将 25～50 g 尾矿渣样品平铺至已称重的具盖容器（5.6）中，盖上容器盖，称量总质量 m_1（精确至 0.01 g），放入烘箱（5.1）中，打开容器盖，于（105±5）℃下烘干至恒重。盖上容器盖，置于干燥器（5.4）中冷却（约 45 min），取出后立即称量带盖容器和烘干样品的总质量 m_2（精确至 0.01 g）。

注 2：对于水分含量较高的样品，可先将样品烘干 12 h，再以 4 h 为时间间隔进行恒重测定。

7.2 微波干燥法

按照微波水分测定仪（5.2）操作说明，设置仪器参数（包括功率和终点确定模式等），温度范围为（105±5）℃。用样品勺取适量的样品（根据仪器要求选择合适的称样量，建议称样量范围为 1.00～3.00 g）平铺于仪器的进样盘，盖上仪器盖，运行测定程序并读数。

注 3：对于均匀性差的样品，应至少测定 3 个平行样品，结果以算术平均值表示。

7.3　红外干燥法

按照红外水分测定仪（5.3）操作说明，设置仪器参数，温度范围为（105±5）℃。用样品勺取适量的样品（根据仪器要求选择合适的称样量，建议称样量为 3 g 左右）平铺于仪器的进样盘，盖上仪器盖，运行测定程序并读数。

注 4：对于均匀性差的样品，应至少测定 3 个平行样品，结果以算术平均值表示。

1-1-8　结果计算与表示

8.1　结果计算

样品中水分含量（ω_{H_2O}）和干物质含量（ω_{dm}）按照以下公式计算：

$$\omega_{H_2O} = \frac{m_1 - m_2}{m_1 - m_0} \times 100\%$$

$$\omega_{dm} = \frac{m_2 - m_0}{m_1 - m_0} \times 100\%$$

式中：ω_{H_2O}——尾矿渣样品中的水分含量（以质量分数计），%；

ω_{dm}——尾矿渣样品中的干物质含量（以质量分数计），%；

m_0——带盖容器的质量，g；

m_1——带盖容器及尾矿渣样品的总质量，g；

m_2——带盖容器及烘干样品的总质量，g。

8.2　结果表示

测定结果保留至整数位，测定结果小于 1%时，以“＜1%”表述。

1-1-9　质量保证和质量控制

9.1　采样过程应充分保证样品的均匀性。

9.2　根据样品性质酌情增加样品采集数量，提高样品的代表性，测定结果精密度≤25%，否则应增加样品的平行测定次数。

9.3　采用本方法用于仲裁时，每个样品应平行测定 3 次，测定结果取算术平均值。

1-1-10　废物处理

实验中产生的危险废物应妥善收集，避免不相容废物混合收集，做好分类标识，依法按照国家有关危险废物的规定进行贮存、处置。

1-1-11　注意事项

11.1　与样品接触的所有用具的材质应不与待测样品有任何反应，不破坏样品代表性，不改变样品组成。

11.2　实验过程中应避免具盖容器内样品细颗粒被气流或风吹出。

11.3　考虑火灾安全因素，升温过快可能导致有机物快速挥发闪燃和回燃，表面形成明火。故建议烘箱干燥法升温速率不超过 5℃/min。

11.4 拟采用的仪器和设备需在检定或校准证书的有效期内，符合本方法仪器和设备精度需求方可使用。

2 腐蚀性

2-1 玻璃电极法

2-1-1 编制依据

本方法依据以下标准编制：

《固体废物 腐蚀性测定 玻璃电极法》（GB/T 15555.12—1995）；

《土壤 pH 值的测定 电位法》（HJ 962—2018）；

《水质 pH 值的测定 电极法》（HJ 1147—2020）；

《pH 值测定用缓冲溶液制备方法》（GB/T 27501—2011）；

《固体废物 浸出毒性浸出方法 水平振荡法》（HJ 557—2010）。

2-1-2 适用范围

本方法规定了测定尾矿渣腐蚀性的玻璃电极的试验方法。

本方法适用于固体、半固体的浸出液和高浓度液体的 pH 值测定，尾矿渣腐蚀性 pH 值的测定，采用玻璃电极法。pH 的测定范围为 0～14。本方法主要用于尾矿渣样品 pH 值的测定。

2-1-3 术语和定义

下列术语和定义适用于本方法。

固体废物腐蚀性

是指单位或个人在生产、经营、生活和其他活动中所产生的固体、半固体和浓度液体，采用指定的鉴别方法，或者根据规定程序批准的等效方法，测定其溶液或固体、半固体浸出液的 pH 小于、等于 2，或者等于、大于 12.5。

2-1-4 方法原理

以玻璃电极为指示电极，饱和甘汞电极为参比电极组成电池。在 25℃条件下，氢离子活度变化 10 倍，使电动势偏移 59.16 mV。仪器上直接以 pH 的读数表示。许多 pH 计上有温度补偿装置，可以校正温度的差异，为了提高测定的准确度，校准仪器选用的标准缓冲溶液的 pH 值应与试样的 pH 值接近。

2-1-5 干扰和消除

5.1 当废物浸出液的 pH 小于 1 时，会产生酸误差；当废物浸出液的 pH 大于 10 时，钠差效应对测定有干扰。可采用耐酸碱 pH 电极测定，也可以选择与被测浸出液的 pH 值相近的标准缓冲溶液对仪器进行校准以抵消干扰。

5.2 当电极表面被油质或者粒状物质沾污，会影响电极的测定，应用洗涤剂清洗，或用（1+1）的盐酸溶液除尽残留物，然后用蒸馏水冲洗干净。

5.3 测定电解质低的样品时，应采用适用于低离子强度的 pH 电极测定；测定电解质高（盐度大于 5‰）的样品时，应采用适用于高离子强度的 pH 电极测定。

5.4 测定含高浓度氟的酸性样品时，应采用耐氢氟酸的 pH 电极测定。

5.5 温度影响 pH 值的准确测定。因为在不同的温度下电极的电势输出不同，温度变化也会影响样品的 pH 值，所以必须进行温度的补偿。温度计与电极应同时插入待测溶液中，在报告测定的 pH 值时同时报告测定时的温度。

5.6 仪器应具备温度补偿功能，温度补偿范围依据仪器说明书而定。

2-1-6 试剂和材料

除非另有说明，分析时均使用符合国家标准的分析纯试剂。

6.1 实验用水：去除二氧化碳的新制备的蒸馏水或纯水。

将水注入烧杯中，煮沸 10 min，放置冷却，装入密闭容器，临用现配。

6.2 邻苯二甲酸氢钾（$KHC_8H_4O_4$）。

于 110～120℃下干燥 2 h，置于干燥器中保存，待用。

6.3 磷酸氢二钠（Na_2HPO_4）。

于 110～120℃下干燥 2 h，置于干燥器中保存，待用。

6.4 磷酸二氢钾（KH_2PO_4）。

于 110～120℃下干燥 2 h，置于干燥器中保存，待用。

6.5 四硼酸钠（$Na_2B_4O_7 \cdot 10H_2O$）。

与饱和溴化钠（或氯化钠加蔗糖）溶液（室温）共同放置在干燥器中 48 h，使四硼酸钠晶体保持稳定。

6.6 标准缓冲溶液。

6.6.1 标准缓冲溶液Ⅰ：c（$KHC_8H_4O_4$）=0.05 mol/L，pH=4.01（25℃）。

称取 10.12 g 邻苯二甲酸氢钾（6.2），溶于水（6.1）中，转移至 1 L 容量瓶中并定容至标线。也可购买市售合格标准缓冲溶液，按照说明书使用。

6.6.2 标准缓冲溶液Ⅱ：c（Na_2HPO_4）=0.025 mol/L，c（KH_2PO_4）=0.025 mol/L，pH=6.86（25℃）。

分别称取 3.533 g 磷酸氢二钠（6.3）和 3.387 g 磷酸二氢钾（6.4），溶于水（6.1）中，转移至 1 L 容量瓶中并定容至标线。也可购买市售合格标准缓冲溶液，按照说明书使用。

6.6.3 标准缓冲溶液Ⅲ：c（$Na_2B_4O_7$）=0.01 mol/L，pH=9.18（25℃）。

称取 3.80 g 四硼酸钠（6.5），溶于水（6.1）中，转移至 1 L 容量瓶中并定容至标线，在聚乙烯瓶中密封保存。也可购买市售合格标准缓冲溶液，按照说明书使用。

注 1：标准缓冲溶液要在聚乙烯瓶密闭保存。

注 2：标准缓冲溶液于 4℃以下冷藏可保存 2～3 个月。发现有混浊、发霉或沉淀现象时，不能继续使用。且用过的标准缓冲溶液不能倒回原瓶中。

注 3：当被测样品 pH 值过高或者过低时，可选用与其 pH 值相近的其他标准缓冲溶液，具体参见本方法附录 A。

6.7 pH 广泛试纸。

2-1-7 仪器和设备

7.1 pH 计：精度为±0.01 pH 单位，具有温度补偿功能，pH 测定范围为 0～14。

7.2 电极：玻璃电极和饱和甘汞电极，或者 pH 复合电极。

7.3 磁力搅拌器：具有温控功能。

7.4 振荡设备：频率为（110±10）次/min，振幅为 40 mm 的往复式水平振荡装置，使用前经有资质的部门检定/校准并确认。

7.5 提取瓶：2 L 具旋盖和内盖的广口聚乙烯（PE）瓶。

7.6 过滤器。

7.6.1 正压过滤器：容积＞2 L，配有空气泵。

7.6.2 滤膜：0.45 μm 微孔滤膜。

7.7 天平：精度不低于 0.01 g。

7.8 特氟龙筛：孔径 5 mm。

7.9 100 mL 聚乙烯烧杯若干。

7.10 一般实验室常用仪器和设备。

2-1-8 样品采集与保存

按照本手册第一部分的相关规定进行样品的采集和保存。

除非冷藏会使样品性质发生不可逆改变，否则样品应于 4℃冷藏保存。

2-1-9 浸出步骤

9.1 试样制备

取适量样品进行风干、研磨、过 5 mm 筛。

9.2 风干样品的含水率测定

按照本手册第三部分“1 干物质和水分”进行尾矿渣含水率的分析。

9.3 样品浸出

9.3.1 称取 100 g 风干样品置于提取瓶中，加实验用水 1 L（包括风干样品的含水量）。

9.3.2 将提取瓶垂直固定在水平振荡器上，振荡频率调节为 110 次/min，振幅为 40 mm，在 25℃下振荡 8 h，静置 16 h。

9.3.3 通过正压过滤进行过滤，滤后立即测定滤液 pH 值。具体正压过滤步骤按本手册第二部分 1 中附录 A 进行。

2-1-10　分析步骤

10.1　校准

10.1.1　校准溶液

使用 pH 广泛试纸粗测浸出液的 pH 值，根据浸出液的 pH 值大小选择两种合适的校准用的标准缓冲溶液。两种标准缓冲溶液 pH 相差约为 3 pH 单位。浸出液样品 pH 尽量在两种标准缓冲溶液 pH 范围内，若超出范围，样品 pH 至少与其中一个标准缓冲溶液 pH 之差不超过 2 pH 单位。

10.1.2　校准方法

根据 10.1.1 中粗测的浸出液样品的 pH 值，采用两点校准法，选择校准模式，先用 pH6.86（25℃）标准缓冲溶液，再用 pH4.01（25℃）标准缓冲溶液或 pH9.18（25℃）标准缓冲溶液校准。校准步骤如下：

①将盛有 pH6.86（25℃）标准缓冲溶液并内置搅拌子的烧杯置于磁力搅拌器上，开启磁力搅拌器，避免产生气泡，待读数稳定后，调节仪器示值与标准缓冲溶液的 pH 一致。

②用蒸馏水冲洗电极并用滤纸边缘吸去电极表面水分，开启磁力搅拌器，将电极浸入第二个标准缓冲溶液中，避免产生气泡，待读数稳定后，调节仪器示值与标准缓冲溶液的 pH 一致。

③重复步骤①，待读数稳定后，仪器的示值与标准缓冲溶液的 pH 之差应≤0.02 pH 单位，否则重复步骤①和步骤②，直至合格。

注 4：用于校准 pH 的两种标准缓冲溶液，其中一种标准缓冲溶液的 pH 与浸出液样品 pH 之差应≤2 pH 单位。若超出范围，可选择其他 pH 标准缓冲溶液，参见本方法附录 A。

注 5：pH 计 1 min 内读数变化小于 0.05 pH 单位即可视为读数稳定。

注 6：有自动温度补偿功能的仪器，忽略以上步骤。常见温度补偿方式见本方法附录 B。

10.2　测定

将浸出液样品倒入清洁的聚乙烯烧杯，放入搅拌子，将烧杯置于磁力搅拌器上，打开磁力搅拌器，然后将校准后清洁干净的电极插入样品中，电极探头插入样品液面垂直深度的 1/3～2/3 处，调至搅拌子以缓和、固定的速率转动，避免产生气泡，待读数稳定后记录其 pH 值。

注 7：控制样品的温度为（25±1）℃，与标准缓冲溶液的温度之差不应超过 2℃，也可将标准缓冲溶液及样品置于 25℃恒温水浴中进行校准及测定。

2-1-11　结果处理及报告

11.1　每个样品至少做 3 个平行试验，其测定结果的绝对偏差不得超过±0.15 pH 单位，取算术平均值报告实验结果，测定结果保留至小数点后两位。

11.2　当绝对偏差超过规定范围时，必须分析并报告原因。

2-1-12 废物处理

实验中产生的危险废物应集中收集，并做好相应标识，委托有资质的单位进行处理。

2-1-13 注意事项

13.1 pH 计应参照说明书使用和维护。

13.2 电极应参照说明书使用和维护。

13.3 为减少空气中酸碱性气体的溶入，或样品中相应物质的挥发，正压过滤完收集的滤液应密封并尽快测定。

附录 A
（资料性附录）
不同 pH 标准缓冲溶液（25℃）

A.1 标准缓冲溶液的组成

标准缓冲溶液有 7 种，其组成和配制 1 L 溶液所需的标准物质的质量见表 A.1。

表 A.1 标准缓冲溶液的组成

标准缓冲溶液编号	标准缓冲溶液	标准物质名称	分子式	标准溶液浓度/（mol/L）	配制 1 L 标准溶液所需标准物质的质量/g
A1	pH1.68	四草酸钾	$KH_3(C_2O_4)_2 \cdot 2H_2O$	0.05	12.61
A3	pH3.56	酒石酸氢钾	$KHC_4H_4O_6$	25℃饱和约为 0.034	＞7
A4	pH4.01	邻苯二甲酸氢钾	$KHC_8H_4O_4$	0.05	10.12
A6	pH6.86	磷酸氢二钠	Na_2HPO_4	0.025	3.533
		磷酸二氢钾	KH_2PO_4	0.025	3.387
A7	pH7.41	磷酸氢二钠	Na_2HPO_4	0.030 43	4.303
		磷酸二氢钾	KH_2PO_4	0.008 695	1.179
A9	pH9.18	四硼酸钠	$Na_2B_4O_7 \cdot 10H_2O$	0.01	3.80
A12	pH12.46	氢氧化钙	$Ca(OH)_2$	25℃饱和约为 0.020	＞2

A.2 标准缓冲溶液的配制及保存

A.2.1 实验用水：新制备的去除二氧化碳的蒸馏水。

将水注入烧瓶中，煮沸 10 min，加盖放置冷却。临用现制。

A.2.2 四草酸钾［$KH_3(C_2O_4)_2 \cdot 2H_2O$］。

于 51～57℃下干燥 4 h，置于干燥器中保存，待用。

A.2.3　酒石酸氢钾（$KHC_4H_4O_6$）。

A.2.4　邻苯二甲酸氢钾（$KHC_8H_4O_4$）。

于 110～120℃下干燥 2 h，置于干燥器中保存，待用。

A.2.5　磷酸氢二钠（Na_2HPO_4）。

于 110～120℃下干燥 2 h，置于干燥器中保存，待用。

A.2.6　磷酸二氢钾（KH_2PO_4）。

于 110～120℃下干燥 2 h，置于干燥器中保存，待用。

A.2.7　四硼酸钠（$Na_2B_4O_7 \cdot 10H_2O$）。

与饱和溴化钠（或氯化钠加蔗糖）溶液（室温）共同放置在干燥器中 48 h，使四硼酸钠晶体保持稳定。

A.2.8　氢氧化钙［$Ca(OH)_2$］。

A.2.9　标准缓冲溶液 A1：c［$KH_3(C_2O_4)_2 \cdot 2H_2O$］=0.05 mol/L，pH=1.68（25℃）。

称取 12.61 g 四草酸钾（A.2.2），溶于水（A.2.1）中，于 25℃下转移至 1 L 容量瓶中并定容至标线。也可购买市售合格标准缓冲溶液，按照说明书使用。

A.2.10　标准缓冲溶液 A3：$KHC_4H_4O_6$ 饱和溶液，pH=3.56（25℃）。

称取约 7 g 酒石酸氢钾（A.2.3），溶于水（A.2.1）中，于 22～28℃下在磨口玻璃瓶中稀释至 1 L，剧烈摇动 20～30 min，待溶液澄清后，用倾泻法取清液备用。也可购买市售合格标准缓冲溶液，按照说明书使用。

A.2.11　标准缓冲溶液 A4：c（$KHC_8H_4O_4$）=0.05 mol/L，pH=4.01（25℃）。

称取 10.12 g 邻苯二甲酸氢钾（A.2.4），溶于水（A.2.1）中，于 25℃下转移至 1 L 容量瓶中并定容至标线。也可购买市售合格标准缓冲溶液，按照说明书使用。

A.2.12　标准缓冲溶液 A6：c（Na_2HPO_4）=0.025 mol/L，c（KH_2PO_4）=0.025 mol/L，pH=6.86（25℃）。

分别称取 3.533 g 磷酸氢二钠（A.2.5）和 3.387 g 磷酸二氢钾（A.2.6），溶于水（A.2.1）中，于 25℃下转移至 1 L 容量瓶中并定容至标线。也可购买市售合格标准缓冲溶液，按照说明书使用。

A.2.13　标准缓冲溶液 A7：c（Na_2HPO_4）=0.030 43 mol/L，c（KH_2PO_4）=0.008 695 mol/L，pH=7.41（25℃）。

分别称取 4.303 g 磷酸氢二钠（A.2.5）和 1.179 g 磷酸二氢钾（A.2.6），溶于水（A.2.1）中，于 25℃下转移至 1 L 容量瓶中并定容至标线。也可购买市售合格标准缓冲溶液，按照说明书使用。

A.2.14　标准缓冲溶液 A9：c（$Na_2B_4O_7 \cdot 10H_2O$）=0.01 mol/L，pH=9.18（25℃）。

称取 3.80 g 四硼酸钠（A.2.7），溶于水（A.2.1）中，于 25℃下转移至 1 L 容量瓶中并定容至标线，在聚乙烯瓶中密封保存。也可购买市售合格标准缓冲溶液，按照说明书使用。

A.2.15 标准缓冲溶液 A12：$Ca(OH)_2$ 饱和溶液，pH=12.46（25℃）。

称取约 2 g 氢氧化钙（A.2.8），溶于水（A.2.1）中，于 22～28℃下在聚乙烯瓶中稀释至 1 L，剧烈摇动 20～30 min，待溶液澄清后，用倾泻法取清液备用。也可购买市售合格标准缓冲溶液，按照说明书使用。

注 1：A9、A12 均为碱性溶液，应于聚乙烯瓶中密封保存。为了防止 A3 溶液发霉，可加入百里酚，用量为每升溶液加 1 g。标准缓冲溶液于 4℃以下冷藏，可保存 2～3 个月。发现有混浊、发霉或沉淀等现象时，不能继续使用。

注 2：以上标准缓冲溶液的配制及方法值参考 GB/T 27501—2011，也可购买其他市售合格标准缓冲溶液。

A.3 6 种标准缓冲溶液

不同温度下各标准缓冲溶液对应的 pH 见表 A.2。根据测量需要及仪器的精度确定试剂的纯度和称量的精确度，基准试剂制备的溶液不确定度为 0.005 pH 单位（k=3），其他试剂制备的溶液不确定度为 0.01 pH 单位（k=3）。

表 A.2 不同温度下各标准缓冲溶液对应的 pH

温度/℃	A1	A3	A4	A6	A9	A12
0	1.668	—	4.006	6.981	9.458	13.416
5	I 669	—	3.999	6.949	9.391	13.210
10	1.671	—	3.996	6.921	9.330	13.011
15	1.673	—	3.996	6.898	9.276	12.820
20	1.676	—	3.998	6.879	9.226	12.637
25	1.680	3.559	4.003	6.864	9.182	12.460
30	1.684	3.551	4.010	6.852	9.142	12.292
35	1.688	3.547	4.019	6.844	9.105	12.130
40	1.694	3.547	4.029	6.838	9.072	11.975
45	1.700	3.550	4.042	6.834	9.042	11.828
50	1.706	3.555	4.055	6.833	9.015	11.697
55	1.713	3.563	4.070	6.834	8.990	11.553
60	1.721	3.573	4.087	6.837	8.968	11.426
70	1.739	3.596	4.122	6.847	8.926	—
80	1.759	3.622	4.161	6.862	8.890	—
90	1.782	3.648	4.203	6.881	8.856	—
95	1.795	3.660	4.224	6.891	8.839	—

附录 B

（资料性附录）

常见的温度补偿方式

pH 计常见的温度补偿方式有两种：手动温度补偿（MTC 模式）和自动温度补偿（ATC 模式）。

手动温度补偿（MTC 模式）：首先将标准缓冲溶液的温度调节至与样品的实际温度相一致，用温度计测量并记录温度。校准时，将 pH 计的温度补偿旋钮或按键设定至样品实际温度上，标准缓冲溶液的 pH 值设定为样品实际温度下的 pH 值。样品测定结果（仪器示值）为样品实际温度下的 pH 值。

自动温度补偿（ATC 模式）：无须将标准缓冲溶液与样品调节至同一温度。校准时，电极自带的温度探头可自动测量标准缓冲溶液的温度，标准缓冲溶液的 pH 值自动设定为该温度下的 pH 值。测定样品时，自动测量样品实际温度并对电极斜率进行补偿，测定结果（仪器示值）为样品实际温度下的 pH 值。

3　六价铬

3-1　碱消解/火焰原子吸收分光光度法

3-1-1　编制依据

本方法依据《固体废物　六价铬的测定　碱消解/火焰原子吸收分光光度法》（HJ 687—2014）编制。

3-1-2　适用范围

本方法规定了测定尾矿渣中六价铬的碱消解/火焰原子吸收分光光度法。

本方法适用于尾矿渣中六价铬的测定。

尾矿渣取样量为 2.5 g、定容体积为 100 mL 时，本方法检出限为 2 mg/kg，测定下限为 8 mg/kg，测定范围为 8～320 mg/kg。

3-1-3　方法原理

样品在碱性介质中，加入氯化镁和磷酸氢二钾-磷酸二氢钾缓冲溶液，消解溶出六价铬，用火焰原子吸收分光光度法测定六价铬的含量。

3-1-4　干扰和消除

样品在碱性介质中，经氯化镁和磷酸氢二钾-磷酸二氢钾缓冲溶液抑制，三价铬的存在对六价铬的测定无干扰。

3-1-5 试剂和材料

除非另有说明，分析时均使用符合国家标准的分析纯试剂，实验室用水为去离子水，符合 GB/T 6682，三级。

5.1 浓硝酸：ρ（HNO_3）=1.42 g/mL，优级纯。

5.2 碳酸钠（Na_2CO_3）。

5.3 氢氧化钠（NaOH）。

5.4 氯化镁（$MgCl_2$）。

5.5 磷酸氢二钾（K_2HPO_4）-磷酸二氢钾（KH_2PO_4）缓冲溶液：pH=7。

称取 87.1 g 磷酸氢二钾和 68.0 g 磷酸二氢钾溶于去离子水中，稀释定容至 1 L。

5.6 碳酸钠（Na_2CO_3）/氢氧化钠（NaOH）混合溶液。

称取 20.0 g 氢氧化钠和 30.0 g 碳酸钠溶于去离子水中，稀释至 1 L。储存在密封聚乙烯瓶中。使用前测量其 pH，若小于 11.5，需重新配制。

5.7 重铬酸钾（$K_2Cr_2O_7$）：基准试剂或优级纯。

称取 5.0 g 重铬酸钾于瓷坩埚中，在 105℃干燥箱中烘 2 h，冷却至室温，保存于干燥器内，备用。

5.8 重铬酸钾贮备溶液：ρ（Cr^{6+}）=1 000 mg/L。

准确称取 2.829 g 重铬酸钾（5.7）溶于去离子水中，稀释定容至 1 000 mL。也可直接购买市售有证标准物质或者有证标准溶液。常温可保存 6 个月。

5.9 重铬酸钾标准使用液：ρ（Cr^{6+}）=100 mg/L。

取 10.00 mL 重铬酸钾贮备溶液（5.8）移入 100 mL 容量瓶中，用去离子水稀释至标线，摇匀。常温可保存 6 个月。

3-1-6 仪器和设备

除非另有说明，分析时均使用符合国家标准的 A 级玻璃量器。

6.1 火焰原子吸收分光光度计。

6.2 铬空心阴极灯。

6.3 搅拌加热装置：具有磁力加热搅拌器、控温装置（带 NIST 刻度），并可升温至 100℃。

6.4 真空抽滤装置。

6.5 pH 计：精度为 ±0.01 pH 单位。

6.6 天平：精度为 0.000 1 g。

6.7 滤膜（0.45 μm）：纤维材质或聚碳酸酯滤膜。

6.8 圆底烧瓶：250 mL，硅酸盐玻璃或石英材质。

6.9 聚乙烯薄膜。

6.10 一般实验室常用仪器。

3-1-7　样品

7.1　样品采集与保存

按照本手册第一部分的相关规定进行尾矿渣样品的采集和保存。样品的采集和保存应使用塑料或玻璃装置和容器，不得使用金属制品贮存器。

7.2　样品制备与保存

尾矿渣样品采集后，按照 HJ/T 20、HJ/T 298 的相关规定制备和保存。

7.3　试料制备

准确称取尾矿渣样品（7.2）2.50 g（*m*）（精确至 0.000 1 g）置于 250 mL 圆底烧瓶（6.8）中，加入 50.0 mL 碳酸钠/氢氧化钠混合溶液（5.6）、加 400 mg 氯化镁（5.4）和 0.5 mL 磷酸氢二钾-磷酸二氢钾缓冲溶液（5.5）。放入搅拌子用聚乙烯薄膜（6.9）封口，置于搅拌加热装置（6.3）上。常温下搅拌样品 5 min 后，开启加热装置，加热搅拌至 90～95℃，消解 60 min。消解完毕，取下圆底烧瓶，冷却至室温。用 0.45 μm 的滤膜（6.7）抽滤，滤液置于 250 mL 的烧杯中，用浓硝酸（5.1）调节溶液的 pH 至 9.0±0.2。将此溶液转移至 100 mL 容量瓶中，用去离子水稀释定容，摇匀，待测。

注 1：调节样品 pH 时，如果有絮状沉淀产生，需再用 0.45 μm 滤膜过滤。

注 2：如果尾矿渣样品中六价铬含量较高，可适当减少样品称量或对消解液稀释后进行测定。

注 3：消解后的试料，若不能立即分析，需在 0～4℃下密封保存，保存期 30 d。

3-1-8　分析步骤

8.1　仪器参考条件

不同型号原子吸收分光光度计的最佳测定条件不同，可根据仪器使用说明书自行选择。推荐的仪器测量条件见表 3-1。

表 3-1　仪器参考条件

元素	Cr
测定波长/nm	357.9
通带宽度/nm	0.7
火焰性质	还原性
次灵敏线/nm	359.0；360.5；425.4
燃烧器高度	8 mm（使空心阴极灯光斑通过火焰亮蓝色部分）

8.2　校准曲线的绘制

准确移取重铬酸钾标准使用液（5.9）0.00 mL、0.20 mL、0.80 mL、2.00 mL、4.00 mL、8.00 mL 于 100 mL 容量瓶中，用去离子水定容至标线，摇匀，其六价铬的浓度分别为 0.00 μg/mL、0.20 μg/mL、0.80 μg/mL、2.00 μg/mL、4.00 μg/mL、8.00 μg/mL。按浓度由低到高的顺序依次测定标准溶液的吸光度。以零质量浓度校准吸光度为纵坐标，以相应六价铬的浓度（μg/mL）为横坐标，绘制校准曲线。

8.3 样品测定

将制备好的试料（7.3）按与绘制校准曲线相同仪器分析条件进行测定。

8.4 空白试验

按 7.3 步骤制备空白试料，按 8.2 步骤进行空白测定。

3-1-9 结果计算与表示

9.1 尾矿渣中六价铬的含量

尾矿渣样品中六价铬的含量ω（mg/kg）按下式计算：

$$\omega = \frac{\rho \times V \times f}{m}$$

式中：ρ——试料的吸光度在校准曲线上查得的六价铬的浓度，μg/mL；

m——称取尾矿渣样品的重量，g；

f——稀释倍数；

V——试料定容的体积，mL。

9.2 结果表示

六价铬含量计算结果小于 1 mg/kg 时保留小数点后两位，大于或等于 1 mg/kg 时保留 3 位有效数字。

3-1-10 质量保证和质量控制

10.1 每次分析样品均应绘制校准曲线，相关系数应大于或等于 0.999。

10.2 样品空白

每消解一批样品（最多 20 个）中至少做 2 个空白样品，其所测得的 Cr^{6+}浓度必须低于方法的检测限。

10.3 样品平行

每分析一批（最多 20 个）样品至少做 10%～20%的平行测定，相对偏差≤20%。

10.4 样品加标回收

每分析一批（最多 20 个）样品应做 10%～20%的样品加标回收测定。加标回收率应在 70%～130%。

10.5 有证标准物质

每批样品测定至少做 1 个有证标准物质/有证标准样品。

3-1-11 废物处理

实验中产生的六价铬溶液或废料应集中收集，并做好相应标识后，委托有资质的危险废物处置中心处置。

3-2　二苯碳酰二肼分光光度法

3-2-1　编制依据

本方法依据《固体废物　六价铬的测定　二苯碳酰二肼分光光度法》（GB/T 15555.4—1995）编制。

3-2-2　适用范围

本方法规定了测定尾矿渣浸出液中六价铬的二苯碳酰二肼分光光度法。

本方法适用于尾矿渣浸出液中六价铬的测定。

测定范围：试料为 50 mL，使用 30 mm 光程比色皿，方法的检出限为 0.004 mg/L。使用 10 mm 光程比色皿，测定上限为 1.0 mg/L。

3-2-3　方法原理

在酸性溶液中，六价铬与二苯碳酰二肼反应生成紫红色络合物，于最大吸收波长 540 nm 处进行分光光度法测定。

3-2-4　干扰

试液有颜色、混浊，或者有氧化性、还原性物质及有机物等均干扰测定。铁含量大于 1.0 mg/L 也干扰测定。钼、汞与显色剂生成络合物有干扰，但是在方法的显色酸度下，反应不灵敏。钒浓度大于 4.0 mg/L 干扰测定，但在显色 10 min 后，可自行褪色。

3-2-5　试剂

本方法所用试剂除另有说明外，均采用符合国家标准或专业标准的分析纯试剂和蒸馏水或同等纯度的水。

5.1　丙酮（C_3H_6O）。

5.2　硫酸，ρ（H_2SO_4）=1.84 g/mL。

5.3　磷酸，ρ（H_3PO_4）=1.69 g/mL。

5.4　重铬酸钾（$K_2Cr_2O_7$，优级纯）。

5.5　二苯碳酰二肼（$C_{13}H_{14}N_4O$）。

5.6　硫酸溶液（1+1）。

将硫酸（5.2）缓慢加到同体积的水中，边加边搅，待冷却后使用。

5.7　磷酸溶液（1+1）。

将磷酸（5.3）与等体积水混匀。

5.8　高锰酸钾溶液，4%。

将高锰酸钾（$KMnO_4$）4 g，溶于水中，并稀释至 100 mL。

5.9　尿素溶液，20%。

将尿素［$CO(NH_2)_2$］20 g 溶于水中，并稀释至 100 mL。

5.10　亚硝酸钠溶液，20%。

将亚硝酸钠（$NaNO_2$）2 g 溶于水中，并稀释至 100 mL。

5.11 铬标准贮备液，100 mg/L。

称取于 120℃下烘 2 h 的重铬酸钾（5.4）0.282 9 g，用少量水溶解后，移入 1 000 mL 容量瓶中，用水稀释至标线，摇匀。也可直接购买市售标准溶液。

5.12 铬标准溶液，1.00 μg/mL。

吸取 5.00 mL 铬标准贮备液（5.11）于 500 mL 容量瓶中，用水稀释至标线，摇匀，用时现配。

5.13 铬标准溶液，5.00 μg/mL。

吸取 25.00 mL 铬标准贮备液（5.11）于 500 mL 容量瓶中，用水稀释至标线，摇匀。

5.14 显色剂 1。

称取二苯碳酰二肼（5.5）0.2 g，溶于 50 mL 丙酮（5.1）中，加水稀释至 100 mL，摇匀，贮于棕色瓶中，在低温下保存。

5.15 显色剂 2。

称取二苯碳酰二肼（5.5）2.0 g，溶于 50 mL 丙酮（5.1）中，加水稀释至 100 mL，摇匀，贮于棕色瓶中，在低温下保存。

注 1：显色剂颜色变深，则不能使用。

3-2-6 仪器

6.1 提取瓶：2 L 具旋盖和内盖的广口聚乙烯（PE）瓶。

6.2 振荡设备：频率为（110±10）次/min，振幅为 40 mm 的往复式水平振荡装置，使用前经有资质的部门检定/校准并确认。

6.3 过滤器。

6.3.1 正压过滤器：容积＞2 L，配有空气泵。

6.3.2 滤膜：0.45 μm 微孔滤膜。

6.4 天平：精度不低于 0.01 g。

6.5 分光光度计。

3-2-7 样品采集与保存

按照本手册第一部分的相关规定进行样品的采集和保存。

除非冷藏会使样品性质发生不可逆改变，样品应于 4℃冷藏保存。

将浸出液用氢氧化钠调节 pH 为 8，在 24 h 内测定。

3-2-8 浸出步骤

8.1 含水率测定

按照本手册第三部分“1 干物质和水分”进行尾矿渣含水率的分析。

8.2 样品浸出

按照本手册第二部分“2 水平振荡法”进行浸出液的制备。

3-2-9　分析步骤

9.1　样品的预处理

9.1.1　无还原性物质及有机物、色度等干扰时，可直接取试料测定。

9.1.2　有干扰物质存在时，可按下列步骤处理后再测定。

9.1.2.1　如试样色度影响测定时，可按下述方法校正：

另取一份试料，按（9.2）步骤（只是取 2.0 mL 丙酮代替显色剂），以水作参比测定试料的吸光度。扣除此色度，校正吸光度值。

9.1.2.2　还原性物质的消除

取适量试样于 50 mL 的比色管中作为试料，中和后用水稀释至标线，加显色剂（5.15）4.0 mL，摇匀，放置 5 min 后，加硫酸（5.6）1.0 mL，摇匀，放置 10 min 后，按（9.2.3）步骤测定，可消除 Fe^{2+}、SO_3^{2-}、$S_2O_3^{2-}$等还原性物质的干扰。也可分离三价铬后，用过硫酸铵将还原性物质氧化后再测定。

9.1.2.3　有机物的消除

先用氢氧化锌沉淀分离掉三价铬，再用酸性高锰酸钾氧化分解有机物。取 50.0 mL 试样（六价铬不超过 10 μg）于 150 mL 锥形瓶中，中和后，放几粒玻璃珠，加入硫酸（5.6）0.5 mL、磷酸（5.7）0.5 mL，摇匀，加高锰酸钾溶液（5.8）2 滴，如紫红色消退，再加高锰酸钾溶液保持红色不退，加热煮沸至溶液剩 20 mL 左右，冷却后用中速定量滤纸过滤，于 50 mL 比色管中，用水洗数次，洗液与滤液合并，向比色管中加尿素溶液（5.9）1.0 mL，摇匀，加亚硝酸钠溶液（5.10）1 滴，摇匀，至溶液红色刚退，稍停片刻，待溶液中气泡全排后，移至 50 mL 的比色管中，用水稀释至标线，加显色剂（5.14）2.0 mL，摇匀，放置 10 min 后按（9.2.3）步骤测定。

9.1.2.4　次氯酸盐氧化性物质的消除

取适量试样于 50 mL 的比色管中作为试料，中和后用水稀释至标线，加硫酸（5.6）0.5 mL、磷酸（5.7）0.5 mL、尿素（5.9）1.0 mL 摇匀，逐滴加入亚硝酸钠溶液（5.10），边加边摇，使溶液中气体完全排出后加显色剂（5.14）2.0 mL，以后按（9.2.3）步骤测定。

9.2　测定

9.2.1　吸取试样（9.1.1 或 9.1.2）于 50 mL 比色管中（六价铬不超过 10 μg），中和后用水稀释至标线。

9.2.2　加入硫酸（5.6）0.5 mL、磷酸（5.7）0.5 mL，摇匀，加显色剂（5.14）2.0 mL，摇匀，放置 10 min。

9.2.3　用 10 mm 或 30 mm 光程比色皿，于波长 540 nm 处，以水作参比，测定吸光度，减去空白试验（9.3）的吸光度，从校准曲线（9.4）上查得六价铬的量。

9.3 空白试验

以 50 mL 水代替试料，按照测定步骤（9.2）作空白试验。

9.4 校准曲线的绘制

向 9 支 50 mL 具塞比色管中，分别加入铬标准溶液（5.12）0.00 mL、0.20 mL、0.50 mL、1.00 mL、2.00 mL、4.00 mL、8.00 mL、10.00 mL，加水至标线，按 9.2.2 和 9.2.3 步骤进行显色和吸光度测定，以减去空白的吸光度为纵坐标，六价铬的量（μg）为横坐标，绘制校准曲线。

3-2-10 结果表示

浸出液中六价铬的浓度 c（mg/L）按下式计算：

$$c = \frac{m}{V}$$

式中：m——从校准曲线上查得试料中六价铬的量，μg；

V——试料的体积，mL。

3-2-11 废物处理

实验中产生的六价铬溶液或废料应集中收集，并做好相应标识后，委托有资质的危险废物处置中心处置。

附录 A
注意事项
（参考件）

A1 试样中六价铬的浓度高时，可用铬标准溶液（5.13），并用 10 mm 的光程比色皿测定。

A2 显色酸度在 0.05～0.3 mol/L（$1/2H_2SO_4$）为宜，以 0.2 mol/L 最好。

A3 试料须中和后测定。

A4 所用玻璃仪器均不可用重铬酸钾洗液洗涤。

A5 显色剂的用量一般控制在 1 mol 六价铬中加入 1.5～2.0 mol 的显色剂。

A6 配制显色剂时若加入苯二甲酸酐，在暗处可保存 30～40 d。

A7 显色剂变为橙色，不可使用。

3-3 硫酸亚铁铵滴定法

3-3-1 编制依据

本方法依据《固体废物　六价铬的测定　硫酸亚铁铵滴定法》（GB/T 15555.7—1995）编制。

3-3-2 适用范围

本方法规定了测定尾矿渣浸出液中六价铬的硫酸亚铁铵滴定法。

本方法适用于尾矿渣浸出液中六价铬的测定。

本方法的定量下限为 1 mg/L。

3-3-3 方法原理

在硫酸和磷酸介质中消除三价铁的干扰，以 *N*-苯基代邻氨基苯甲酸为指示剂，用硫酸亚铁铵滴定，使六价铬还原成三价铬，过量的硫酸亚铁铵与指示剂反应，溶液呈黄绿色为终点。根据硫酸亚铁铵标准溶液的用量计算出尾矿渣浸出液中的六价铬含量。反应方程式如下：

$$2Na_2CrO_4 + 7H_2SO_4 + 6FeSO_4(NH_4)_2SO_4 \longrightarrow$$
$$Cr_2(SO_4)_3 + 2Na_2SO_4 + 6(NH_4)_2SO_4 + 3Fe_2(SO_4)_3 + 8H_2O$$

3-3-4 干扰

钒对测定有干扰，除钒渣浸出液外，一般浸出液中钒的含量不会影响测定。三价铁对测定有干扰，当三价铁的浓度（mg/L）为六价铬的 175 倍时，可引入 2.8%的相对误差。

3-3-5 试剂

除非另有说明，均使用符合国家标准或专业标准的试剂，去离子水或同等纯度的水。

5.1 硫酸（1+3）。

5.2 硫酸（1+9）。

5.3 磷酸（1+1）。

5.4 *N*-苯基代邻氨基苯甲酸指示剂（简称铬指示剂，$C_{13}H_{11}NO_2$），0.2%。

称取铬指示剂 0.2 g，溶于 100 mL 0.2%碳酸钠溶液中，摇匀，贮于棕色瓶中，在低温下保存。

5.5 六价铬标准溶液，ρ（Cr^{6+}）=0.4 mg/mL。

称取于 120℃干燥 2 h 的重铬酸钾（$K_2Cr_2O_7$，优级纯）1.131 6 g，用蒸馏水溶解后转移至 1 000 mL 容量瓶中，用蒸馏水稀释至标线，摇匀。

5.6 硫酸亚铁铵标准溶液。

称取分析纯硫酸亚铁铵［$Fe(NH_4)_2(SO_4)_2 \cdot 6H_2O$］25 g 溶于 1 000 mL 硫酸（5.2）溶液中，过滤，用下述方法进行标定。

吸取 10.00 mL 六价铬标准溶液（5.5），置于 150 mL 三角瓶中，加入 50 mL 水，加入硫酸溶液（5.1）5 mL 及 5 滴 *N*-苯基代邻氨基苯甲酸（5.4），用硫酸亚铁铵溶液（5.6）滴定至溶液由紫红色变为黄绿色即为终点。硫酸亚铁铵溶液对六价铬的滴定度计算如下：

$$T=\frac{10.00\times 0.40}{V}$$

式中：T——每毫升硫酸亚铁铵溶液相当于六价铬的毫克数；

V——硫酸亚铁铵溶液的消耗量，mL；

0.40——每毫升重铬酸钾溶液（5.5）含六价铬的毫克数。

注 1：硫酸亚铁铵溶液不稳定，使用前需要重新进行标定。

3-3-6 仪器

6.1 移液管：5 mL，10 mL。

6.2 三角瓶：150 mL，250 mL。

6.3 滴定管（分刻度 0.1 mL）：25 mL。

3-3-7 样品的采集与保存

按照本手册第一部分的相关规定进行尾矿渣样品的采样和保存。样品采集和保存应使用塑料或玻璃装置和容器，不得使用金属制品贮存器。

浸出液应置于内表面光洁的聚乙烯或者硬质玻璃瓶中，加入氢氧化钠调节 pH 为 7～9，并尽快分析。如果样品在 24 h 内不能进行分析，就应取等份样品，并加入已知量的 Cr^{6+}，均在 4℃下贮存。分析浸出液的同时，也要分析曾加入已知量的 Cr^{6+}浸出液样品，以便确定样品在贮存期间 Cr^{6+}是否有变化。如果其浓度没有变化，贮存的浸出液才可以用于分析 Cr^{6+}的含量。

3-3-8 浸出液样品的制备

按照本手册第二部分“2 水平振荡法”进行浸出液的制备。

3-3-9 测定

9.1 取适量浸出液于 150 mL 三角瓶中，用稀的硫酸或者碱调至中性，加水至 50 mL。

9.2 另取 1 支 150 mL 三角瓶，加入 50 mL 水供空白试验用。

9.3 向上述三角瓶中各加入硫酸（5.1）5 mL、磷酸（5.3）1 mL 及 5 滴 *N*-苯基代邻氨基苯甲酸指示剂（5.4），用硫酸亚铁铵标准溶液（5.6）滴定至溶液由紫红色变为黄绿色即为终点。记录下标准溶液的用量。并从试液的标准滴定溶液的用量中扣除空白试验的用量。

3-3-10 结果表示

浸出液中六价铬浓度 c（mg/L）按下式计算：

$$c=\frac{T\times V_1}{V\times 1\,000}$$

式中：T——硫酸亚铁铵的滴定度，mg/mL；

V_1——滴定消耗的硫酸亚铁铵标准溶液的量，mL；

V——试验吸取的浸出液体积，mL。

附录 A
注意事项
（参考件）

A1　不能用含 $Cr_2O_7^{2-}$ 的溶液洗涤器皿。

A2　铬指示剂具有还原性，不宜多加，宜配成较稀的溶液使用，并在大部分六价铬被滴定后（溶液变为淡黄色）再加，而且每份的用量大致一样。

A3　钒干扰测定，当样品含钒，则测定结果为铬钒总量。换算系数为 1%钒相当于 0.34%铬，应从测定结果中扣除钒的含量。

4　氟化物

4-1　离子选择性电极法

4-1-1　编制依据

本方法依据《固体废物　氟化物的测定　离子选择性电极法》（GB/T 15555.11—1995）编制。

4-1-2　适用范围

本方法规定了测定尾矿渣浸出液中氟化物的氟离子选择电极法。

本方法适用于尾矿渣浸出液中氟化物的测定。

本方法的检测限为 0.05 mg/L（以 F^-计），测定上限为 1 900 mg/L。

溶液温度在 20～25℃时，氟离子浓度每改变 10 倍，电极电位变化（灵敏度，即电极的斜率）（56±2）mV。25℃时，灵敏度应不低于 55 mV。

4-1-3　方法原理

当氟电极与含氟的试液接触时，电池的电动势 E 随溶液中氟离子活度变化而变化（遵守 Nernst 方程）。当溶液的总离子强度为定值且足够时服从以下关系式：

$$E = E_0 - \frac{2.303RT}{F}\log a_{F^-}$$

E 与 $\log a_{F^-}$ 成直接关系，$\frac{2.303RT}{F}$ 为该直线的斜率，也为电极的斜率。

工作电池可表示如下：

Ag | AgCl，Cl^-（0.3 mol/L），F^-（0.001 mol/L）| LaF_3，||试液|| 外参比电极。

注：待测氟离子浓度 $c_{F^-}<10^{-3}$ mol/L，活度系数为 1，可以用 c_{F^-}代替其活度 a_{F^-}。

4-1-4 干扰和消除

本方法测定的是游离的氟离子浓度。当浸出液中存在 Ca^{2+}、Mg^{2+}、Al^{3+}、Fe^{3+}，Si^{6+} 及氢离子能与氟离子生成难溶化合物或络合而有干扰，所产生的干扰程度取决于存在离子的种类和浓度、氟化物的浓度及溶液的 pH 值等。在碱性溶液中，若氢氧根离子的浓度大于 10^{-6} mol/L，氢氧根离子会干扰电极的响应。测定溶液的 pH 在 5～7 为宜。

氟电极对氟硼酸盐离子（BF_4^-）不响应，如果试样含有氟硼酸盐或者污染严重，则应先进行蒸馏。

通常，加入总离子强度调节剂以保持溶液中总离子强度，并络合干扰离子，保持溶液适当的 pH。

4-1-5 试剂

除非另有说明，均使用符合国家标准或专业标准的试剂，去离子水或同等纯度的水。

5.1 盐酸，ρ（HCl）=2 mol/L。

5.2 硫酸，ρ（H_2SO_4）=1.84 g/mL。

5.3 总离子强度调节缓冲溶液（TISAB）。

5.3.1 0.2 mol/L 柠檬酸钠-1 mol/L 硝酸钠溶液（TISAB Ⅰ）。

称取 58.8 g 二水柠檬酸钠和 85 g 硝酸钠，加水溶解，用盐酸调节 pH 至 5～6，转入 1 000 mL 容量瓶中，稀释至标线，摇匀。

5.3.2 总离子强度调节缓冲溶液（TISAB Ⅱ）。

量取约 500 mL 水于 1 L 烧杯内，加入 57 mL 冰醋酸、58 g 氯化钠和 4.0 g 环己烷二胺四乙酸（cyclohexane dinitriamine-tetraacetic acid，CDTA），或者 1,2-环己二胺四乙酸（1,2-diaminocyclohexane-*N*,*N*,*N*-tetraacetic acid），搅拌溶解。置烧杯于冷水浴中，在不断搅拌下慢慢地加入 6 mol/L NaOH（约 125 mL），使 pH 达到 5.0～5.5，转入 1 000 mL 容量瓶中，稀释至标线，摇匀。

5.3.3 1 mol/L 六次甲基四胺-1 mol/L 硝酸钾-0.03 mol/L 钛铁试剂溶液（TISAB Ⅲ）。

称取六次甲基四胺［$(CH_2)_6N_4$］142 g 和硝酸钾（KNO_3）85 g、钛铁试剂（$C_6H_4Na_2O_8S_2\cdot H_2O$）9.97 g 加水溶解，调节 pH 至 5～6，转移到 1 000 mL 容量瓶中，用水稀释至标线，摇匀。

5.4 氟化物标准贮备液，ρ（F）=100 μg/mL。

称取基准氟化钠（NaF）（预先于 105～110℃干燥 2 h，或者于 500～650℃干燥 40 min，干燥器内冷却）0.221 g，水溶解后转入 1 000 mL 容量瓶中，稀释至标线，摇匀，贮存在聚乙烯瓶中。

5.5 氟化物标准溶液，ρ（F）=10.0 μg/mL。

用无分度吸管吸取氟化物标准贮备液（5.4）10.00 mL，注入 100 mL 容量瓶中，稀释至标线，摇匀。

5.6 乙酸钠（CH_3COONa），15%（m/V）。

称取乙酸钠 15 g 溶于水，稀释至 100 mL。

5.7 高氯酸（$HClO_4$），70%～72%。

4-1-6 仪器和设备

6.1 提取瓶：2 L 具旋盖和内盖的广口聚乙烯（PE）瓶。

6.2 振荡设备：频率为（110±10）次/min，振幅为 40 mm 的往复式水平振荡装置，使用前经有资质的部门检定/校准并确认。

6.3 过滤器。

6.3.1 正压过滤器：容积＞2 L，配有空气泵。

6.3.2 滤膜：0.45 μm 微孔滤膜。

6.4 天平：精度不低于 0.01 g。

6.5 氟离子选择电极。

6.6 饱和甘汞电极或氯化银电极。

6.7 离子活度计、毫伏计或 pH 计：精确到 0.1 mV。

6.8 磁力搅拌器及包有聚乙烯的搅拌子。

6.9 聚乙烯杯：100 mL。

6.10 氟化物的水蒸气蒸馏装置见图 3-1。

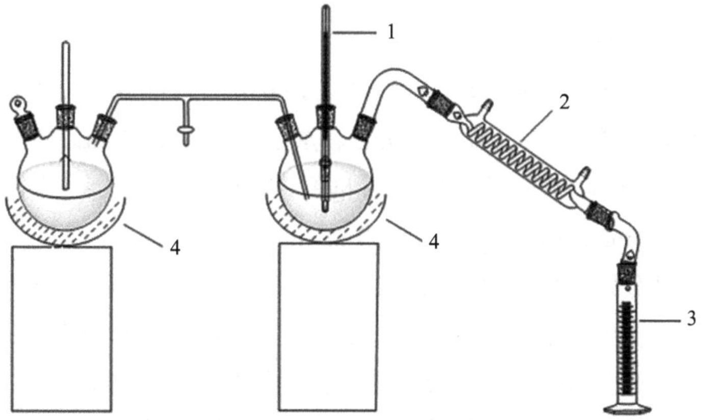

图 3-1 氟化物水蒸气蒸馏装置

1—温度计；2—冷凝器；3—接收器；4—加热套。

4-1-7 样品采集与保存

按照本手册第一部分的相关规定进行样品的采集和保存。

除非冷藏会使样品性质发生不可逆改变，样品应于 4℃冷藏保存。

浸出液的保存：浸出液应该用聚乙烯瓶收集和贮存，若样品为中性，可保存数月。

4-1-8 浸出步骤

8.1 含水率测定

按照本手册第三部分“1 干物质和水分”进行尾矿渣含水率的分析。

8.2 样品浸出

按照本手册第二部分“2 水平振荡法”进行浸出液的制备。

4-1-9 浸出液的处理

当浸出液不太复杂时，可直接取出试液。如果含有氟硼酸盐或者成分复杂，则应先进行蒸馏。

在沸点较高的酸溶液中，氟化物可形成易挥发的氢氟酸和氟硅酸与干扰组分分离。常用的水蒸气蒸馏的方法如下：

准确取适量（如 25.00 mL）试液，置于蒸馏瓶中，在不断摇动下缓慢加入 15 mL 高氯酸，按图 3-1 连接好装置，加热，待蒸馏瓶内溶液温度约 130℃时，开始通入蒸气，并维持温度在（140±5）℃，控制蒸馏速度在 5～6 mL/min，待接收瓶馏出液体积约 150 mL 时，停止蒸馏，并用水稀释馏出液至 200 mL，供测定用。

4-1-10 分析步骤

10.1 仪器的准备，按照测定仪器及电极的使用说明进行。

10.2 在测定前应使浸出液达到室温，并使浸出液与标准溶液的温度相同（温差不超过±1℃）。

10.3 标准曲线的建立

10.3.1 用无分度吸管分别吸取 0.00 mL、1.00 mL、3.00 mL、5.00 mL、10.0 mL、20.0 mL 氟化物标准溶液（5.5），置于 50 mL 容量瓶中，加入 10 mL 总离子强度调节缓冲溶液（5.3.1）用水稀释至标线，摇匀。此标准系列氟离子质量浓度分别为 0.00 μg/mL、0.20 μg/mL、0.60 μg/mL、1.00 μg/mL、2.00 μg/mL、4 μg/mL。

10.3.2 将溶液分别转移至 100 mL 聚乙烯杯中，各放入一只搅拌子，小心搅拌，避免产生涡流，以浓度由低到高为顺序，分别插入电极，连续搅拌溶液，待电位稳定后（电极电位响应值波动不大于 0.2 mV/min），在继续搅拌时读取电位响应值 E。在每一次测量前，都要用水冲洗电极，并用滤纸吸干。以氟离子质量浓度的对数为横坐标，以其对应的电位响应值为纵坐标，建立标准曲线。

10.4 样品测定

用无分度吸管，吸取适量浸出液，置于 50 mL 容量瓶中，用乙酸钠或盐酸调节至近中性，加入 10 mL 总离子强度调节缓冲溶液用水稀释至标线，摇匀。按照与标准曲线的建立（10.3）相同的步骤进行测定。

10.5 标准加入法

当样品组成复杂或者成分不明时，宜采用一次标准加入法，以减小基体的影响。先按

10.4 所述，测定浸出液的电位值然后向试液中加入一定量（与试液中氟含量相近）的氟化物标准溶液（5.4 或 5.5），在不断搅拌下读取平衡电位值 E_2。E_2 与 E_1 以相差 30～40 mV 为宜。

结果的计算如下式：

$$c_x = \frac{c_s\left(\frac{V_s}{V_x+V_s}\right)}{10^{(E_2-E_1)/S}-\left(\frac{V_x}{V_x+V_s}\right)}$$

式中：c_s——加入标液的浓度，mg/L；

c_x——待测试液的浓度，mg/L；

V_s——加入标准溶液的体积，mL；

V_x——测定时所取试液的体积，mL；

E_1——测得试液的电位值，mV；

E_2——试液加入标准溶液后测得的电位值，mV；

S——电极的实测斜率。

$\Delta E = E_2 - E_1$，如以 Q（ΔE）表示 $\left(\frac{V_s}{V_x+V_s}\right)\Big/\left[10^{\Delta E/S}-\left(\frac{V_x}{V_x+V_s}\right)\right]$，则 $c_x=c_sQ$（ΔE）。

当固定 V_s 与 V_x 的比值，可事先将 Q（ΔE）用计算器算出，并制成表查用。实际分析时，按测得的 ΔE 值由表（见附录 B）中查出相应的 Q（ΔE）。

10.6　空白试验

用水代替样品，按 10.4 的条件和步骤进行空白试验。

10.7　电极的存放

电极用后应用水充分冲洗干净，并用滤纸吸去水分，放在空气中，或者放在稀的氟化物标准溶液中，如果短时间不再使用，应洗净并吸去水分，套上保护电极敏感部位的保护帽，电极使用前应充分冲洗，并吸去水分。

4-1-11　结果计算

氟化物浸出液浓度按下式计算：

$$c = c_1 \times \frac{V_0}{V}$$

式中：c_1——被测试料中氟离子浓度，mg/L；

V——试料的体积，mL；

V_0——制样时定容体积，mL。

4-1-12　质量保证和质量控制

12.1　每做 20 个样或每批样品（样品量少于 20 个时）至少做 1 个浸出空白样品，空白试验结果应低于方法检出限。

12.2 每批样品至少做 1 个加标回收样品。取过筛后的待测样品，分成相同的两份。向其中一份中加入已知量的待测物标准样品。按照 8.2 规定步骤进行浸提分析，计算待测物的回收率，加标回收率应控制在 70%～120%。或选择随样品同步进行有证标准物质分析，结果应在保证值范围内。

12.3 每 10 个样品至少做 1 个平行双样。

12.4 样品测定前首先核查电极性能，应满足仪器及电极的使用说明要求。

12.5 每批样品分析都应该建立校准曲线，校准曲线的相关系数≥0.999；温度在 20～25℃时，氟离子浓度每改变 10 倍，电极电位变化应满足（–58.0±2.0）mV。

12.6 每批样品或每 20 个样品应测定标准系列零浓度点和一个中间浓度点，零浓度点测定结果应低于方法检出限，中间浓度点测定结果与其方法值的相对误差的绝对值应≤10%，否则应查找原因，重新建立校准曲线。

12.7 每批样品应分析不少于 10%的平行样（样品数量少于 10 个时至少测定 1 个平行样），平行样测定结果的相对偏差要求≤20%。

4-1-13 废物处理

实验中产生的废液和废物应集中收集，委托有资质的单位处理。

4-1-14 注意事项

14.1 应注意电极的清洁与维护，符合电极的使用说明要求。

14.2 在测定前应使样品达到室温，标准系列和试样应在相同环境条件下测定，电极测定温度波动不得超过 1℃。

14.3 应保证电极达到平衡（电极电位变化≤1 mV/min）时再进行样品测定。

14.4 测定过程中应保持相同的搅拌速度；若使用磁力搅拌设备，应防止搅拌时间过长导致试料温度波动过大而影响测定结果。

14.5 当测定高浓度样品后，应用水充分清洗电极至达到电极使用要求。

附录 A
注意事项
（参考件）

A1 总离子强度调节缓冲溶液的配方可不局限于 5.3.1、5.3.2、5.3.3，加入柠檬酸钠或 CDTA 可优先络合浓度 5.0 mg/L 的铝，钛铁试剂可优先络合 10 mg/L 以下的铝，并释放出氟离子。当试样成分复杂、偏酸性（pH=2 左右）或者偏碱性（pH=12 左右），用 TISAB Ⅲ（5.3.3）可不调节试液的 pH。用 TISAB Ⅰ，当 F^-的浓度为 1 μg/mL，浓度大于 F^- 10 倍的 Al^{3+}、15 倍的 Zr^{4+}、50 倍的 Ce^{4+}可引起明显的干扰，浓度大于 F^- 500 倍的 Fe^{3+}、100

倍的 Mg^{2+}、400 倍的 SiO_3^{2-}、200 倍的 $B_4O_7^{2-}$，也干扰。

A2　不得用手指触摸电极的膜表面，为了保护电极，试液中氟的测定浓度最好不要大于 40 mg/L。

A3　插入电极的深度应一致，并且插前不要搅拌溶液，以免在电极表面附着气泡，影响测定结果的准确度。

A4　搅拌速度应适中、稳定，不要形成涡流，测定过程中应连续搅拌。搅拌速度大约为 180 r/min，当电位变化 5 min 不多于 0.5 mV 时，可停止搅拌，15 s 后记录电位值。

A5　如果电极的膜表面被有机物等污染，必须先清洗干净后才能使用。清洗可用甲醇、丙酮等有机试剂，也可用洗涤剂，如可先将电极浸入温热的稀洗涤剂（1 份洗涤剂加 9 份水），保持 3～5 min。必要时，可再放入另一份洗涤剂中，然后用水冲洗，再在（1+1）的盐酸中浸 0.5 min，最后用水冲洗干净，用滤纸吸去水分。

A6　根据氟化物的络合物稳定常数及干扰实验研究的结果可知，Al^{3+}的干扰最严重，Zr^{4+}、Sc^{3+}、Th^{4+}、Ce^{4+}等次之，高浓度的 Fe^{3+}、Ti^{4+}、Ca^{2+}、Mg^{2+}也干扰。加入适当的络合剂可以消除其干扰。

A7　一次标准加入法所加入标准溶液的浓度（c_s），应比试液浓度（c_x）高 10～100 倍，加入的体积为试液的 1/10～1/100，以使体系的 TISAB 浓度变化不大。

A8　附录 B 为 25℃时加入标准溶液后，试液的体积变化 10%时，Q 与 ΔE 的对应值。

A9　水蒸气蒸馏比直接蒸馏安全。当试液中含有机质时，应用硫酸代替高氯酸，以防发生爆炸。

A10　预测定系列样品时，应先测定低浓度，后测定高浓度。在测定下一个试样前，可用该下一个试液淋洗搅拌子和电极。如果测完高浓度试液后要测低浓度试液，应对电极和搅拌子进行多次冲洗，消除其记忆效应后方可测低浓度试液。

附录 B
测定溶液体积变化 10%时，Q 与ΔE 的对应值（25℃）
（补充件）

ΔE/mV	Q	ΔE/mV	Q	ΔE/mV	Q	ΔE/mV	Q
−5.0	0.297	5.9	0.260	6.7	0.234	7.5	0.212
5.1	0.293	—	—	6.8	0.231	7.6	0.209
5.2	0.288	6.0	0.257	6.9	0.228	7.7	0.207
5.3	0.284	6.1	0.253	—	—	7.8	0.204
5.4	0.280	6.2	0.250	7.0	0.225	7.9	0.202
—	—	6.3	0.247	7.1	0.222	—	—
5.5	0.276	6.4	0.243	7.2	0.219	8.0	0.199

ΔE/mV	Q	ΔE/mV	Q	ΔE/mV	Q	ΔE/mV	Q
5.6	0.272	—	—	7.3	0.217	8.1	0.197
5.7	0.268	6.5	0.240	7.4	0.214	8.2	0.195
5.8	0.264	6.6	0.237	—	—	8.3	0.193
8.4	0.190	14.8	0.105	22.8	0.059 8	30.8	0.037 8
8.5	0.188	15.0	0.103	23.0	0.059 1	31.0	0.037 4
8.6	0.186	15.2	0.101 3	23.2	0.058 4	31.2	0.037 0
8.7	0.184	15.4	0.099 7	23.4	0.057 6	31.4	0.036 6
8.8	0.182	15.6	0.098 2	23.6	0.056 9	31.6	0.036 2
8.9	0.180	15.8	0.096 7	23.8	0.056 3	31.8	0.035 8
9.0	0.178	16.0	0.095 2	24.0	0.055 6	32.0	0.035 4
9.1	0.176	16.2	0.093 8	24.2	0.054 9	32.2	0.035 1
9.2	0.174	16.4	0.092 4	24.4	0.054 3	32.4	0.034 7
9.3	0.173	16.6	0.091 0	24.6	0.053 6	32.6	0.034 3
9.4	0.171	16.8	0.089 7	24.8	0.053 0	32.8	0.034 0
9.5	0.169	17.0	0.088 4	25.0	0.052 3	33.0	0.036 0
9.6	0.167	17.2	0.087 1	25.2	0.051 7	33.2	0.033 3
9.7	0.165	17.4	0.085 8	25.4	0.051 1	33.4	0.032 9
9.8	0.164	17.6	0.084 6	25.6	0.050 5	33.6	0.032 6
9.9	0.162	17.8	0.083 4	25.8	0.049 9	33.8	0.032 3
−10.0	0.160	18.0	0.082 2	26.0	0.049 4	34.0	0.031 9
10.2	0.157	18.2	0.081 1	26.2	0.048 8	34.2	0.031 6
10.4	0.154	18.4	0.079 9	26.4	0.048 2	34.4	0.031 3
10.6	0.151	18.6	0.078 8	26.6	0.047 7	34.6	0.031 0
10.8	0.148	18.8	0.077 7	26.8	0.047 1	34.6	0.030 7
11.0	0.145	19.0	0.076 7	27.0	0.046 6	35.0	0.030 4
11.2	0.143	19.2	0.075 6	27.2	0.046 1	36.0	0.028 9
11.4	0.140	19.4	0.074 6	27.4	0.045 6	37.0	0.027 5
11.6	0.137	19.6	0.073 6	27.6	0.045 0	38.0	0.026 1
11.8	0.135	19.8	0.072 6	27.8	0.044 5	39.0	0.024 9
12.0	0.133	−20.0	0.071 6	28.0	0.044 0	40.0	0.023 7
12.2	0.130	20.2	0.070 7	28.2	0.043 5	41.0	0.022 6
12.4	0.128	20.4	0.069 8	28.4	0.043 1	42.0	0.021 6
12.6	0.126	20.6	0.068 9	28.6	0.042 6	43.0	0.020 6
12.8	0.123	20.8	0.068 0	28.8	0.042 1	44.0	0.019 6
13.0	0.121	21.0	0.067 1	29.0	0.041 7	45.0	0.018 7
13.2	0.119	21.2	0.066 2	29.2	0.041 2	46.0	0.017 9
13.4	0.117	21.4	0.065 4	29.4	0.040 8	47.0	0.017 1
13.6	0.115	21.6	0.064 5	29.6	0.040 3	48.0	0.016 3
13.8	0.113	21.8	0.063 7	29.8	0.039 9	49.0	0.015 6
14.0	0.112	22.0	0.062 9	−30.0	0.039 4	50.0	0.014 9

ΔE/mV	Q	ΔE/mV	Q	ΔE/mV	Q	ΔE/mV	Q
14.2	0.110	22.2	0.062 1	30.2	0.039 0	51.0	0.014 3
14.4	0.108	22.4	0.061 3	30.4	0.038 6	52.0	0.013 7
14.6	0.106	22.6	0.060 6	30.6	0.038 2	53.0	0.013 1
54.0	0.012 5	—	—	—	—	—	—
55.0	0.012 0	—	—	—	—	—	—
56.0	0.011 5	—	—	—	—	—	—
57.0	0.011 0	—	—	—	—	—	—
58.0	0.010 5	—	—	—	—	—	—
59.0	0.010 1	—	—	—	—	—	—

4-2　碱熔-离子选择电极法

特别提示：实验中使用的盐酸具有强挥发性和腐蚀性，样品前处理过程应在通风橱中进行；操作时应按要求佩戴防护器具，避免直接接触皮肤和衣物。

4-2-1　编制依据

本方法依据《固体废物　氟的测定　碱熔-离子选择电极法》（HJ 999—2018）编制。

4-2-2　适用范围

本方法规定了测定尾矿渣中氟的碱熔-离子选择电极法。

本方法适用于尾矿渣中氟的测定。

取样量为 0.25 g，移取 10.0 mL 消解液测定时，本方法测定氟的方法检出限为 0.03 g/kg，测定下限为 0.12 g/kg。

4-2-3　术语和定义

氟

指在本方法规定的条件下，样品经氢氧化钠熔融提取后测定的氟化物（以 F 计）。

4-2-4　方法原理

样品中的氟经氢氧化钠高温熔融后提取，在一定的 pH 范围和总离子强度下，用氟离子选择电极法测定，溶液中氟离子浓度的对数与电极电位在一定浓度范围内呈线性关系。

4-2-5　干扰和消除

当试样中 Al^{3+}的浓度高于 60 mg/L、Fe^{3+}的浓度高于 150 mg/L 时，对氟的测定产生负干扰，可通过稀释消除。

4-2-6　试剂和材料

除非另有说明，分析时均使用符合国家标准的分析纯试剂，实验用水为去离子水。

6.1　盐酸：ρ（HCl）=1.19 g/mL。

6.2　氢氧化钠（NaOH）。

6.3 柠檬酸钠（$Na_3C_6H_5O_7·2H_2O$）。

6.4 柠檬酸（$C_6H_8O_7$）。

6.5 溴甲酚紫（$C_{21}H_{16}Br_2O_5S$）。

6.6 氟化钠（NaF）。

于烘箱中 105～110℃烘 2 h，置于干燥器内，冷却至室温，备用。

6.7 氢氧化钠溶液：c（NaOH）=5 mol/L。

称取 100 g 氢氧化钠（6.2），用水溶解后稀释至 500 mL，混匀。

6.8 氢氧化钠溶液：c（NaOH）=0.2 mol/L。

称取 0.8 g 氢氧化钠（6.2），用水溶解后稀释至 100 mL，混匀。

6.9 盐酸溶液（1+1）。

量取 100 mL 盐酸（6.1），用水稀释至 200 mL。

6.10 总离子强度调节缓冲溶液（TISAB）。

称取 294 g 柠檬酸钠（6.3）和 26 g 柠檬酸（6.4），加入约 900 mL 水溶解后，用盐酸溶液（6.9）或氢氧化钠溶液（6.7）调节 pH 至 5.5 左右，稀释至 1 000 mL，混匀。贮于聚乙烯瓶中，4℃冷藏保存，临用时取出，放至室温后使用。

6.11 氟标准贮备液：ρ（F）=1 000 mg/L。

准确称取 0.22 g（精确至 0.1 mg）氟化钠（6.6），加水溶解后，转入 100 mL 容量瓶中，用水稀释至标线，混匀，贮于聚乙烯瓶中。也可购买市售有证标准物质。

6.12 氟标准使用液：ρ（F）=50.0 mg/L。

准确移取氟标准贮备液（6.11）5.00 mL，置于 100 mL 聚乙烯容量瓶中，用水稀释至标线，混匀。

6.13 溴甲酚紫指示剂：ρ（$C_{21}H_{16}Br_2O_5S$）=0.4 g/L。

称取 0.10 g 溴甲酚紫（6.5），溶于 10 mL 氢氧化钠溶液（6.8）中，用水稀释至 250 mL。

6.14 定性滤纸。

4-2-7 仪器和设备

7.1 离子计：分辨率 0.1 mV。

7.2 氟离子选择电极和参比电极（或氟离子复合电极）。

7.3 磁力搅拌器及聚乙烯磁力搅拌子。

7.4 马弗炉：室温～800℃。

7.5 电热板：具有温控功能，可设定温度不低于 200℃。

7.6 超声波清洗器：频率（40～60 kHz），温度可显示。

7.7 镍坩埚：50 mL 或 100 mL，带盖。

7.8 采样袋或采样瓶（聚乙烯）。

7.9 天平：感量为 0.01 g。

7.10　聚乙烯烧杯：100 mL。

7.11　分析天平：感量为 0.1 mg。

7.12　实验筛：孔径 0.15 mm（100 目）。

7.13　一般实验室常用仪器和设备。

4-2-8　样品

8.1　样品采集与保存

按照本手册第一部分相关规定进行尾矿渣样品的采集。采集后的样品于采集瓶（7.8）中密封保存。

8.2　样品制备

准确称取 10 g（m_1，精确至 0.01 g）样品，自然风干或冷冻干燥，再次称重（m_2，精确至 0.01 g），研磨，全部过实验筛（7.12），备用。

8.3　试样制备

称取 0.10～0.25 g（m_3，精确至 0.1 mg）干燥过筛后的样品（8.2），置于预先加入适量氢氧化钠（6.2）垫底的镍坩埚（7.7）中。将 3 g 氢氧化钠（6.2）均匀覆盖于样品表面，加盖后放入马弗炉（7.4）中，按照表 3-2 的升温程序进行碱熔消解。消解后，待温度降至室温，将镍坩埚取出，用约 80 mL 热水（80～90℃）分几次浸取，全部转移至聚乙烯烧杯（7.10）中。必要时，可用电热板（7.5）或超声波清洗器（7.6）辅助溶解。再缓慢加入 5 mL 盐酸溶液（6.9），冷却后全部转移至 100 mL 具塞比色管中，用水稀释至标线，摇匀，静置或用定性滤纸（6.14）过滤后待测。

表 3-2　尾矿渣碱熔消解升温程序

升温步骤	碱熔温度/℃	保持时间/min
1	360	10
2	500	10
3	600	30

8.4　空白试样制备

不加样品，按与试样制备（8.3）相同的操作步骤进行空白试样的制备。

4-2-9　分析步骤

9.1　标准曲线的建立

准确移取 0.10 mL、0.50 mL、1.00 mL、2.00 mL、5.00 mL、10.0 mL 氟标准使用液（6.12）于 6 支 50 mL 具塞比色管中，加入 15 mL 总离子强度调节缓冲溶液（6.10），用水稀释至标线，混匀。此标准系列氟离子质量浓度分别为 0.10 mg/L、0.50 mg/L、1.00 mg/L、2.00 mg/L、5.00 mg/L 和 10.0 mg/L。

将溶液倒入聚乙烯烧杯（7.10）中，小心搅拌，避免产生涡流，插入电极（7.2），按氟离子浓度从低到高依次进行测定。待仪器读数稳定（电极电位响应值波动不大于0.2 mV/min），记录电位响应值 E_1（mV）。以氟离子质量浓度的对数为横坐标，以其对应的电位响应值为纵坐标，建立标准曲线。

9.2 试样测定

准确吸取待测试样（8.3）的上清液或过滤后的溶液 10.0 mL 于 50 mL 比色管中，加入 1～2 滴溴甲酚紫指示剂（6.13），摇匀后，逐滴加入盐酸溶液（6.9），边滴边摇，直至溶液由蓝紫色突变为黄色，加入 15 mL 总离子强度调节缓冲溶液（6.10），用水稀释至标线，混匀。按照与标准曲线的建立（9.1）相同的步骤进行测定。

注 1：若试样中含氟量较高，可适当减少取样体积。

9.3 空白试验

准确吸取空白试样（8.4）10.0 mL 于 50 mL 比色管中，加入 0.1 mL 氟标准使用液（6.12），按照与试样测定（9.2）相同的步骤进行测定，计算出的氟含量应减去 5 μg。

4-2-10 结果计算与表示

10.1 结果计算

10.1.1 试样中氟的质量浓度

试样中氟的质量浓度 ρ_1（mg/L），按下式计算：

$$\lg \rho_1 = \frac{E_1 - E}{S}$$

式中：ρ_1——试样中氟的质量浓度，mg/L；

E_1——试样的电位响应值，mV；

E——标准曲线的截距，mV；

S——标准曲线的斜率，mV。

10.1.2 尾矿渣样品中氟的含量

样品中氟的含量 ω（g/kg），按下式计算：

$$\omega = \frac{\rho_1 \times V_1 \times V_3}{m_3 \times V_2 \times 1\,000} \times \frac{m_2}{m_1}$$

式中：ω——尾矿渣中氟的含量，g/kg；

ρ_1——试样中氟的质量浓度，mg/L；

V_3——待测液的定容体积，mL；

V_1——消解后试样的定容体积，mL；

m_3——研磨过筛后试样称取的质量，g；

V_2——测定时移取的试样体积，mL；

m_2——干燥后尾矿渣样品的质量，g；

m_1——尾矿渣样品称取的质量，g。

10.2　结果表示

测定结果小数点后位数的保留与方法检出限一致，最多保留 3 位有效数字。

4-2-11　质量保证和质量控制

11.1　每批样品至少进行 2 次空白实验，其测定结果应小于 1.0 μg。

11.2　每批样品分析均应建立标准曲线，标准曲线相关系数≥0.999。温度在 0～30℃时，氟离子浓度每改变 10 倍，电极电位变化的绝对值应在 54.0～60.0 mV。

11.3　每 20 个样品或每批次（少于 20 个样品/批）应测定一个标准曲线的中间浓度点，其测定结果与标准浓度值相对误差应在±10%。否则应查找原因，重新建立标准曲线。

11.4　每 20 个样品或每批次（少于 20 个样品/批）应分析 1 个平行样，平行样测定结果的相对偏差应≤30%。

11.5　每 20 个样品或每批次（少于 20 个样品/批）应分析 1 个基体加标样品，加标回收率应控制在 75%～110%。

4-2-12　废物处理

实验中产生的废液和废物应集中收集分类保管，委托有资质的单位进行处理。

4-2-13　注意事项

13.1　应注意电极的清洁与维护，符合电极的使用说明要求。

13.2　在测定前应使试液达到室温，标准系列和试样应在相同的温度下测定，整个测定过程中，温度变化不应超过±2℃。

13.3　测定过程中应保持相同的搅拌速度；若使用磁力搅拌设备，应防止搅拌时间过长导致试样温度波动过大而影响测定结果。

13.4　在测定含氟量较高的试样后，应将电极置于水中清洗至最大电位值，防止电极产生记忆效应。

4-3　离子色谱法

4-3-1　编制依据

本方法依据《危险废物鉴别标准　浸出毒性鉴别》（GB 5085.3—2007）附录 F《固体废物　氟离子、溴酸根、氯离子、亚硝酸根、氰酸根、溴离子、硝酸根、磷酸根、硫酸根的测定　离子色谱法》编制。

4-3-2　适用范围

本方法适用于尾矿渣中氟离子（F^-）、溴酸根（BrO_3^-）、氯离子（Cl^-）、亚硝酸根（NO_2^-）、氰酸根（CNO^-）、溴离子（Br^-）、硝酸根（NO_3^-）、磷酸根（PO_4^{3-}）、硫酸根（SO_4^{2-}）的离子色谱法测定。

本方法对各种阴离子的检出限见表 3-3。

表 3-3 各种阴离子的检出限

阴离子	检出限/（μg/L）	阴离子	检出限/（μg/L）	阴离子	检出限/（μg/L）
F^-	14.8	NO_3^-	21.4	NO_2^-	12.4
Cl^-	10.8	SO_4^{2-}	28.8	Br^-	24.2
CNO^-	20.0	BrO_3^-	5.0	PO_4^{3-}	62.2

4-3-3 术语

3.1 离子色谱

一种液相色谱，通过离子交换分离离子组分，然后用适当的检测方法检测。

3.2 分析柱

在保护柱后连接一支或多支分离柱组成一系列用以分离待测离子的分析系统。系列中所有柱子对分析柱的总容量均有贡献。

3.3 保护柱

置于分离柱之前的柱子，用于保护分离柱免受颗粒物或不可逆保留物等杂质的污染。

3.4 分离柱

根据待测离子保留特性，在检测前将被检测离子分离的交换柱。

3.5 抑制器

在分析柱和检测器之间，安装抑制器来降低淋洗液中离子组分的检测响应，增加被测离子的检测响应，进而提高信噪比。

3.6 淋洗液

离子流动相，样品通过交换柱的载体。

4-3-4 方法原理

尾矿渣中的离子用水提取。而后水溶液中的常见阴离子随碳酸盐淋洗液进入阴离子交换分析柱中（由保护柱和分离柱组成），根据分析柱对不同离子的亲和力不同进行分离，已分离的阴离子流经电解膜抑制器转化成具有高电导率的强酸，而淋洗液则转化成低电导率的弱酸，由电导检测器测量各种离子组分的电导率，以相对保留时间定性被测离子的类型，以峰面积或峰高定量被测离子的含量。

4-3-5 试剂和材料

除另有说明外，本方法中所用的试剂均为符合国家标准的优级纯试剂；实验用水为电导率接近 0.057 μS/cm（25℃）并经过 0.22 μm 微孔膜过滤的水。

5.1 淋洗液。

根据所用分析柱，选择适合的淋洗液，参见图 3-2。

5.1.1 碳酸钠贮备液（碳酸根的浓度为 1.0 mol/L）。

称取 10.600 0 g 无水碳酸钠，溶于水，并定容到 100 mL 容量瓶中。4℃冷藏备用，可使用 6 个月。

5.1.2　碳酸氢钠贮备液（碳酸氢根的浓度为 1.0 mol/L）。

称取 8.400 0 g 碳酸氢钠，溶于水，并定容到 100 mL 容量瓶中。4℃冷藏备用，可使用 6 个月。

5.1.3　淋洗液使用液（4.5 mmol/L Na_2CO_3-0.8 mmol/L $NaHCO_3$）。

吸取 4.5 mL 碳酸钠贮备液和 0.8 mL 碳酸氢钠贮备液，用纯水稀释 1 000 mL，每日新配。

5.2　再生液。

根据所用抑制器及其使用方式，选择去离子水为再生液。

5.3　标准贮备液。

5.3.1　氟离子标准贮备液，ρ（F^-）=1 000 mg/L。

称取 2.210 0 g 氟化钠（优级纯，105℃烘干 2 h）溶于水中，用水稀释至 1 L，贮于聚丙烯或高密度聚乙烯瓶中，4℃冷藏存放。

5.3.2　氯离子标准贮备液，ρ（Cl^-）=1 000 mg/L。

称取 1.648 4 g 氯化钠（优级纯，105℃烘干 2 h）溶于水中，用水稀释至 1 L，贮于聚丙烯或高密度聚乙烯瓶中，4℃冷藏存放。

5.3.3　硫酸根离子标准贮备液，ρ（SO_4^{2-}）=1 000 mg/L。

称取 1.478 7 g 无水硫酸钠（优级纯，105℃烘干 2 h）溶于水中，用水稀释至 1 L，贮于聚丙烯或高密度聚乙烯瓶中，4℃冷藏存放。

5.3.4　磷酸根离子标准贮备液，ρ（PO_4^{3-}）=1 000 mg/L。

称取 1.432 4 g 磷酸二氢钾（优级纯，105℃烘干 2 h）溶于水中，用水稀释至 1 L，贮于聚丙烯或高密度聚乙烯瓶中，4℃冷藏存放。

5.3.5　硝酸根离子标准贮备液，ρ（NO_3^-）=1 000 mg/L。

称取 1.370 8 g 硝酸钠（优级纯，105℃烘干 2 h）溶于水中，用水稀释至 1 L，贮于聚丙烯或高密度聚乙烯瓶中，4℃冷藏存放。

5.3.6　亚硝酸根离子贮备液，ρ（NO_2^-）=1 000 mg/L。

称取 1.499 7 g 亚硝酸钠（优级纯，干燥器中干燥 24 h）溶于水中，用水稀释至 1 L，贮于聚丙烯或高密度聚乙烯瓶中，4℃冷藏存放。

5.3.7　溴离子贮备液，ρ（Br^-）=1 000 mg/L。

称取 1.287 5 g 溴化钠（优级纯，干燥器中干燥 24 h）溶于水中，用水稀释至 1 L，贮于聚丙烯或高密度聚乙烯瓶中，4℃冷藏存放。

5.3.8　氰酸根离子贮备液，ρ（CNO^-）=1 000 mg/L。

称取 1.595 7 g 氰酸钠（优级纯，干燥器中干燥 24 h）溶于水中，用水稀释至 1 L，贮于聚丙烯或高密度聚乙烯瓶中，4℃冷藏存放。

5.3.9　溴酸根离子贮备液，ρ（BrO_3^-）=1 000 mg/L。

称取 1.305 7 g 溴酸钾（优级纯，105℃烘干 2 h）溶于水中，用水稀释至 1 L，贮于聚丙烯或高密度聚乙烯瓶中，4℃冷藏存放。

4-3-6 仪器

6.1 离子色谱仪

离子色谱仪由下列部件组成：

6.1.1 淋洗液泵，泵接触水的部件应为非金属材料，这样不会对分析柱造成金属污染。

6.1.2 分析柱，能辨认待测阴离子。

6.1.3 抑制器，电解膜抑制器。

6.1.4 电导检测器，可以进行温度补偿和自动调整量程。

6.1.5 数据处理系统，色谱工作站，用于数据的记录、处理和存储等。

6.2 特殊器皿

6.2.1 容量瓶，聚丙烯材质。

6.2.2 烧杯，聚丙烯材质。

6.2.3 样品瓶，聚丙烯或高密度聚乙烯材质。

6.2.4 尼龙滤膜，0.22 μm。

6.2.5 OnGuard Ⅱ RP 柱（或 C18 柱）和 OnGuard Ⅱ AgH 柱。

4-3-7 样品的采集与保存

7.1 按照本手册第一部分相关规定进行尾矿渣样品的采集。

7.2 用聚丙烯或高密度聚乙烯瓶取样，盖上盖子。不要使用玻璃瓶取样，否则易造成离子污染。样品 4℃冷藏保存并于 1 个月内进行分析。

4-3-8 分析步骤

8.1 混合标准工作溶液

8.1.1 中间混合标准溶液的配制：根据待测阴离子种类和各种阴离子的检测灵敏度，准确量取适量所需阴离子标准储备液，用水稀释定容，制备成低浓度级（如 10.0 mg/L 氟离子、1.0 mg/L 溴酸根）混合标准溶液，贮于聚丙烯或高密度聚乙烯瓶中，4℃冷藏存放。

8.1.2 标准工作溶液的配制：准备 1 个空白，至少 3 个浓度水平含待测阴离子的标准工作溶液，标准工作溶液应当天配制，标准工作溶液的浓度范围包括被测样品中阴离子浓度。通常以配制标准溶液所用的水为空白，标准溶液中各阴离子浓度分别为 50 μg/L、100 μg/L、200 μg/L 或更高。

8.2 样品处理

称取 5 g（精确至 0.001 g）过 180 μm 筛且有代表性的尾矿渣于 250 mL 烧杯中，加入 80 mL 水，超声提取 30 min。然后将其全部转移到 100 mL 容量瓶中，用水定容。摇匀后，取部分溶液于 3 000 r/min 速度的离心机上离心 15 min，取上清液。依次经过 0.22 μm 尼龙滤膜和 OnGuard RP 柱（或 C18 柱）将提取液中的固体颗粒和有机物除去，而后进样分析。如果用于进样的溶液中氯离子含量超过 50 mg/L，则需要过 OnGuard Ⅱ AgH 柱将绝大部分氯离子去除。OnGuard Ⅱ RP 柱（2.5 cm^3）使用前依次用 10 mL 甲醇、15 mL 水通过，活化 30 min。OnGuard Ⅱ Ag H 柱（2.5 cm^3）用 15 mL 水通过，活化 30 min。

准确量取 50 mL 浸出液，依次经过 0.22 μm 尼龙滤膜和 OnGuard RP 柱（或 C18 柱），而后进样分析。如果用于进样的溶液中氯离子含量超过 50 mg/L，则需要过 OnGuard Ⅱ AgH 柱将绝大部分氯离子去除。

8.3　仪器的准备

按照仪器使用说明书调试准备仪器，平衡系统至基线平稳。选择合适的分析柱、抑制器及相应的工作条件，参见图 3-2。

根据分析柱的性能及待测水样中阴离子含量等因素，选择使用大样品环或浓缩柱进样，确定进样体积。

8.4　校正

分析阴离子标准工作溶液，记录谱图上的出峰时间，确定各阴离子的保留时间。

分析空白，标准工作溶液（已知进样体积），以峰高或峰面积为纵坐标，以离子浓度为横坐标，选择合适的回归方式，确定标准工作曲线。

如果空白溶液谱图中有与被测离子保留时间相同的可测峰，外推校正曲线至横坐标，在横坐标上的截距代表空白溶液中该阴离子的浓度。将空白溶液中所含阴离子浓度加入标准工作溶液的浓度中，例如：氯离子标准工作溶液浓度为 10.0 μg/L，空白离子浓度为 0.2 μg/L，则该标准工作溶液浓度修正为 10.2 μg/L。以修正后的标准溶液浓度对峰高或峰面积重新做标准工作曲线。

8.5　样品分析

在与分析标准工作溶液相同的测试条件下，对尾矿渣提取液以及浸出液进行分析测定，根据被测阴离子的峰高或峰面积由相应的标准工作曲线确定各阴离子浓度。

4-3-9　结果计算

$$X=\frac{(c-c_0)\times V\times f}{m\times 1\ 000}$$

式中：X——试样中阴离子的含量，mg/kg；

c——测定用试样液中的阴离子浓度（由回归方程计算出），μg/L；

c_0——试剂空白液中的阴离子浓度（由回归方程计算出），μg/L；

V——试样溶液体积，mL；

f——试样液稀释倍数；

m——试样的质量，g。

计算结果精确到小数点后两位。

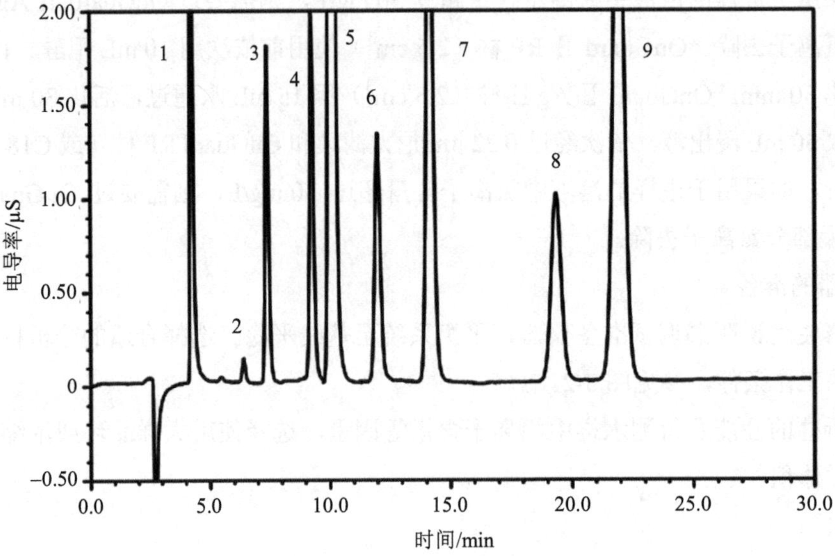

图 3-2 氟离子等 9 种阴离子的分离色谱

1—氟离子；2—溴酸根；3—氯离子；4—亚硝酸根；5—氰酸根；6—溴离子；7—硝酸根；8—磷酸根；9—硫酸根。

色谱工作条件：

分析柱：IonPac AS23 型分离柱（4 mm×250 mm）和 IonPac AG23 型保护柱（4 mm×50 mm）。

淋洗液：4.5 mmol/L Na_2CO_3/0.8 mmol/L $NaHCO_3$ 淋洗液等度淋洗，流速为 1.0 mL/min。

抑制器：Atlas 4 mm 阴离子电解膜抑制器或选用性能相当的其他电解膜抑制器，抑制电流 45 mA。

柱箱温度：30℃。

进样体积：25 μL。

5 铅

5-1 电感耦合等离子体质谱法

方法一

特别提示：配制铍、铊等剧毒物质的标准溶液时，应避免与人直接接触。实验中使用的硝酸、高氯酸、过氧化氢具有强氧化性和腐蚀性，盐酸、氢氟酸具有强挥发性和强腐蚀性，操作时应按规定要求佩戴防护器具，溶液配制及样品预处理应在通风橱中进行。

5-1-1 编制依据

本方法依据《固体废物 金属元素的测定 电感耦合等离子体质谱法》（HJ 766—2015）编制。

5-1-2 适用范围

本方法规定了测定尾矿渣和尾矿渣浸出液中金属元素的电感耦合等离子体质谱法。

本方法适用于尾矿渣和尾矿渣浸出液中铍（Be）、砷（As）、钡（Ba）、银（Ag）、镉（Cd）、钴（Co）、铜（Cu）、锰（Mn）、钼（Mo）、镍（Ni）、铅（Pb）、锑（Sb）、硒（Se）、铊（Tl）、钒（V）、锌（Zn）等金属元素的测定。若通过验证，本方法也可适用于其他金属元素的测定。

当尾矿渣浸出液取样体积为 25 mL 时，各元素的检出限为 0.7～6.4 μg/L，测定下限为 2.8～25.6 μg/L。各元素的方法检出限详见本方法附录 A。当尾矿渣样品量为 0.1 g 时，各金属元素的方法检出限为 0.4～3.2 mg/kg，测定下限为 1.6～12.8 mg/kg。

5-1-3 方法原理

尾矿渣或尾矿渣浸出液样品经消解预处理后，采用电感耦合等离子体质谱仪进行检测，根据元素的质谱图或特征离子进行定性，内标法定量。

5-1-4 干扰和消除

4.1 质谱型干扰

质谱型干扰主要包括同量异位素重叠干扰、多原子离子重叠干扰、氧化物和双电荷干扰等。消除同量异位素的干扰可以使用干扰校正方程进行校正，或在分析前对样品进行化学分离消解。常用的质量数干扰校正方程见本方法附录 B。

多原子离子干扰是 ICP-MS 最重要的干扰来源，可以利用校正方程、仪器优化以及碰撞反应池技术加以解决。常见的多原子离子干扰见本方法附录 B。

氧化物干扰和双电荷干扰可通过调节仪器参数降低干扰程度。

4.2 非质谱型干扰

非质谱型干扰主要包括基体抑制干扰、空间电荷效应干扰、物理效应干扰等。非质谱型干扰程度与样品基体性质有关，通过内标法、仪器条件优化或标准加入法等措施可以消除。

5-1-5 试剂和材料

除非另有说明，分析时均使用符合国家标准的优级纯化学试剂，实验用水为新制备的去离子水。

5.1 浓盐酸：ρ（HCl）=1.19 g/mL，优级纯或高纯。

5.2 浓硝酸：ρ（HNO_3）=1.42 g/mL，优级纯或高纯。

5.3 氢氟酸：ρ（HF）=1.49 g/mL。

5.4 过氧化氢溶液：ω（H_2O_2）=30%。

5.5 硝酸溶液（2+98）。

5.6 硝酸溶液（5+95）。

5.7 单元素标准贮备液：ρ=1.0 mg/mL。

可用高纯度的金属（纯度大于 99.99%）或金属盐类（基准或高纯试剂）配成 1.00 mg/mL 含硝酸溶液（5.5）的标准储备溶液，或可直接购买有证标准溶液。

5.8 多元素标准储备溶液：ρ=100 mg/L。

用硝酸溶液（5.5）稀释单元素标准储备溶液（5.7），或可直接购买多元素混合有证标准溶液。

5.9 多元素标准使用溶液：ρ=1.00 mg/L。

用硝酸溶液（5.5）稀释标准储备溶液（5.7 或 5.8）。

5.10 内标标准储备溶液：ρ=10.0 mg/L。

宜选用 ^{6}Li、^{45}Sc、^{74}Ge、^{89}Y、^{103}Rh、^{115}In、^{185}Re、^{209}Bi 等元素为内标元素。可直接购买有证标准溶液配制，介质为硝酸溶液（5.5）。

5.11 质谱仪调谐溶液：ρ=10.0 μg/L。

宜选用含有 Li、Y、Be、Mg、Co、In、Tl、Pb 和 Bi 元素的溶液为质谱仪的调谐溶液。可直接购买有证标准溶液配制。

注 1：所有元素的标准溶液配制后均应在密封的聚乙烯或聚丙烯瓶中保存。

5.12 氩气：纯度 99.99%。

5-1-6 仪器和设备

6.1 电感耦合等离子体质谱仪（ICP-MS）：能够扫描的质量范围为 6～240 u，在 10% 峰高处的缝宽应为 0.6～0.8 u。

6.2 微波消解装置：具备程式化功率设定功能，微波消解仪功率在 1 200 W 以上，配有聚四氟乙烯或同等材质的微波消解罐。

6.3 天平：感量 0.1 mg。

6.4 尼龙筛：孔径 0.15 mm（100 目）。

6.5 滤膜：水系微孔滤膜，孔径 0.45 μm。

6.6 赶酸仪：温度≥150℃。

6.7 一般实验室常用仪器和设备。

5-1-7 样品

7.1 采集与保存

按照本手册第一部分的相关规定对尾矿渣进行样品的采集和保存。

7.2 样品制备

7.2.1 尾矿渣浸出液

按照本手册第二部分“1 硫酸硝酸法”进行浸出液的制备。

7.2.2 尾矿渣

准确称取 10 g 样品（m_1，精确至 0.01 g），自然风干或冷冻干燥后，再次称重（m_2，精确至 0.01 g），研磨，全部过 0.15 mm（100 目）尼龙筛（6.4）备用。

7.3 试样制备

7.3.1 尾矿渣浸出液试样

移取尾矿渣浸出液 25.0 mL，置于消解罐中，加入 4 mL 硝酸（5.2）和 1 mL 盐酸（5.1），将消解罐放入微波消解装置（6.2）进行消解，推荐的试样消解程序见本方法附录 B。消解后冷却至室温，小心地打开消解罐的盖子，然后将消解罐放在赶酸仪（6.6）中，于 150℃敞口赶酸至内溶物近干，冷却至室温后，用去离子水溶解内溶物，然后将溶液转移至 50 mL 容量瓶中，用去离子水定容至 50 mL。测定前使用滤膜（6.5）过滤或取上清液进行测定。

7.3.2 尾矿渣试样

准确称取 0.1～0.2 g（m_3）过筛后的样品（7.2.2），将样品置于消解罐中，加入 1 mL 盐酸（5.1）、4 mL 硝酸（5.2）、1 mL 氢氟酸（5.3）和 1 mL 过氧化氢溶液（5.4），将消解罐放入微波消解装置（6.2）进行消解，推荐的试样消解程序见本方法附录 B。消解后冷却至室温，小心地打开消解罐的盖子，然后将消解罐放在赶酸仪（6.6）中，于 150℃敞口赶酸，至内溶物近干，冷却至室温后，用去离子水溶解内溶物，然后将溶液转移至 50 mL 容量瓶中，用去离子水定容至 50 mL。测定前使用滤膜（6.5）过滤或取上清液进行测定。

注 2：对于特殊基体样品，若使用上述消解液消解不完全，可适当增加酸用量。

注 3：若通过验证能满足本方法的质量控制和质量保证要求，也可以使用电热板等其他消解方法。

7.4 空白试样

用去离子水代替试样，采用与试样制备相同的步骤和试剂，制备空白试样。

5-1-8 分析步骤

8.1 仪器操作参考条件

不同型号仪器的最佳工作条件不同，方法模式和反应池模式应按照仪器使用说明书进行操作。

8.2 仪器调谐

点燃等离子体后，仪器预热稳定 30 min。用质谱仪调谐溶液（5.11）对仪器的灵敏度、氧化物和双电荷进行调谐，在仪器的灵敏度、氧化物、双电荷满足要求的条件下，质谱仪给出的调谐溶液中所含元素信号强度的相对方法偏差≤5%。在涵盖待测元素的质量数范围内进行质量校正和分辨率校验，如果质量校正结果与真实值差别超过 ±0.1 u 或调谐元素信号的分辨率在 10%峰高处所对应的峰宽超过 0.6～0.8 u 的范围，应按照仪器使用说明书的要求将质量校正到正确值。

8.3 校准曲线的建立

分别取一定体积的多元素标准使用液（5.9）和内标标准储备溶液（5.10）于容量瓶中，用硝酸溶液（5.5）进行稀释，配制成金属元素浓度分别为 0 μg/L、10.0 μg/L、20.0 μg/L、50.0 μg/L、100 μg/L、500 μg/L 的校准系列。内标标准储备溶液（5.10）可以直接加入校准系列中，也可在样品雾化之前通过蠕动泵在线加入。所选内标的浓度应远高于样品自身所含内标元素的浓度，常用的内标浓度范围为 50.0～1 000 μg/L。用 ICP-MS 进行测定，以各元素的浓度为横坐标，以响应值和内标响应值的比值为纵坐标，建立校准曲线。校准曲线的浓度范围可根据测量需要进行调整。

8.4 试样测定

每个试样测定前，用硝酸溶液（5.6）冲洗系统直到信号降至最低，待分析信号稳定后才可开始测定。将制备好的试样加入与校准曲线相同量的内标方法，在相同的仪器分析条件下进行测定。若样品中待测元素浓度超出校准曲线范围，需经稀释后重新测定，稀释液使用硝酸溶液（5.5）。

8.5 空白试样测定

按照与试样相同的测定条件测定空白试样。

5-1-9 结果计算与表示

9.1 尾矿渣测定结果计算

尾矿渣中待测金属元素的含量 ω（mg/kg）按下式计算：

$$\omega = \frac{(\rho_x - \rho_0) \times V}{m_3} \times \frac{m_2}{m_1} \times 10^{-3}$$

式中：ρ_x——由校准曲线计算试样中待测金属元素的浓度，μg/L；

ρ_0——空白试样中待测金属元素的浓度，μg/L；

V——消解后试样的定容体积，mL；

m_3——称取样品的质量，g；

m_2——干燥后样品的质量，g；

m_1——称取过筛后试样的质量，g。

9.2 尾矿渣浸出液测定结果计算

尾矿渣浸出液中待测金属的浓度 ρ（μg/L）按下式计算：

$$\rho = \frac{(\rho_x - \rho_0) \times V_2}{V_1}$$

式中：ρ_x——由校准曲线计算试样中待测金属元素的浓度，μg/L；

ρ_0——空白试样中待测金属元素的浓度，μg/L；

V_2——消解后试样的定容体积，mL；

V_1——浸出液取样体积，mL。

9.3 结果表示

对于尾矿渣，当测定结果小于 10 mg/kg 时，保留小数点后一位；当测定结果大于或等于 10 mg/kg 时，保留 3 位有效数字。

对于尾矿渣浸出液，当测定结果小于 10 μg/L 时，保留小数点后一位；当测定结果大于或等于 10 μg/L 时，保留 3 位有效数字。

5-1-10 质量保证和质量控制

10.1 每批样品至少应分析 2 个空白试样。空白值应符合下列的情况之一才能被认为是可接受的：（1）空白值应低于方法检出限；（2）低于方法限值的 10%；（3）低于每一批样品最低测定值的 10%。

10.2 每次分析应建立标准曲线，曲线的相关系数应大于 0.999。

10.3 每分析 10 个样品，应分析一次校准曲线中间浓度点，其测定结果与实际浓度值相对偏差应≤10%，否则应查找原因或重新建立校准曲线。每批样品分析完毕后，应进行一次曲线最低点的分析，其测定结果与实际浓度值相对偏差应≤30%。

10.4 在每次分析时，试样中内标的响应值应介于校准曲线响应值的 70%～130%，否则说明仪器发生漂移或有干扰产生，应查找原因后重新分析。如果是基体干扰，需要进行稀释后测定，如果是由于样品中含有内标元素，需要更换内标或提高内标元素浓度。

10.5 在每批样品中，应至少分析 1 个试剂空白（2%硝酸）加标，其加标回收率应在 80%～120%。也可以使用有证方法样品代替加标，其测定值应在标准要求的范围内。

10.6 每批样品应至少测定 1 个基体加标和 1 个基体重复加标，测定的加标回收率应在 75%～125%，两个加标样品测定值的偏差在 20%以内。若不在范围内，应考虑存在基体干扰，可采用稀释样品或增大内标浓度的方法消除干扰。

5-1-11 废物处理

实验过程中产生的废液和废物，应置于密闭容器中分类保管，委托有资质的单位进行处理。

5-1-12 注意事项

12.1 分析所用器皿均需用（1+1）HNO_3溶液浸泡 24 h 后，用去离子水洗净后方可使用。

12.2 当向消解罐加入酸溶液时，应观察罐内的反应情况，若有剧烈的化学反应，待反应结束后再将消解罐密封。

12.3 对于疑似污染严重的尾矿渣，首先用半定量分析法扫描样品，确定待测金属元素浓度的高低，避免高浓度样品污染仪器。

12.4 使用微波消解样品时，注意消解罐使用的温度和压力限制，消解前后应检查消解罐密封性。检查方法：当消解罐加入样品和消解液后，盖紧消解罐并称量（精确到 0.01 g），样品消解后待消解罐冷却至室温后，再次称量，记录下每个罐的重量。如果消解后的重量比消解前的重量减少超过 10%，应舍弃该样品，并查找原因。

附录 A
（规范性附录）

表 A-1 各元素的定量离子、监测离子及推荐使用的内标元素

元素名称	定量离子	监测离子	内标元素	元素名称	定量离子	监测离子	内标元素
银（Ag）	107	109	^{103}Rh	钼（Mo）	97	95	^{103}Rh
砷（As）	75	—	^{103}Rh	镍（Ni）	60	61，62	^{103}Rh
钡（Ba）	135	137，138	^{103}Rh	铅（Pb）	208	207，206	^{209}Bi
铍（Be）	9	—	^{6}Li	锑（Sb）	123	121	^{103}Rh
镉（Cd）	114	111	^{103}Rh	硒（Se）	82	78，76，77	^{103}Rh
铬（Cr）	52	53，50	^{103}Rh	铊（Tl）	205	203	^{103}Rh
钴（Co）	59	—	^{103}Rh	钒（V）	51	50	^{103}Rh
铜（Cu）	63	65	^{103}Rh	锌（Zn）	66	68，67	^{103}Rh
锰（Mn）	55	—	^{103}Rh				

注：若样品中存在内标元素，可选用 ^{45}Sc、^{74}Ge、^{89}Y、^{115}In、^{185}Re 等其他内标元素。

表 A-2 各元素的方法检出限和测定下限

元素	检出限		测定下限	
	mg/kg（尾矿渣）	μg/L（尾矿渣浸出液）	mg/kg（尾矿渣）	μg/L（尾矿渣浸出液）
银（Ag）	1.4	2.9	5.6	11.6
砷（As）	0.5	1.0	2.0	4.0
钡（Ba）	0.9	1.8	3.6	7.2
铍（Be）	0.4	0.7	1.6	2.8
镉（Cd）	0.6	1.2	2.4	4.8
铬（Cr）	1.0	2.0	4.0	8.0
钴（Co）	1.1	2.2	4.4	8.8
铜（Cu）	1.2	2.5	4.8	10.0
锰（Mn）	1.8	3.6	7.2	14.4
钼（Mo）	0.8	1.5	3.2	6.0
镍（Ni）	1.9	3.8	7.6	15
铅（Pb）	2.1	4.2	8.4	17
锑（Sb）	1.6	3.2	6.4	13
硒（Se）	0.6	1.3	2.4	5.2
铊（Tl）	0.6	1.3	2.4	5.2
钒（V）	0.6	1.1	2.4	4.4
锌（Zn）	3.2	6.4	12.8	25.6

附录 B
（资料性附录）

表 B-1　ICP-MS 测定时常用的干扰校正方程

质量数	干扰校正方程
51	[51] × 1 − [53] × 3.127 + [52] × 0.353 351
75	[75] × 1 − [77] × 3.127 + [82] × 2.548 505
82	[82] × 1 − [83] × 1.009
111	[111] × 1 − [108] × 1.073 + [106] × 0.764
114	[114] × 1 − [118] × 0.023 11
208	[208] × 1 + [206] × 1 + [207] × 1

表 B-2　ICP-MS 测定中常见干扰测定的多原子离子

多原子离子	质量数	干扰元素	多原子离子	质量数	干扰元素
CO_2H^+	45	Sc	$^{35}ClO^+$	51	V
ArC^+	52	Cr	$^{35}ClOH^+$	52	Cr
$ArNH^+$	55	Mn	$^{81}ArBr^+$	121	Sb
$^{40}Ar^{36}Ar^+$	76	Se	$^{37}ClO^+$	53	Cr
$^{40}Ar^{38}Ar^+$	78	Se	$Ar^{35}Cl^+$	75	As
$^{40}Ar_2^+$	80	Se	$^{34}SO^+$	50	V、Cr
$^{81}BrH^+$	82	Se	$^{34}SOH^+$	51	V
$Ar^{37}Cl^+$	77	Se	SO_2^+，S_2^+	64	Zn
$^{79}BrO^+$	95	Mo	PO_2^+	63	Cu
$^{81}BrO^+$	97	Mo	$ArNa^+$	63	Cu
$^{81}BrOH^+$	98	Mo	TiO	62-66	Ni、Cu、Zn
ZrO	103-112	Ag、Cd	MoO	105-116	Cd

表 B-3　推荐微波消解程序

试样	消解程序
尾矿渣	10 min 内升高到 175℃，并在 175℃保持 20 min
尾矿渣浸出液	10 min 内升高到 165℃，并在 165℃保持 10 min

方法二

5-1-1　编制依据

本方法依据《危险废物鉴别标准　浸出毒性鉴别》（GB 5085.3—2007）附录 B《固体废物　元素的测定　电感耦合等离子体质谱法》编制。

5-1-2 适用范围

本方法适用于尾矿渣和尾矿渣浸出液中银（Ag）、砷（As）、钡（Ba）、铍（Be）、镉（Cd）、钴（Co）、铬（Cr）、铜（Cu）、汞（Hg）、锰（Mn）、钼（Mo）、镍（Ni）、铅（Pb）、锑（Sb）、硒（Se）、钒（V）、锌（Zn）的电感耦合等离子体质谱法测定。

若通过验证，本方法也可适用于其他金属元素的测定。

本方法中常见的分子离子干扰见表 3-4。

表 3-4 ICP-MS 常见的分子离子干扰

分子离子	质量数	被干扰元素[a]
背景形成的分子离子		
NH^+	15	
OH^+	17	
OH_2^+	18	
C_2^+	24	
CN^+	26	
CO^+	28	
N_2^+	28	
N_2H^+	29	
NO^+	30	
NOH^+	31	
O_2^+	32	
O_2H^+	33	
$^{36}ArH^+$	37	
$^{38}ArH^+$	39	
$^{40}ArH^+$	41	
CO_2^+	44	
CO_2H^+	45	Sc
ArC^+、ArO^+	52	Cr
ArN^+	54	Cr
$ArNH^+$	55	Mn
ArO^+	56	
$ArOH^+$	57	
^{40}Ar、$^{36}Ar^+$	76	Se
^{40}Ar、$^{38}Ar^+$	78	Se
$^{40}Ar^+$	80	Se
基体形成的分子离子		
溴化物		
$^{81}BrH^+$	82	Se

分子离子	质量数	被干扰元素[a]
$^{79}BrO^+$	95	Mo
$^{81}BrO^+$	97	Mo
$^{81}BrOH^+$	98	Mo
$^{40}Ar^{81}Br^+$	121	Sb
氯化物		
ClO	51	V
ClOH	52	Cr
ClO	53	Cr
ClOH	54	Cr
$Ar^{35}Cl^+$	75	As
$Ar^{37}Cl^+$	77	Se
硫酸盐		
$^{32}SO^+$	48	
$^{32}SOH^+$	49	
$^{34}SO^+$	50	V、Cr
$^{34}SOH^+$	51	V
SO^{2+}、S^{2+}	64	Zn
$Ar^{32}S^+$	72	
$Ar^{34}S^+$	74	
磷酸盐		
PO^+	47	
POH^+	48	
PO_2^+	63	Cu
ArP^+	71	
碱、碱土金属复合离子		
$ArNa^+$	63	Cu
ArK^+	79	
$ArCa^+$	80	
基体氧化物*		
TiO	62-66	Ni、Cu、Zn
ZrO	106-112	Ag、Cd
MoO	108-116	Cd

注：a 本方法中被分子离子干扰的测定元素或内标元素；

*氧化物干扰通常都非常低，当浓度比较高时才会对分析元素产生干扰。所给出的是一些需注意的基体氧化物的例子。

本方法对各种元素的检出限见表 3-5。

表 3-5 各元素的检出限

	扫描模式		选择性离子监控模式	
	总可回收测定		总可回收测定直接分析	
	尾矿渣浸出液	尾矿渣	尾矿渣浸出液	尾矿渣浸出液
元素	μg/L	mg/kg	μg/L	μg/L
^{27}Al	1.0	0.4	1.7	0.04
^{123}Sb	0.4	0.2	0.04	0.02
^{75}As	1.4	0.6	0.4	0.1
^{137}Ba	0.8	0.4	0.04	0.04
^{9}Be	0.3	0.1	0.02	0.03
^{111}Cd	0.5	0.2	0.03	0.03
^{52}Cr	0.9	0.4	0.08	0.08
^{59}Co	0.09	0.04	0.004	0.003
^{63}Cu	0.5	0.2	0.02	0.01
^{206}Pb、^{207}Pb、^{208}Pb	0.6	0.3	0.05	0.02
^{55}Mn	0.1	0.05	0.02	0.04
^{202}Hg	n.a	n.a	n.a	0.2
^{98}Mo	0.3	0.1	0.01	0.01
^{60}Ni	0.5	0.2	0.06	0.03
^{82}Se	7.9	3.2	2.1	0.5
^{107}Ag	0.1	0.05	0.005	0.005
^{205}Tl	0.3	0.1	0.02	0.01
^{232}Th	0.1	0.05	0.02	0.01
^{238}U	0.1	0.05	0.01	0.01
^{51}V	2.5	1.0	0.9	0.05
^{66}Zn	1.8	0.7	0.1	0.2

注：n.a 表示不适用，总可回收性消解方法不适于有机汞化合物的测定。

本方法对各种元素估算的仪器检出限见表 3-6。

表 3-6 各元素估算仪器检出限

元素	建议分析质量数	扫描方式	选择离子监控方式
Ag	107	0.05	0.004
Al	27	0.05	0.02
As	75	0.9	0.02
Ba	137	0.5	0.03
Be	9	0.1	0.02
Cd	111	0.1	0.02
Co	59	0.03	0.002
Cr	52	0.07	0.04

元素	建议分析质量数	扫描方式	选择离子监控方式
Cu	63	0.03	0.004
Hg	202	n.a	0.2
Mn	55	0.1	0.007
Mo	98	0.1	0.005
Ni	60	0.2	0.07
Pb	206，207，208	0.08	0.015
Sb	123	0.08	0.008
Se	82	5	1.3
Th	232	0.03	0.005
Tl	205	0.09	0.014
U	238	0.02	0.005
V	51	0.02	0.006
Zn	66	0.2	0.07

5-1-3　方法原理

将样品溶液以气动雾化方式引入射频等离子体，等离子体中的能量传输过程导致去溶、原子化和电离。等离子体产生的离子通过一个差级真空接口系统提取进入四极杆质谱分析器，然后根据其质荷比进行分离，其最小分辨率为 5%峰高处峰宽 1 u。四极杆传输的离子流用电子倍增器或法拉第检测器检测，数据处理系统处理离子信息。要充分认识本技术涉及的干扰并加以校正。校正应包括同量异位素干扰以及等离子气、试剂或样品基体产生的多原子离子干扰。样品基体引起的仪器响应抑制或增强效应以及仪器漂移必须使用内标补偿。

5-1-4　干扰和消除

ICP-MS 测定微量元素时，以下几种干扰将导致测定结果不准确。

4.1　同量异位素干扰

不同元素的同位素所形成的具有相同标称质荷比的单电荷或双电荷离子，因其质量不能被所用的质谱仪分辨，引起同量异位素干扰。本方法测定的所有元素至少有一个同位素不受同量异位素干扰。本方法推荐使用的分析同位素中（表 3-7），只有 Mo-98（Ru）和 Se-82（Kr）受同量异位素干扰。如果选择其他天然丰度较高的同位素进行分析以获得更高的灵敏度时，就可能产生同量异位素干扰。此种情况下测得的数据要进行干扰校正，通过测定干扰元素的另外一个同位素的信号强度并按一定的比例减去其对待测同位素的干扰。数据报告中应包括这种干扰校正记录。需要指出的是，这种干扰校正的准确程度取决于用于数据计算的元素方程中同位素比值的准确性。因此，在进行任何校正前应先确定相关的同位素比值。

表 3-7 推荐的分析同位素和需要同时监测的同位素

同位素	被分析元素
107，109	Ag
27	Al
75	As
135，137	Ba
9	Be
106，108，111，114	Cd
59	Co
52，53	Cr
63，65	Cu
83	Kr
55	Mn
95，97，98	Mo
60，62	Ni
206，207，208	Pb
105	Pd
99	Ru
121，123	Sb
77，82	Se
118	Sn
232	Th
203，205	Tl
238	U
51	V
66，67，68	Zn

注：推荐选用的分析同位素用下划线标出。

4.2 丰度灵敏度

表征一个质量峰的翼与相邻峰的重叠程度。丰度灵敏度受离子能和四极杆操作压力影响，当待测的小离子峰相邻处有一个较大的峰时，就可能产生重叠干扰。要认识到这种潜在的干扰并通过调整质谱分辨率将干扰降至最低。

4.3 同量多原子离子干扰

由两个或多个原子结合成的复合离子，与待分析同位素具有相同的标称质荷比，所用的质谱仪不能将其分辨。这些多原子离子通常来自所用的工作气体或样品组分，形成于等离子体或接口系统。常见的绝大多数干扰都能被识别，干扰及被干扰元素见表 3-4。当选择的分析同位素无法避免此类干扰时，要充分考虑并采用适当的方法对所测定的数据进行校正。干扰校正公式应该在分析运行程序时确定，因为多原子离子干扰与样品基体和所选定的仪器条件有很大的关系。尤其是在测定 As 和 Se 时会遇到 ^{82}Kr 的干扰，通过使用高纯不含 Kr 的氩气就能大大降低其干扰。

4.4　物理干扰

物理干扰指与样品传输到等离子体、在等离子体中进行转换、通过等离子体质谱接口传输等物理过程有关的干扰。此类干扰将导致样品和校准标准的仪器响应不同，可能产生于溶液进入雾化器的传输过程（黏性效应）、气溶胶的形成及进入等离子体过程（表面张力）、在等离子体内的激发和离子化过程。样品中可溶固体含量高将导致物质在采样锥和截取锥的堆积，从而减小锥孔的有效直径，降低了离子的传输效率。为了减少此类干扰，建议可溶固体总量低于 0.2%（*W*/*V*）。采用内标法来补偿这些物理干扰效应也是很有效的，理想的内标元素要与被测元素具有相似的分析行为。

4.5　记忆效应干扰

记忆效应干扰指先测定样品中的元素同位素信号对后面测定样品的影响。记忆效应来自样品在采样锥和截取锥的沉积以及等离子体炬管和雾化室中样品的附着。此类记忆效应产生的位置与测定元素有关，可通过进样前用清洗液清洗系统来降低。对每个样品的分析都应该考虑记忆效应干扰并采取适当的清洗次数来降低干扰。在分析前就应该确定特定元素所必需的清洗时间，可采用如下方法：按常规样品的分析时间，连续喷入含待测元素浓度为线性动态范围上限的 10 倍的标准溶液，随后在设定时间间隔测定清洗空白。记下将待测物信号降至 10 倍方法检出限以内的时间长度。记忆效应干扰也可通过在一个分析运行程序进行至少 3 次重复积分的数据采集来评估。如果测得的积分信号连续下降，就表明可能存在记忆效应对待测物的干扰。这时就应该检查前一个样品中分析物的浓度是否偏高。如果怀疑有记忆效应干扰，就应该在长时间清洗后重新分析样品。在测定汞时会遇到严重的记忆效应，通过加入 100 μg/L 金在大约 2 min 内就能有效地消除 5 μg/L 汞的记忆效应。浓度越高需要的清洗时间越长。

5-1-5　试剂和材料

5.1　实验用水，为 GB/T 6682 规定的一级水。

5.2　硝酸（HNO_3），ρ=1.42 g/mL，优级纯。

5.3　硝酸（1+1）。

取 500 mL 浓硝酸（5.2）加入 400 mL 实验用水中，然后稀释至 1 L。

5.4　硝酸（1+9）。

取 100 mL 浓硝酸（5.2）加入 400 mL 实验用水中，然后稀释至 1 L。

5.5　盐酸（HCl），ρ=1.19 g/mL，优级纯。

5.6　盐酸（1+1）。

取 500 mL 浓盐酸（5.5）加入 400 mL 实验用水中，然后稀释至 1 L。

5.7　盐酸（1+4）。

取 200 mL 浓盐酸（5.5）加入 400 mL 实验用水中，然后稀释至 1 L。

5.8 浓氨水（NH_4OH），ρ=0.90 g/mL，优级纯。

5.9 酒石酸，优级纯。

5.10 标准储备液。

可以从权威商业机构购买或用超高纯化学试剂及金属（99.99%～99.999%的纯度）配制。除非另作说明，所用的盐类必须在 105℃干燥 2 h。标准储备液建议保存在 FEP 瓶中，如果经逐级稀释制备的多元素储备标准（浓度）经验证有问题，则需更换储备标准溶液。

注 1：许多金属盐类如吸入或吞下，毒性极大。取用之后要认真洗手。

标准储备液的制备过程如下：

有些金属（尤其是易形成表面氧化物的金属）称量前需要先清洗。将金属表面在酸中浸泡可以达到清洗目的。取部分金属（重量超过预计称取量）反复浸泡，再用水清洗，干燥后称量，直到达到所需要的重量为止。

5.10.1 铝标准溶液，ρ=1 000 μg/mL。

将金属铝在（1+1）的热盐酸中浸泡至准确的 0.100 g，溶于 10 mL 浓盐酸和 2 mL 浓硝酸混合溶液中，加热至充分反应。持续加热至体积为 4 mL。冷却，加 4 mL 实验用水，加热至体积减为 2 mL。冷却，用实验用水稀释至 100 mL。

5.10.2 锑标准溶液，ρ=1 000 μg/mL。

准确称取 0.100 g 锑粉末，溶于 2 mL（1+1）硝酸和 0.5 mL 浓盐酸混合溶液中，加热至充分反应，冷却，加 20 mL 实验用水和 0.15 g 酒石酸，加热至白色沉淀溶解，冷却，用实验用水稀释至 100 mL。

5.10.3 砷标准溶液，ρ=1 000 μg/mL。

准确称取 0.132 0 g As_2O_3，溶于 50 mL 实验用水和 1 mL 浓氨水混合溶液中。缓慢加热至溶解，冷却，用 2 mL 硝酸酸化，用实验用水稀释至 100 mL。

5.10.4 钡标准溶液，ρ=1 000 μg/mL。

准确称取 0.143 7 g $BaCO_3$，溶于 10 mL 实验用水和 2 mL 浓硝酸混合溶液中。加热，搅拌至反应完全，去气。用实验用水稀释至 100 mL。

5.10.5 铍标准溶液，ρ=1 000 μg/mL。

准确称取 1.965 g $BeSO_4 \cdot 4H_2O$（不要烘干），溶于 50 mL 实验用水中。加入 1 mL 浓硝酸，用实验用水稀释至 100 mL。

5.10.6 镉标准溶液，ρ=1 000 μg/mL。

将金属镉在（1+9）的硝酸中浸泡至准确的 0.100 g，溶于 5 mL（1+1）硝酸中，加热至反应完全。冷却，用实验用水稀释至 100 mL。

5.10.7 铬标准溶液，ρ=1 000 μg/mL。

准确称取 0.192 3 g CrO_3，溶于 10 mL 实验用水和 1 mL 浓硝酸混合溶液中。用实验用水稀释至 100 mL。

5.10.8　钴标准溶液，ρ=1 000 μg/mL。

将金属钴在（1+9）的硝酸中浸泡至准确的 0.100 g，溶于 5 mL（1+1）硝酸中，加热至反应完全。冷却，用实验用水稀释至 100 mL。

5.10.9　铜标准溶液，ρ=1 000 μg/mL。

将金属铜在（1+9）的硝酸中浸泡至准确的 0.100 g，溶于 5 mL（1+1）硝酸中，加热至反应完全。冷却，用实验用水稀释至 100 mL。

5.10.10　铅标准溶液，ρ=1 000 μg/mL。

将 0.159 9 g $PbNO_3$ 溶于 5 mL（1+1）硝酸中，用实验用水稀释至 100 mL。

5.10.11　锰标准溶液，ρ=1 000 μg/mL。

将锰薄片在（1+9）的硝酸中浸泡至准确的 0.100 g，溶于 5 mL（1+1）硝酸中，加热至反应完全。冷却，用实验用水稀释至 100 mL。

5.10.12　汞标准溶液，ρ=1 000 μg/mL。

不要烘干（警告：剧毒元素）。将 0.135 4 g $HgCl_2$ 溶于实验用水中，加入 5.0 mL 浓硝酸，用实验用水稀释至 100 mL。

5.10.13　钼标准溶液，ρ=1 000 μg/mL。

准确称取 0.150 0 g MoO_3，溶于 10 mL 实验用水和 1 mL 浓氨水的混合溶液中，加热至反应完全。冷却，用实验用水稀释至 100 mL。

5.10.14　镍标准溶液，ρ=1 000 μg/mL。

准确称取 0.100 0 g 镍粉，溶于 5 mL 浓硝酸中，加热至反应完全。冷却，用实验用水稀释至 100 mL。

5.10.15　硒标准溶液，ρ=1 000 μg/mL。

准确称取 0.140 5 g SeO_2，溶于 20 mL 实验用水中，稀释至 100 mL。

5.10.16　银标准溶液，ρ=1 000 μg/mL。

准确称取 0.100 0 g Ag，溶于 5 mL（1+1）硝酸中，加热至反应完全。冷却，用实验用水稀释至 100 mL。保存在黑色不透光容器中。

5.10.17　铊标准溶液，ρ=1 000 μg/mL。

准确称取 0.130 3 g $TlNO_3$，溶于 10 mL 实验用水和 1 mL 浓硝酸的混合溶液中，用实验用水稀释至 100 mL。

5.10.18　钒标准溶液，ρ=1 000 μg/mL。

将钒金属在（1+9）的硝酸中浸泡至准确的 0.100 g，溶于 5 mL（1+1）硝酸中，加热至反应完全。冷却，用实验用水稀释至 100 mL。

5.10.19　锌标准溶液，ρ=1 000 μg/mL。

将锌金属在（1+9）的硝酸中浸泡至准确的 0.100 g，溶于 5 mL（1+1）硝酸中，加热至反应完全。冷却，用实验用水稀释至 100 mL。

5.10.20　金标准溶液，ρ=1 000 μg/mL。

将 0.100 g 高纯金粒（99.999 9%）溶于 10 mL 热硝酸中，逐滴加入 5 mL 浓盐酸，然后回流加热，排除氮和氯的氧化物。冷却，用实验用水稀释至 100 mL。

5.10.21　铋标准溶液，ρ=1 000 μg/mL。

准确称取 0.111 5 g Bi_2O_3，溶于 5 mL 浓硝酸中。加热至反应完全。冷却，用实验用水稀释至 100 mL。

5.10.22　钇标准溶液，ρ=1 000 μg/mL。

准确称取 0.127 0 g Y_2O_3，溶于 5 mL（1+1）硝酸中，加热至反应完全。冷却，用实验用水稀释至 100 mL。

5.10.23　铟标准溶液，ρ=1 000 μg/mL。

将金属铟在（1+9）的硝酸中浸泡至准确的 0.100 g，溶于 10 mL（1+1）硝酸中，加热至反应完全。冷却，用实验用水稀释至 100 mL。

5.10.24　钪标准溶液，ρ=1 000 μg/mL。

准确称取 0.153 4 g Sc_2O_3，溶于 5 mL（1+1）硝酸中，加热至反应完全。冷却，用实验用水稀释至 100 mL。

5.10.25　镁标准溶液，ρ=1 000 μg/mL。

准确称取 0.165 8 g MgO，溶于 10 mL（1+1）硝酸中，加热至反应完全。冷却，用实验用水稀释至 100 mL。

5.10.26　铽标准溶液，ρ=1 000 μg/mL。

准确称取 0.117 6 g Tb_4O_7，溶于 5 mL 浓硝酸中，加热至反应完全。冷却，用实验用水稀释至 100 mL。

5.11　多元素储备标准溶液。

制备多元素储备标准溶液时一定要注意元素间的相容性和稳定性。元素的原始标准储备溶液必须进行检查以避免杂质影响标准溶液的准确度。新配好的标准溶液应转移至经过酸洗的、未用过的 FEP 瓶中保存，并定期检查其稳定性。元素可采用表 3-8 中的分组。

表 3-8　元素储备标准溶液分类

标准溶液 A	标准溶液 B
Al、Sb、As、Be、Cd、Cr、Co、Cu、Pb、Mn、Hg、Mo、Ni、Se、Tl、V、Zn	Ba、Ag

除了 Se 和 Hg，多元素储备标准溶液 A 和 B（10 μg/mL）可以通过直接分取 1 mL 列表中的单元素标准储备溶液，用含 1%（*V*/*V*）硝酸的实验用水稀释至 100 mL 配制而成。对于 A 溶液中的 Hg 和 Se 元素，分别取各自的标准溶液 0.05 mL 和 5.0 mL，用实验用水稀释至 100 mL（1 mL 含 0.5 μg Hg 和 50 μg Se）。如果用质量监控样来核对经逐级稀释制

备的多元素储备标准溶液得不到验证，则需要更换。

5.12　校准工作溶液制备。

多元素储备标准溶液应每隔两周或根据需要重新配制。根据仪器操作范围，用 1%（*V/V*）硝酸介质的实验用水将溶液 A 和 B 稀释至合适的浓度。标准溶液中的元素浓度要足够高，以保证好的测定精密度和准确的响应曲线斜率。根据仪器灵敏度，建议浓度范围为 10～200 μg/L，但汞的浓度要限制在 5 μg/L 以内。需要指出，硒的浓度一般要比其他元素的浓度高 5 倍。如果采用直接加入方法，在校准标准中加入内标并储存在 FEP 瓶中，校准标准要先用质量控制样来核对。

5.13　内标储备溶液，1 mL=100 μg。

取 10 mL Sc、Y、In、Tb 和 Bi 标准储备溶液，实验用水稀释至 100 mL，储存在 FEP 瓶中。直接将该浓度的内标溶液加入空白、校准标准和样品中。如果用蠕动泵加入，可用 1%（*V/V*）硝酸稀释至适当浓度。

注 2：如果采用“直接分析”步骤测定汞，在内标溶液中加入适量金标准储备液，使最终的空白溶液、校正标准和样品中金浓度达 100 μg/L。

5.14　空白。

本方法需要 3 种类型的空白溶液。（1）校准空白溶液，用来建立分析校准曲线；（2）实验室试剂空白溶液，用来评价样品制备过程中可能的污染和背景干扰；（3）清洗空白溶液，在测定样品过程中用来清洗仪器，以降低记忆效应干扰。

5.14.1　校准空白。

1%（*V/V*）硝酸介质的实验用水。采用直接加入法时，加内标。

5.14.2　实验室试剂空白。

必须与样品处理过程一样加入相同体积的所有试剂。实验室试剂空白制备过程必须和样品处理步骤（需要的话，也要进行消解）完全相同，如果采用直接加入法，则样品处理完后加入内标。

5.14.3　清洗空白。

含 2%（*V/V*）硝酸的实验用水。

注 3：如果采用“直接分析”步骤测定汞，在内标溶液中加入金标准储备液，使清洗空白中金浓度为 100 μg/L。

5.15　调谐溶液。

本溶液用于分析前的仪器调谐和质量校准。通过将 Be、Mn、Co、In 和 Pb 的储备液混合后，用 1%（*V/V*）硝酸稀释而成，调谐溶液中每种元素浓度均为 100 μg/L。不需加入内标。（根据仪器灵敏度，可将此溶液稀释 10 倍。）

5.16　质量控制样。

质量控制样制备所需的源溶液应来自本实验室之外，其浓度视仪器灵敏度而定。将合适的溶液用 1%（*V*/*V*）硝酸稀释至浓度≤100 μg/L 配制而成。由于 Se 的灵敏度较低，需稀释至浓度≤500 μg/L，但任何情况下，汞的浓度都要≤5 μg/L。如果采用直接加入法，稀释后加入内标，并储存在 FEP 瓶中。质量控制样应视需要进行分析以满足数据质量要求，该溶液应每季或根据需要经常重新配制。

5.17 实验室强化空白。

在等分实验室试剂空白中加入适量多元素标准储备液 A 和 B 配制而成。根据仪器的灵敏度需要，强化空白溶液中每种元素（除 Se 和 Hg）的浓度一般都在 40～100 μg/L。Se 的浓度范围为 200～500 μg/L，而汞的浓度要限制在 2～5 μg/L。实验室强化空白制备过程必须和样品处理步骤（需要的话，也要进行消解）完全相同，如果采用直接加入法，样品处理完后加入内标。

5-1-6 仪器和设备

6.1 电感耦合等离子体质谱仪

6.1.1 仪器能对 5～250 u 质量范围内进行扫描，最小分辨率为 5%，峰高处峰宽 1 u。仪器配有常规的或能扩展动态范围的检测系统。

6.1.2 射频发生器，符合 FCC 规范。

6.1.3 氩气源，高纯级（99.99%）。如果使用比较频繁，液氩比传统气瓶压缩氩气更经济，且不需经常更换。

6.1.4 变速蠕动泵，将溶液传输到雾化器。

6.1.5 雾化器气流需要一个质量流控制计。水冷雾室对于降低某些干扰非常有效（如多原子氧化物粒子）。

6.1.6 如果使用电子倍增器，应注意不要暴露在强离子流下，否则会引起仪器响应变化或损坏检测器。对于样品中元素浓度太高，超出仪器的线性范围以及在扫描窗口内下降的同位素，稀释后再进行分析。

6.2 分析天平，精确至 0.1 mg，用来称量固体样品，制备标准以及消解液或提取液中可溶性固体的测定。

6.3 温控式电热板，温度能够保持在 95℃。

6.4 （可选）可控温电热套（能保持 95℃），配有 250 mL 的收缩型消解试管。

6.5 （可选）离心机，有保护套、电子计时和制动闸。

6.6 重力对流干燥烘箱，带有温控系统，温度能够维持在（180±5）℃。

6.7 （可选）排气式移液器，能转移 0.1～1 500 μL 体积范围的溶液，且配有高质量的一次性移液头。

6.8 研钵和杵，陶瓷或其他非金属材料。

6.9 聚丙烯筛，5 目（孔径 4 mm）。

6.10 实验室器皿，对于痕量元素的测定来讲，污染和损失是首要考虑的问题。潜在的污染源包括实验室所用器皿的不正确清洗以及来自实验室环境的灰尘污染等。微量元素的样品处理必须保证干净的实验室操作环境。在痕量元素测定中，样品容器会通过以下途径给样品测定结果带来正负误差：（1）通过表面解吸附作用或浸析造成污染；（2）通过吸附过程降低元素浓度。所有可重复使用的实验室器皿（玻璃、石英、聚乙烯、PTFE、FEP 等材料）都应该充分清洗直到满足分析要求。采用以下的几个步骤能提供干净的实验室器皿：浸泡过夜，然后用实验室级的清洁剂和水彻底清洗，自来水洗，在 20%（*V*/*V*）硝酸或稀的硝酸和盐酸混合酸（1+2+9）中浸泡 4 h 或更长时间，最后用实验用水清洗，然后保存在干净的地方。

注 4：铬酸绝对不能用来清洗玻璃器皿。

6.10.1 玻璃器皿、容量瓶、量筒、漏斗和离心管（玻璃或塑料）。

6.10.2 多种校准过的移液管。

6.10.3 锥形 Pillips 烧杯，250 mL，带直径 50 mm 表面皿。

6.10.4 吉芬烧杯，250 mL，带直径 75 mm 的表面皿。

6.10.5 （可选）PTFE 和（或）石英烧杯，250 mL，带 PTFE 盖子。

6.10.6 蒸发皿或高型坩埚，陶瓷材料，容积 100 mL。

6.10.7 窄口储存瓶，FEP（氟化乙丙烯）材料，ETFE（四氟乙烯）螺旋封口，容积 125～250 mL。

6.10.8 FEP 洗瓶，螺旋封口，容积 125 mL。

6.11 仪器工作条件，建议按照仪器生产商提供的仪器工作条件操作。

5-1-7 样品的采集、保存和预处理

7.1 测定银之前应进行样品消解。本方法提供的总可回收样品消解步骤适用于水溶液样品中浓度低于 0.1 mg/L 的银测定，对于银含量高的水样分析，应取小体积进行稀释混匀，直至分析溶液中银的浓度小于 0.1 mg/L。含银量大于 50 mg/kg 的固体样品也要采用类似方法处理。

7.2 在有游离硫酸盐存在的情况下，本方法提供的总可回收样品消解步骤可能使钡产生硫酸钡沉淀。因此，对于样品中含有未知浓度的硫酸盐，样品处理后要尽可能快地分析。

7.3 固体样品分析前不需要处理，只需在 4℃保存。没有确定的存放期限。

5-1-8 分析步骤

8.1 校准和标准化

8.1.1 操作条件

由于仪器硬件各不相同，在此不提供具体的仪器操作条件。建议按照仪器生产商提供的操作条件操作。应检验仪器配置和操作条件是否满足分析要求，并保存检验仪器性能和分析结果的质量控制数据。

8.1.2 预校准程序

仪器校准前要完成如下的预校准程序，直到具有证明仪器不需每日调谐就能满足如下要求的定期操作性能数据。

8.1.3 仪器和数据系统的最佳操作配置初始化。仪器点燃后至少预热半小时，其间用调谐溶液进行质量校正和分辨率检查。低质量数的分辨率检查选用 Mg 同位素 ^{24}Mg、^{25}Mg、^{26}Mg，高质量数选择 Pb 同位素 ^{206}Pb、^{207}Pb、^{208}Pb。好的工作状态下分辨率要调至 5%峰高处能产生大约 0.75 u 的峰宽。如果漂移超过 0.1 u 就要进行质量校正。

8.1.4 运行调谐溶液至少 5 次，直到所有被分析元素绝对信号的相对标准偏差低于 5%才能证明仪器处于稳定状态。

8.1.5 内标标化

所有分析都必须用内标标化来校正仪器漂移和物理干扰。能用来作内标的元素见表 3-9，至少选择 3 种内标才能满足所有质量范围的元素测定。本方法具体介绍了实际应用中常用的 5 种内标：Sc、Y、In、Tb 和 Bi。用它们作内标来满足本方法要求的精密度和回收率。内标在样品、标准溶液和空白中的浓度必须完全相同。可以通过直接在校准标准、空白和样品溶液中加入内标或者在雾化前通过蠕动泵三通和混合线圈在线加入。内标浓度必须足够高，以保证用来校准数据的测定同位素获得好的精密度，如果内标在样品中自然存在，还可使可能的校准偏差降至最低。根据仪器的灵敏度，建议使用 20～200 μg/L 浓度范围的内标。内标要以相同的方式加入空白、样品和标准中，这样就可以忽略加入时的稀释影响。

表 3-9 内标及其应用限制

内标	质量数	可能的限制
Li	6	a
Sc	45	多原子离子干扰
Y	89	a、b
Rh	103	
In	115	Sn 的同量异位素干扰
Tb	159	
Ho	165	
Lu	175	
Bi	209	a

注：a 环境样品中可能存在。

b 有些仪器中 Y 可能形成 YO^+（质量数 105）和 YOH^+（质量数 106），这种情况下，在 Cd 的干扰校正方程中要予以考虑。

8.1.6　校准

开始校准前要建立合适的仪器软件程序用于定量分析。仪器必须要选用 8.1.5 部分列举的一种内标进行校准。仪器要用校准空白和一种或多种浓度水平的标准 A 和 B 进行校准。数据采集至少需要三个重复积分数据。取 3 次积分数据的平均值作为仪器校准和数据报告。

8.1.7　空白、标准和样品溶液之间转换时要用清洗空白清洗系统，要有充足的清洗时间去除上一样品的记忆效应。数据采集前要有 30 s 的溶液提升时间以保证建立平衡。

8.2　固体样品处理——总可回收分析物

8.2.1　固体样品中总可回收分析物的测定：充分混匀样品，取部分（>20 g）至称过皮重的盘中，称重并记录湿重（WW）。如果样品含水率<35%，20 g 称样量即可，含水率>35%时，需要 50～100 g 称样量。于 60℃烘干样品至恒重，记录干重（DW），计算出固体所占百分比。（样品在 60℃烘干是为了避免汞和其他易挥发金属化合物的挥发损失，便于过筛和研磨。）

8.2.2　为了保证样品均质，将干燥后的样品用 5 目聚丙烯筛过筛，然后用研钵研磨（样品更换时要清洗筛子和研钵）。准确称取经干燥研磨好的样品（1.0±0.01）g，转移到 250 mL Phillips 烧杯中进行酸提取处理。

8.2.3　在烧杯中加入 4 mL（1+1）HNO_3 和 10 mL（1+4）HCl。用表面皿盖住，置于电热板上加热，回流提取分析物。电热板放在通风橱里，回流温度控制在 95℃左右。

注 5：装有 50 mL 水样的敞开的 Griffin 烧杯放在电热板中间，调节电热板的温度使溶液温度保持在 85℃左右，但不超过此温度（如果烧杯用表面皿盖住，水温会上升至大约 95℃）。也可以用能保持 95℃的电热套（配有 250 mL 收缩型容量消解管）来代替电热板和烧杯。

8.2.4　缓慢加热回流样品 30 min。可能会产生微沸现象，但一定要避免剧烈沸腾，以防 HCl-H_2O 恒沸物损失。会有部分溶液蒸发（3～4 mL）。

8.2.5　待样品冷却后，定量转移至 100 mL 容量瓶中。用实验用水稀释至刻度，加盖，摇匀。

8.2.6　将样品提取液放置过夜以便不溶物下沉或取部分溶液离心至澄清。如果放置过夜或离心后样品溶液中仍有悬浮物，要在分析前过滤以免堵塞雾化器。但过滤时要小心，避免污染样品。

8.2.7　分析前调整氯化物浓度，吸取 20 mL 处理好的溶液至 50 mL 容量瓶中，稀释至刻度，混匀。如果溶液中可溶性固体含量>0.2%，要进一步稀释以免采样锥或截取锥堵塞。如果选择直接加入步骤，加入内标，混匀。此样品可供上机分析。因为不同样品基体对稀释后样品稳定性的影响难以表征，所以样品处理完成后要尽快分析。

注 6：测出样品中的固体百分含量，用于在干质量基础上计算和报出数据。

8.3 样品分析

8.3.1 对于每个新的或特殊的基体，最好先用半定量分析法扫描样品，确定其中的高浓度元素。由此获取的信息可以避免样品分析期间对检测器的潜在损害，同时鉴别浓度超过线性范围的元素。基体扫描可以用智能软件完成，或者将样品稀释 500 倍在半定量模式下分析。同时要扫描样品中被选作内标元素的背景值，防止数据计算时产生偏差。

8.3.2 初始化仪器操作条件。针对待测分析物调谐并校准仪器。

8.3.3 建立定量分析的仪器软件运行程序。所有分析样品的数据采集都需要至少三次重复积分。取 3 次积分的平均值作为报出数据。

8.3.4 分析过程中对所有可能影响数据质量的质量数都要监控。至少表 3-7 列举的质量数必须和数据采集所用质量数同时监控，这些数据可用来进行干扰校正。

8.3.5 样品分析时，实验室必须遵守质量控制措施。只有在分析混浊度＜1 NTU 的饮用水中的可溶性分析物或“直接分析法”才不需要对实验室试剂空白，实验室强化空白和实验室强化基体采取样品消解步骤。

8.3.6 样品之间应穿插清洗空白来清洗系统。要有充足的清洗时间去除上一个样品的记忆效应。数据采集前应有 30 s 的样品提升时间。

8.3.7 样品浓度高于设定的线性动态范围时，应将样品稀释至浓度范围内重新分析。最好先测定样品中的痕量元素，如果需要，通过选择合适的扫描窗口来避免高浓度元素损坏检测器。然后再将样品稀释后测定其他元素。另外，可以通过选择天然丰度低的同位素来调整动态范围，但要保证所选的同位素已建立了质量监控。不能随便改变仪器条件来调节动态范围。

5-1-9 结果计算

9.1 数据计算时建议采用的元素方程列于表 3-10。水溶液样品的数据单位是 μg/L，固体样品干重的单位是 mg/kg。元素浓度低于方法检出限的不予报出。

表 3-10 推荐的元素数据计算方程

元素	元素数据计算方程	备注
Ag	(1.000)(^{107}C)	
As	(1.000)(^{75}C) – (3.127)[(^{77}C) – (0.815)(^{82}C)]	(1)
Ba	(1.000)(^{137}C)	
Be	(1.000)(^{9}C)	
Cd	(1.000)(^{111}C) – (1.073)[(^{108}C) – (0.712)(^{106}C)]	(2)
Co	(1.000)(^{59}C)	
Cr	(1.000)(^{52}C)	(3)
Cu	(1.000)(^{63}C)	
Mn	(1.000)(^{55}C)	

元素	元素数据计算方程	备注
Mo	（1.000）（^{98}C）－（0.146）（^{99}C）	（4）
Ni	（1.000）（^{60}C）	
Pb	（1.000）（^{206}C）＋（1.000）（^{207}C）＋（1.000）（^{208}C）	（5）
Sb	（1.000）（^{123}C）	
Se	（1.000）（^{82}C）	（6）
Th	（1.000）（^{232}C）	
Tl	（1.000）（^{205}C）	
V	（1.000）（^{51}C）－（3.127）（^{53}C）－（0.113）（^{52}C）	（7）
Zn	（1.000）（^{66}C）	
Bi	（1.000）（^{209}C）	
In	（1.000）（^{115}C）－（0.016）（^{118}C）	（8）
Sc	（1.000）（^{45}C）	
Tb	（1.000）（^{159}C）	
Y	（1.000）（^{89}C）	

注：C—特定质量上减去校准空白后的计数。

（1）用 ^{77}Se 进行氯化物干扰校正。ArCl75/77 的比值可通过试剂空白测得。同量异位素质量 82 只能是来自 ^{82}Se，而不可能是 BrH^+。

（2）MoO 的干扰校正。同量异位素质量 106 只能是 Cd 而不可能是 ZrO^+，如样品中含有 Pd，还需要增加对 Pd 的干扰校正。

（3）0.4% V/V HCl 介质中，ClOH 的背景干扰一般很小。但试剂空白的贡献需要考虑。同量异位素质量只能是来自 ^{52}Cr，而不可能来自 ArC^+。

（4）Ru 的同量异位素干扰校正。

（5）考虑铅同位素的可变性。

（6）有的氩气中含有 Kr 杂质，通过扣除 ^{82}Kr 的干扰来校正 Se。

（7）通过 ^{53}Cr 校正氯化物干扰。ClO51/53 的比值可通过试剂空白测得。同量异位素 52 只能是来自 ^{52}Cr，而不可能来自 ArC^+。

（8）锡的同量异位素干扰校正。

9.2 报出的元素浓度数据值低于 10，要保留 2 位有效数字。数据值等于或大于 10，保留 3 位有效数字。

9.3 采用总可回收分析物测定步骤的水溶液样品的溶液浓度要乘以稀释倍数 1.25。样品如果另外稀释或采用酸溶方法处理，计算样品浓度时要乘以相应的稀释倍数。

9.4 关于固体样品中总可回收分析物的测定，按照 9.2 的规定对溶液中的分析物浓度（分析溶液中单位为 μg/L）进行修约。分析溶液的 μg/L 浓度乘以 0.005 计算 100 mL 提取液中的 mg/L 分析物浓度（如果样品另外稀释，计算提取液中样品浓度时要乘以相应的稀释倍数）。报出换算为干样品含量（mg/kg），保留 3 位有效数字，除非另有规定。含量换算公式如下：

$$\text{样品含量（mg/kg）}=\frac{C\times V}{W}$$

式中：C——提取液中待测物浓度，mg/L；

V——提取液体积，L；

W——被提取样品的质量，kg。

低于估算的固体方法检出限（MDL）或根据（为完成分析而进行的）稀释而调整的方法检出限的分析结果不予报出。

9.5 固体样品中的固体百分含量（S，单位%）用下式计算：

$$S=\frac{\mathrm{DW}}{\mathrm{WW}}\times 100$$

式中：DW——60℃烘干的样品质量，g；

WW——烘干前的样品质量，g。

注 7：如果数据使用者（项目或实验室）要求 105℃烘干后测定固体百分含量，另取一份样品（>20 g）按 8.2 的步骤重新操作，在 103～105℃烘干至恒重。

9.6 采用内标法校正由于仪器漂移或样品基体引起的干扰。特征质谱干扰也要进行校正。不管有没有加入盐酸，所有样品都要进行氯化物干扰校正，因为环境样品中氯化物离子是常见组分。

9.7 如果一种待测元素选择了不止一个同位素，不同同位素计算的浓度或同位素比值可以为分析者检查可能的质谱干扰提供有用信息。衡量元素浓度时，主同位素和次同位素都要考虑。有些情况下，次同位素的灵敏度可能比推荐的主同位素低或更容易受到干扰，因此，两种结果的差异并不能说明主同位素的数据计算有问题。

9.8 分析期间的质量监控样的结果可以为样品数据质量提供参考，应和样品结果一起提供。

5.1.10 质量保证和质量控制

10.1 使用本方法的所有实验室都应执行正式的质量监控程序。程序至少应包括实验室初始能力证明，实验室试剂空白、强化空白和校准溶液的定期分析。要求实验室保存控制数据质量的操作记录。

10.2 能力初始证明（强制执行）

10.2.1 能力初始证明用来描述用本方法进行分析前的仪器性能（线性校准范围测定和质量监控样分析）和实验室性能（方法检出限测定）。

10.2.2 线性校准范围

线性校准范围主要受检测器限制。通过测定 3 种不同浓度的标准溶液的信号响应建立适合每个元素的线性校准范围上限，其中一份标准的浓度要接近线性范围的上限。此过程应注意避免对检测器造成可能的损坏。用于样品分析的线性校准范围由分析者根据分析结果进行判断。线性范围的上限应该是该浓度下的观测信号不低于通过较低标准外推信号水平的 90%。待测物浓度超过上限的 90%时要稀释后重新分析。当仪器硬件或操作条件发生变化时，分析者要判断是否应验证线性校准范围，并决定是否需重新分析。

10.2.3 质量监控样

使用本方法进行分析时，每个季度或对数据质量有要求时都要通过分析质量监控样来检验校准标准和仪器性能。用来检验校准标准的质量监控样的三次测定平均值必须在其标准值的±10%范围内。如果用来确定可接受的仪器运行状态，浓度为 100 μg/L 的质量监控样的测定误差要小于±10%或在表 3-11 列举的可接受限（以两值中之高者为判据）之内（如果不在可接受限内，马上对该监控样重新分析，以确认仪器状态）。如果校准标准或仪器性能超出可接受范围，必须查找问题根源并在测定方法检出限或在连续分析之前进行校正。

表 3-11 QC 监控样的允许限[(1)] 单位：μg/L

元素	QC 监控样浓度	平均回收率/%	标准偏差[(2)]（S_r）	允许限[(3)]
Ag	100	101.1	3.29	91～111[(5)]
Al	100	100.4	5.49	84～117
As	100	101.6	3.66	91～113
Ba	100	99.7	2.64	92～108
Be	100	105.9	4.13	88～112[(4)]
Cd	100	100.8	2.32	94～108
Co	100	97.7	2.66	90～106
Cr	100	102.3	3.91	91～114
Cu	100	100.3	2.11	94～107
Mn	100	98.3	2.71	90～106
Mo	100	101.0	2.21	94～108
Ni	100	100.1	2.10	94～106
Pb	100	104.0	3.42	94～114
Sb	100	99.9	2.4	93～107
Se	100	103.5	5.67	86～121
Th	100	101.4	2.60	94～109
Tl	100	98.5	2.79	90～107
U	100	102.6	2.82	94～111
V	100	100.3	3.26	90～110
Zn	100	105.1	4.57	91～119

注：（1）方法性能表征数据由协作研究所得的回归方程计算而得。
（2）单个分析者的标准偏差，S_r。
（3）允许限按照平均回收值±3S_r计算。
（4）允许限中值为 100%回收率。
（5）48 μg/L 和 64 μg/L 综合统计的估算值。

10.2.4 方法检出限

采用强化试剂空白（浓度为估计检出限的2～5倍）来确定所有分析元素的方法检出限（MDL）。具体步骤：取7等份强化试剂空白溶液进行分析全流程处理，全部按方法规定的公式进行计算，然后报出合适单位的浓度值。计算公式如下：

$$\mathrm{MDL} = t \times S$$

式中：t——99%置信水平时Stduents值，标准偏差按n–1自由度计算［n=7时，t=3.14］；

S——重份分析的标准偏差。

注8：如果需要进一步验证，可在不连续的两天重新分析这7份溶液并分别计算检出限，以3次检出限的平均值作为检出限更合理。如果7份溶液测定结果的相对标准偏差＜10%，说明用来测定方法检出限的溶液浓度偏高，这将导致所计算出的检出限不切实际地偏低。同样，用实验用水测定的方法检出限也代表一种最理想的状态，不能反映实际样品中可能存在的基体干扰。然而，用实验室强化基体的成功分析能使实验用水中测得的检出限更具有置信度。

10.3 实验室性能评价（强制执行）

10.3.1 实验室试剂空白

分析相同基体的一组样品时，每20个或更少样品至少要插入1个实验室试剂空白。实验室试剂空白用来评价来自实验室环境的污染和样品处理过程所用试剂带来的背景干扰。试剂空白值高于方法检出限时应怀疑实验室或试剂污染。当空白值大于或等于样品待测物浓度的10%，或者大于或等于方法检出限的2.2倍（两值中的高者）时，必须重新制备样品，在修正了污染源并获得可接受的实验室试剂空白值后，重新测定被污染元素。

10.3.2 实验室强化空白

每批样品都要分析至少一个实验室强化空白。以百分回收率表示的准确度计算公式如下：

$$R = \frac{\mathrm{LFB} - \mathrm{LRB}}{S} \times 100$$

式中：R——百分回收率，%；

LFB——实验室强化空白浓度，μg/L；

LRB——实验室试剂空白浓度，μg/L；

S——强化实验室试剂空白所加入的分析元素相当浓度，μg/L。

如果某元素的回收率落在要求控制限85%～115%之外，说明该元素超出控制范围，就要查明原因，解决后方可继续分析。

10.3.3 实验室必须用实验室强化空白分析数据是否超出要求监控限85%～115%来评价实验室操作性能。如果有充足的内部分析性能数据（通常分析20～30个），可以利用平均回收率（X）和平均回收率的标准偏差（S）建立自选监控限。这些数据可用来确定监控上下限：监控上限=$X+3S$，监控下限=$X-3S$。

自选监控限必须等同或优于 85%～115%的要求控制限。测定 5～10 个新回收率后即可根据最近的 20～30 个测定数据重新计算新监控限。同时，标准偏差（S）应该用来表征实验室强化空白浓度水平的样品在测定时的精密度。这些数据要记录在案以便将来查看。

10.3.4 仪器性能

样品测定前必须检查仪器性能并确保仪器经常校准过。为了确认校准的可靠性，每次校准后，每分析 10 个样品及结束一次分析运行程序时，都要回测校准空白和标准。校准标准的回测值可用来判断校准是否有效。标准溶液中的所有待测元素浓度应在±10%偏差范围内。如果回测结果不在规定范围内就要重新校准仪器（校准检查时回测的仪器响应信号可用于重新校准，但必须在继续样品分析前确认）。如果连续校正检验超出±15%偏差范围，其前分析的 10 个样品就要在校正后重测。如果由于样品基体引起校准漂移，建议将前面测定过的 10 个样品按校准检查之间 5 个样品一组重新测定，以避免类似的漂移情况出现。

10.4 样品回收率和数据质量评价

10.4.1 样品均匀性和基体的化学性质将影响待测物的回收率和数据质量。从同一个样品中分取几份进行重份分析或强化分析可以评价此类影响。除非数据使用者、实验室或有关项目有其他的具体规定，否则必须进行以下（10.4.2 部分）实验室强化基体步骤。

10.4.2 实验室必须在常规样品分析时对至少 10%的样品加入已知浓度的分析物。在每种情况下，实验室强化基体必须是分析样品的重份，对于总可回收测定应在样品制备之前插入。对于水样，加入的分析物浓度必须等同于实验室强化空白加入的浓度。对于固体样品，加入浓度相当于固体中 100 mg/kg（分析溶液中为 200 μg/L），但银要控制在 50 mg/kg 之内。如果放置时间长，所有样品都应强化。

10.4.3 计算每个被分析元素的百分回收率，用未强化样品的测定浓度作为背景进行校正，然后将这些数据同规定的实验室强化基体回收率范围 70%～130%进行比较。如果强化时加入的元素浓度低于样品背景浓度的 30%就不需计算回收率。百分回收率可采用如下公式计算：

$$R = \frac{C_s - C}{S} \times 100$$

式中：R——百分回收率，%；

C_s——强化样品浓度，μg/L；

C——样品背景浓度，μg/L；

S——样品强化时加入的分析元素相当浓度，μg/L。

10.4.4 如果元素的回收率落在指定范围之外，而实验室工作性能又正常（10.3），强化样品所遇到的回收问题应该是由强化样品的基体造成的而非系统问题。同时，告知数据使用者未强化样品的元素分析结果可能由于样品不均匀或未校正基体效应有问题。

10.4.5 内标响应

应监控整个样品分析过程中的内标响应以及内标与各分析元素信号响应的比值。这些信息可用来检查以下原因引起的问题：质量漂移、加入内标引起的错误或由于样品中的背景引起个别内标浓度增加。任何一种内标的绝对响应值的偏差都不能超过校准空白中最初响应的60%～125%。如果超过此偏差，要用清洗空白溶液清洗系统，并监测校准空白的响应值。如果清洗后内标响应值达到正常值，重新取一份试样，再稀释 1 倍，加入内标重新分析。如果响应值又超出监控限，中止样品分析并查明漂移原因。漂移可能是由于进样锥局部堵塞或仪器调谐条件发生改变。

5-1-11 注意事项

11.1 分析中所用的玻璃器皿均需用（1+1）HNO_3 溶液浸泡 24 h，或热 HNO_3 荡洗后，再用去离子水洗净后方可使用。对于新器皿，应作相应的空白检查后才能使用。

11.2 对所用的每一瓶试剂都应作相应的空白实验，特别是盐酸要仔细检查。配制标准溶液与样品应尽可能使用同一瓶试剂。

11.3 所用的标准系列必须每次配制，与样品在相同条件下测定。

5-2 电感耦合等离子体发射光谱法

方法一

特别提示：实验中使用的高氯酸、硝酸、过氧化氢具有强氧化性和腐蚀性，盐酸、氢氟酸具有强挥发性和腐蚀性，操作时应按规定要求佩戴防护用品，溶液配制及样品预处理应在通风橱中进行。

5-2-1 编制依据

本方法依据《固体废物 22 种金属元素的测定 电感耦合等离子体发射光谱法》（HJ 781—2016）编制。

5-2-2 适用范围

本方法规定了测定尾矿渣及尾矿渣浸出液中金属元素的电感耦合等离子体发射光谱法。

本方法适用于尾矿渣及尾矿渣浸出液中银（Ag）、钡（Ba）、铍（Be）、镉（Cd）、钴（Co）、铬（Cr）、铜（Cu）、锰（Mn）、镍（Ni）、铅（Pb）、钛（Ti）、钒（V）、锌（Zn）、铊（Tl）、锑（Sb）元素的测定。若通过验证，本方法也可适用于其他痕量金属元素的测定。

尾矿渣样品量为 0.25 g，消解后定容体积为 25.0 mL 时，各金属元素的方法检出限为 0.04～8.9 mg/kg，测定下限为 0.16～35.6 mg/kg。尾矿渣浸出液中各金属元素的方法检出限为 0.004～0.35 mg/L，测定下限为 0.016～1.40 mg/L。详见本方法附录 A。

5-2-3　方法原理

尾矿渣或尾矿渣浸出液经酸消解后，进入等离子体发射光谱仪的雾化器中被雾化，由氩载气带入等离子体火炬中，目标元素在等离子体火炬中被气化、电离、激发并辐射出特征谱线。特征光谱的强度与试样中待测元素的含量在一定范围内成正比。

5-2-4　干扰和消除

4.1　光谱干扰

光谱干扰主要包括连续背景和谱线重叠干扰。校正光谱干扰常用的方法是背景扣除法（根据单元素试验确定扣除背景的位置及方式）及干扰系数法。也可以在混合标准溶液中采用基体匹配的方法消除其影响。

当存在单元素干扰时，可按下式求得干扰系数：

$$K_t = \frac{Q' - Q}{Q_t}$$

式中：K_t——干扰系数；

Q'——在分析元素波长位置测得的含量；

Q——分析元素的含量；

Q_t——干扰元素的含量。

通过配制一系列已知干扰元素含量的溶液，在分析元素波长的位置测定其 Q'，根据公式求出 K_t，然后进行人工扣除或计算机自动扣除。一般情况下，尾矿渣及尾矿渣浸出液样品中各元素含量较低，光谱和基体元素间干扰可以忽略。当各元素含量较高时，目标元素测定波长光谱干扰及相关干扰系数见本方法附录 B。注意不同仪器测定的干扰系数会有区别。

4.2　非光谱干扰

非光谱干扰主要包括化学干扰、电离干扰、物理干扰以及去溶剂干扰等，在实际分析过程中各类干扰很难截然分开。是否予以补偿和校正，与样品中干扰元素的浓度有关。此外，物理干扰一般由样品的黏滞程度及表面张力变化引起，尤其是当样品中含有大量可溶盐或样品酸度过高，都会对测定产生干扰。消除此类干扰的最常见的方法是稀释法以及标准加入法。标准加入法见本方法附录 C。

5-2-5　试剂和材料

除非另有说明，分析时均使用符合国家标准的分析纯试剂，实验用水为新制备的去离子水。

5.1 浓硫酸：ρ（H_2SO_4）=1.84 g/mL，优级纯。

5.2 浓硝酸：ρ（HNO_3）=1.42 g/mL，优级纯。

5.3 浓盐酸：ρ（HCl）=1.19 g/mL，优级纯。

5.4 氢氟酸：ρ（HF）=1.49 g/mL，优级纯。

5.5 高氯酸：ρ（$HClO_4$）=1.76 g/mL，优级纯。

5.6 过氧化氢溶液：ω（H_2O_2）=30%，优级纯。

5.7 硝酸溶液：1+1（*V*/*V*），用浓硝酸（5.2）配制。

5.8 硝酸溶液：1+99（*V*/*V*），用浓硝酸（5.2）配制。

5.9 盐酸溶液：1+1（*V*/*V*），用浓盐酸（5.3）配制。

5.10 单元素标准贮备液：ρ=1 000 mg/L。

可用高纯度的金属（纯度大于 99.99%）或金属盐类（基准或高纯试剂）配制成 1 000 mg/L 含 1%硝酸（5.8）的标准贮备液。也可购买市售有证标准溶液。

5.11 单元素标准使用液。

分别移取单元素标准贮备液（5.10）稀释配制。稀释时补加一定量的硝酸（5.7），使标准使用液的硝酸含量为 1%。

5.12 多元素混合标准溶液。

根据元素间相互干扰的情况和标准溶液的性质分组制备，其浓度应根据分析样品及待测元素而定，标液的酸度尽量与待测试样的酸度保持一致，均为 1%的硝酸。多元素混合标准溶液分组情况见表 3-12。

表 3-12 多元素混合标准溶液分组情况

分组	元素
1	Ag、Be
2	V、Ti
3	Al、Ba、Fe、Mn、Ca、Mg、K、Na
4	Sr、Sb
5	Co、Cr、Cu、Ni、Pb、Zn
6	Cd、Tl

5.13 氩气：纯度不低于 99.99%。

5-2-6 仪器和设备

6.1 电感耦合等离子体发射光谱仪。

6.2 微波消解仪：具有程序温控功能，最大功率范围 600～1 500 W。

6.3 温控电热板：控制精度±2.5℃。

6.4 分析天平：精度±0.000 1 g。

6.5 聚四氟乙烯坩埚：50 mL。

6.6 聚四氟乙烯坩埚：100 mL。

6.7 筛：非金属筛，100 目。

6.8 一般实验室常用仪器和设备。

5-2-7 样品

7.1 样品采集与保存

按照本手册第一部分的相关规定进行尾矿渣样品的采集与保存。

7.2 样品制备

7.2.1 尾矿渣

准确称取 10 g（m_1，精确至 0.01 g）样品，自然风干或冷冻干燥，再次称重（m_2，精确至 0.01 g），研磨，全部过 100 目筛（6.7）备用。

7.2.2 尾矿渣浸出液

按照本手册第二部分“1 硫酸硝酸法”进行尾矿渣浸出液的制备。浸出液如不能及时进行分析，应加浓硝酸（5.2）酸化［1 L 浸出液加入 10 mL 硝酸（5.2）］，并尽快消解，不要超过 24 h。

7.3 试样制备

7.3.1 尾矿渣试样

7.3.1.1 微波消解法

称取 0.1～0.5 g（m_3，精确至 0.000 1 g）过筛样品（7.2.1），置于微波消解罐中，用少量水润湿后加入 9 mL 浓硝酸（5.2）、2 mL 浓盐酸（5.3）、3 mL 氢氟酸（5.4）及 1 mL 过氧化氢（5.6），按照表 3-13 的升温程序进行消解。微波消解后的样品需冷却至少 15 min 后取出，用少量实验用水将微波消解罐中全部内容物转移至 50 mL 聚四氟乙烯坩埚（6.5）中，加入 2 mL 高氯酸（5.5），置于电热板上加热至 160～180℃，驱赶至白烟冒尽，且内容物呈黏稠状。取下坩埚稍冷，加入 2 mL 硝酸溶液（5.8），温热溶解残渣。冷却后转移至 25 mL 容量瓶中，用适量硝酸溶液（5.8）淋洗坩埚，将淋洗液全部转移至 25 mL 容量瓶中，用硝酸溶液（5.8）定容至标线，混匀，待测。

表 3-13 尾矿渣微波消解参考升温程序

升温时间/min	消解温度/℃	保持时间/min
5	室温～120	3
3	120～160	3
3	160～180	10

注 1：最终消解后仍有颗粒物沉淀，则需离心或以 0.45 μm 膜过滤后定容。

注 2：有机质含量较高的样品，需提前加入 5 mL 浓硝酸（5.2）浸泡过夜。

7.3.1.2　电热板消解法

称取 0.1～0.5 g（m_3，精确至 0.000 1 g）过筛样品（7.2.1）置于聚四氟乙烯坩埚（6.5）中，在通风橱内，向坩埚中加入 1 mL 实验用水湿润样品，加入 5 mL 浓盐酸（5.3）置于电热板上以 180～200℃加热至近干，取下稍冷。加入 5 mL 浓硝酸（5.2）、5 mL 氢氟酸（5.4）、3 mL 高氯酸（5.5），加盖后于电热板上 180℃加热至余液为 2 mL，继续加热，并摇动坩埚。当加热至冒浓白烟时，加盖使黑色有机碳化物分解。待坩埚壁上的黑色有机物消失后，开盖，驱赶白烟并蒸至内容物呈黏稠状。视消解情况，可补加 3 mL 浓硝酸（5.2）、3 mL 氢氟酸（5.4）、1 mL 高氯酸（5.5），重复上述消解过程。取下坩埚稍冷，加入 2 mL 硝酸溶液（5.8），温热溶解可溶性残渣。冷却后转移至 25 mL 容量瓶中，用适量硝酸溶液（5.8）淋洗坩埚，将淋洗液全部转移至容量瓶中，用硝酸溶液（5.8）定容至标线，混匀，待测。

注 3：有机质含量较高的样品，需提前加入 5 mL 浓硝酸（5.2）浸泡过夜。

7.3.2　尾矿渣浸出液试样

7.3.2.1　微波消解法

量取尾矿渣浸出液样品（7.2.2）25.0 mL 至微波消解罐中，加入 5 mL 浓硝酸（5.2），按微波消解仪器说明装好消解罐，按照表 3-14 的升温程序进行消解。消解程序结束后，消解罐应在微波消解仪内冷却至室温取出。放至通风橱内小心打开消解罐盖，用少量实验用水将微波消解罐中全部内容物转移至 100 mL 聚四氟乙烯坩埚（6.5）中，在电热板上以 180℃加热消解 1 h，取下坩埚稍冷。转移至 25 mL 容量瓶中，用适量硝酸溶液（5.8）淋洗坩埚，将淋洗液全部转移至 25 mL 容量瓶中，用硝酸溶液（5.8）定容至标线，混匀，待测。

表 3-14　尾矿渣浸出液微波消解参考升温程序

升温时间/min	消解温度/℃	保持时间/min
10	室温～150	5
5	150～180	5

注 4：消解时各种酸的用量可视消解情况酌情增减；电热板温度不宜太高，防止聚四氟乙烯坩埚变形；样品消解时，需防止蒸干，以免待测元素损失。

注 5：样品及加入酸的体积总和不应超过消解罐体积的 1/3。

7.3.2.2　电热板消解法

量取尾矿渣浸出液样品（7.2.2）25.0 mL 于 100 mL 聚四氟乙烯坩埚（6.6）中，加入

5 mL 浓硝酸（5.2），在电热板上于 180℃加热消解 1～2 h。若有颗粒物或沉淀，需滴加浓硝酸（5.2）2 mL 继续加热消解，直至溶液澄清。用适量硝酸溶液（5.8）淋洗坩埚，将淋洗液全部转移至 25 mL 容量瓶中，用硝酸溶液（5.8）定容至标线，混匀，待测。

7.3.3 空白试样制备

7.3.3.1 尾矿渣空白

不加样品，按与试样制备相同的操作步骤（7.3.1）进行尾矿渣空白试样的制备。

7.3.3.2 尾矿渣浸出液空白

使用实验用水配制成浸提剂，按照与尾矿渣浸出液样品制备（7.2.2）相同的步骤进行尾矿渣浸出液空白的制备，按照与尾矿渣浸出液试样制备（7.3.2）相同的步骤进行消解。

5-2-8 分析步骤

8.1 仪器参考测量条件

不同型号的仪器最佳测试条件不同，根据仪器说明书要求优化测试条件。仪器参考测量条件见表 3-15。

表 3-15 仪器参考测量条件

高频功率/kW	反射功率/W	载气流量/（L/min）	蠕动泵转速/（r/min）	流速/（mL/min）	测定时间/s
1.0～1.6	＜5	1.0～1.5	100～120	0.2～2.5	1～20

点燃等离子体后，按照厂家提供的工作参数进行设定，待仪器预热至各项指标稳定后开始进行测量。

8.2 校准曲线的绘制

依次配制一系列待测元素的标准溶液，可根据实际样品中待测元素浓度情况调整校准曲线的浓度范围。分别移取一定体积的多元素混合标准溶液（5.12），用硝酸溶液（5.8）配制系列标准曲线，参考浓度见表 3-16。将标准溶液由低浓度到高浓度依次导入电感耦合等离子体发射光谱仪，按照仪器参考测量条件（8.1）测量发射强度。以目标元素系列质量浓度为横坐标，发射强度值为纵坐标，建立目标元素的校准曲线。

表 3-16 标准系列溶液参考浓度 单位：mg/L

元素	浓度 1	浓度 2	浓度 3	浓度 4	浓度 5	浓度 6
Ag、Be、Tl、Cd	0.00	0.20	0.40	0.60	0.80	1.00
Co、Cr、Cu、Ni、Pb、Ti、V、Zn、Sb	0.00	1.00	2.00	3.00	4.00	5.00
Ba、Fe、Mn	0.00	5.00	10.0	15.0	20.0	25.0

8.3 测定

8.3.1 试样测定

分析前，用硝酸溶液（5.8）冲洗系统直到空白强度值降至最低，待分析信号稳定后，在与建立校准曲线相同的条件下分析试样（7.3）。试样测定过程中，若待测元素浓度超出校准曲线范围，试样需稀释后重新测定。

8.3.2 空白样品的测定

按照与试样测定相同的操作步骤测定空白试样（7.3.3）。

5-2-9 结果计算与表示

9.1 尾矿渣

尾矿渣中金属元素的含量 ω（mg/kg）按下式计算：

$$\omega = \frac{(\rho_1 - \rho_0) \times V_0}{m_3} \times \frac{m_2}{m_1}$$

式中：ρ_1——由校准曲线查得的测定试样中元素的质量浓度，mg/L；

ρ_0——实验室空白试样中元素的质量浓度，mg/L；

V_0——消解后试样的定容体积，mL；

m_3——过筛试样的称取量，g；

m_2——干燥后尾矿渣样品的质量，g；

m_1——尾矿渣样品的称取量，g。

9.2 尾矿渣浸出液

尾矿渣浸出液中金属元素的浓度 ρ（mg/L）按照下式计算：

$$\rho = (\rho_1 - \rho_0) \times \frac{V_0}{V_1}$$

式中：ρ_1——由校准曲线查得测定试样中金属元素的浓度，mg/L；

ρ_0——实验室空白试样中金属元素的质量浓度，mg/L；

V_0——浸出液消解后的试样定容体积，mL；

V_1——尾矿渣浸出液的取样体积，mL。

9.3 结果表示

测定结果小数位数与方法检出限保持一致，最多保留 3 位有效数字。

5-2-10 质量保证和质量控制

10.1 每批样品至少做 1 个实验室空白，所测元素的空白值不得超过方法测定下限。若超出则须查找原因，重新分析直至合格之后才能分析样品。

10.2 每批样品分析均须绘制校准曲线，校准曲线的相关系数应大于或等于 0.995。

10.3 每分析 50 个样品须用一个校准曲线的中间点浓度标准溶液进行校准核查，其测定结果与最近一次校准曲线该点浓度的相对偏差应≤10%，否则应重新绘制校准曲线。

10.4　每 10 个样品做 1 个平行双样，样品数量少于 10 个时，应至少测定 1 个平行双样，各元素测定结果的实验室内相对标准偏差应小于 35%。

10.5　对实际样品进行全量测定时每批样品需带尾矿渣有证标准物质，其测定结果应在给出的不确定范围内。对实际样品进行浸出液测定时，以加标控制准确度，其加标回收率范围应在 70%～120%。

5-2-11　废物处理

实验中产生的废物和废液应分类收集和保管，并送具有资质的单位处理。

5-2-12　注意事项

12.1　实验中使用的坩埚和玻璃容器均需用硝酸溶液（5.7）浸泡 12 h 以上，用自来水和实验用水依次冲洗干净，置于干净的环境中晾干。新使用或疑似受污染的容器，应用热盐酸溶液（5.9）浸泡（温度高于 80℃，低于沸腾温度）2 h 以上，并用热硝酸溶液（5.7）浸泡 2 h 以上，用自来水和实验用水依次冲洗干净，置于干净的环境中晾干。

12.2　仪器点火后，应预热 30 min 以上，以防波长漂移。

12.3　含量较低的元素，可适当增加样品称取量或减少定容体积，也可将消解液浓缩后测定。

附录 A
（规范性附录）
各元素方法检出限和测定下限

附表 A　方法的检出限和测定下限

序号	元素	尾矿渣		尾矿渣浸出液	
		检出限/（mg/kg）	测定下限/（mg/kg）	检出限/（mg/L）	测定下限/（mg/L）
1	Ag	0.1	0.4	0.01	0.04
2	Al	8.9	35.6	0.05	0.20
3	Ba	3.6	14.4	0.06	0.24
4	Be	0.04	0.16	0.004	0.016
5	Cd	0.1	0.4	0.01	0.04
6	Co	0.5	2.0	0.02	0.08
7	Cr	0.5	2.0	0.02	0.08
8	Cu	0.4	1.6	0.01	0.04
9	Mn	3.1	12.4	0.01	0.04
10	Ni	0.4	1.6	0.02	0.08
11	Pb	1.4	5.6	0.03	0.12

序号	元素	尾矿渣		尾矿渣浸出液	
		检出限/（mg/kg）	测定下限/（mg/kg）	检出限/（mg/L）	测定下限/（mg/L）
12	Ti	3.0	12.0	0.02	0.08
13	V	1.5	6.0	0.02	0.08
14	Zn	1.2	4.8	0.01	0.04
15	Tl	0.4	1.6	0.03	0.12
16	Sb	0.5	2.0	0.02	0.08

附录 B
（资料性附录）
元素测定波长及元素间干扰

根据仪器说明书及样品基体情况选择待测元素的检测波长。表 B.1 列出电感耦合等离子体发射光谱法测定中经常选择的测定波长及其对应波长下的谱线干扰。表 B.2 为目标元素测定波长下可能的干扰元素及干扰系数。

表 B.1 元素测定波长及元素间干扰

测定元素	测定波长/nm	干扰元素	测定元素	测定波长/nm	干扰元素
Ag	328.068	铈等少量稀土元素、钛、锰	Al	308.215	钠、锰、钒、钼、铈
				309.271	钠、镁、钒
	338.289	锑、铬		396.152	钙、铁、钼
Cd	214.438	铁	Ba	233.53	铁、钒
	226.502	铁、镍、钛、铈、钾、钴		455.403	铁
	228.806	砷、钴、钪		493.409	钪
Tl	190.856	钼、钒	Cu	324.7	铁、铝、钛、钼
	535.046	铁		327.396	
Be	313.042	钛、钒、硒、铈	Ti	334.904	镍、钼
	234.861	铁、钛、钼		334.941	铬、钙
	436.098	铁		337.280	锆、钪
Pb	220.353	铁、铝、钛、钴、铈、锡、铋	Sb	206.833	铝、铬、铁、钛、钒、钼
	283.306			217.581	
Ni	231.604	铁、钴	Mn	257.610	铁、镁、铝、铈
	221.647	钨		293.306	铝、铁
Co	228.616	钛、钡、镉、镍、铬、钼、铈	Zn	202.548	钴、镁
	230.786	铁、镍		206.200	镍、镧、铋
	238.892	铝、铁、钒、铅		213.856	镍、铜、铁、钛

测定元素	测定波长/nm	干扰元素	测定元素	测定波长/nm	干扰元素
Cr	202.55	铁、钼	V	290.882	铁、钼
	205.552	铍、钼、镍		292.402	铁、钼、钛、铬、铈
	267.716	锰、钒、镁		309.311	铝、镁、锰
	283.563	铁、钼		310.230	铝、钛、钾、钙、镍
	357.869	铁		311.071	钛、铁、锰

表 B.2　目标元素测定波长、干扰元素及干扰系数

目标元素及测定波长/nm	干扰元素及干扰系数	目标元素及测定波长/nm	干扰元素及干扰系数
镍 231.604	铁 0.000 058	铬 283.563	铁 0.001 234
铅 220.353	铁 0.000 041；铝 0.000 193；钛 0.000 043	铜 324.754	铁 0.000 039；铝 0.000 575
钴 230.786	铁 0.000 034	钒 310.230	铝 0.000 095；钛 0.000 696
锌 213.856	铜 0.004 23	锑 206.833	铁 0.000 182

附录 C
（资料性附录）
标准加入法

C.1　标准曲线的绘制

分别量取 4 等份量待测试样（浓度为 C_x），配制总体积相同的 4 份溶液。第一份不加标准溶液，第二份、第三份、第四份分别按比例加入不同浓度的标准溶液，4 份溶液的浓度分别为 C_x、C_x+C_0、C_x+2C_0、C_x+3C_0，加入标准的最小浓度 $C_0\approx0.5C_x$。用空白溶液调零，在相同条件下依次测定 4 份溶液的吸光度值。以吸光度值为纵坐标，加入标准溶液的浓度为横坐标，绘制校准曲线，曲线反向延伸与横坐标的交点即为待测样品的浓度。该方法只适用于浓度和吸光值呈线性的区域。待测试样浓度与对应吸光度值的关系见附图 C。

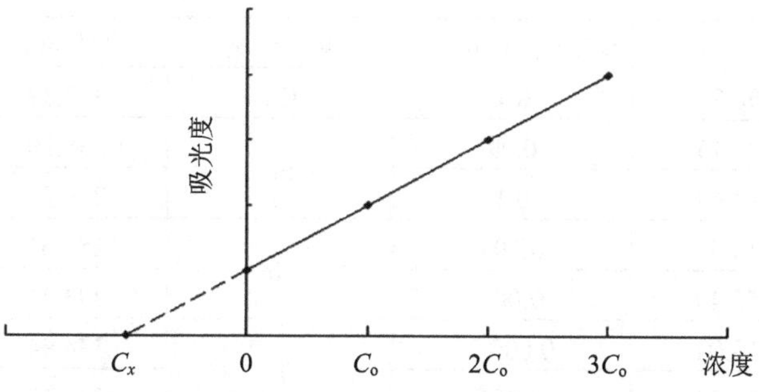

附图 C　待测试样浓度与对应吸光值的关系

C.2 注意事项

C.2.1 加入标准溶液后所引起的体积误差不应超过 0.5%。

C.2.2 采用标准加入法只能消除基体效应带来的影响，不能消除背景吸收的影响。

C.3 标准加入法的适用性判定

测定待测试样的吸光度为 A，从校正曲线上查得浓度为 x。再向待测试样中加入标准溶液标准浓度为 s，测定其吸光度为 B，从校正曲线上查得浓度为 y。用下式计算实际试样中的含量 c：

$$c=\frac{s}{y-x}\times x$$

当存在基体效应时，$\frac{s}{y-x}$ 在 0.5～1.5，可用标准加入法；当 $\frac{s}{y-x}$ 超过此范围时，标准加入法不适用。

方法二

5-2-1 编制依据

本方法依据《危险废物鉴别标准 浸出毒性鉴别》（GB 5085.3—2007）附录 A 《固体废物 元素的测定 电感耦合等离子体原子发射光谱法》编制。

5-2-2 适用范围

本方法适用于尾矿渣和尾矿渣浸出液中砷（As）、钡（Ba）、铍（Be）、镉（Cd）、钴（Co）、铬（Cr）、铜（Cu）、锰（Mn）、镍（Ni）、铅（Pb）、钒（V）、锌（Zn）的电感耦合等离子体发射光谱法测定。若通过验证，本方法也适用于银（Ag）、钼（Mo）、锑（Sb）、铊（Tl）等其他痕量金属元素的测定。

本方法对各种元素的检出限和测定波长见表 3-17。

表 3-17 测定元素推荐波长及检出限

测定元素	波长/nm	检出限/（mg/L）	测定元素	波长/nm	检出限/（mg/L）
Al	308.21	0.1	Cu	327.39	0.01
	396.15	0.09	Fe	238.20	0.03
As	193.69	0.1		259.94	0.03
Ba	233.53	0.004	Mn	257.61	0.001
	455.40	0.003		293.31	0.02
Be	313.04	0.000 3	Ti	334.94	0.005
	234.86	0.005		336.12	0.01

测定元素	波长/nm	检出限/（mg/L）	测定元素	波长/nm	检出限/（mg/L）
Cd	214.44	0.003	Ni	231.60	0.01
	226.50	0.003	Pb	220.35	0.05
Co	238.89	0.005	Cr	205.55	0.01
	228.62	0.005		267.72	0.01
V	311.07	0.01	Cu	324.75	0.01
Zn	213.86	0.006			

5-2-3　方法原理

等离子体发射光谱法可以同时测定样品中多元素的含量。当氩气通过等离子体火炬时，经射频发生器所产生的交变电磁场使其电离、加速并与其他氩原子碰撞。这种连锁反应使更多的氩原子电离，形成原子、离子、电子的粒子混合气体，即等离子体。过滤或消解处理过的样品经进样器中的物化器被物化并由氩载气带入等离子体火炬中，气化的样品分子在等离子体火炬的高温下被气化、电离、激发。不同元素的原子在激发或电离时可发射出特征光谱，所以等离子体发射光谱可用来定性测定样品中存在的元素。特征光谱的强弱与样品中原子浓度有关，与标准溶液进行比较，即可定量测定样品中各元素的含量。

5-2-4　干扰和消除

ICP-AES 法通常存在的干扰大致可分为两类：一类是光谱干扰，主要包括连续背景和谱线重叠干扰，另一类是非光谱干扰，主要包括化学干扰、电离干扰、物理干扰以及去溶剂干扰等，在实际分析过程中各类干扰很难截然分开。在一般情况下，必须予以补偿和校正。

此外，物理干扰一般由样品的黏滞程度及表面张力变化引起；尤其是当样品中含有大量可溶盐或样品酸度过高，都会对测定产生干扰。消除此类干扰的最简单方法是将样品稀释。

4.1　基体元素的干扰

优化试验条件选择出最佳工作参数，无疑可减少 ICP-AES 法的干扰效应，但由于废水成分复杂，大量元素与微量元素间含量差别很大，因此来自大量元素的干扰不容忽视。表 3-18 列出了待测元素在建议的分析波长下的主要光谱干扰。

4.2　干扰的校正

校正元素间干扰的方法很多，化学富集分离的方法效果明显并可提高元素的检出能力，但操作手续烦冗且易引入试剂空白；基体匹配法（配制与待测样品基体成分相似的标准溶液）效果十分令人满意。此种方法对于测定基体成分固定的样品，是理想的消除干扰的办法，但存在高纯度试剂难以解决的问题，而且废水的基体成分变化莫测，在实际分析中，标准溶液的配制工作是十分麻烦的；比较简便而且目前常用的方法是背景扣除法（凭试验，确定扣除背景的位置及方式）及干扰系数法，当存在单元素干扰时，可按公式$K_i=\dfrac{Q'-Q}{Q_i}$求得干扰系数。式中，K_i是干扰系数；Q'是干扰元素加分析元素的含量；Q是分析元素的含量；Q_i是干扰元素的含量。通过配制一系列已知干扰元素含量的溶液在分析元素波长的位置测定其Q'，根据上述公式求出K_i，然后进行人工扣除或计算机自动扣除。

本方法使用时可能存在的主要干扰见表 3-18。

表 3-18　元素间干扰

测定元素	测定波长/nm	干扰元素	测定元素	测定波长/nm	干扰元素
Al	308.21	Mn、V、Na	Cr	202.55	Fe、Mo
	396.15	Ca、Mo		267.72	Mn、V、Mg
As	193.69	Al、P		283.56	Fe、Mo
Be	313.04	Ti、Se	Cu	324.7	Fe、Al、Ti
	234.86	Fe	Mn	257.61	Fe、Al、Mg
Ba	233.53	Fe、V	Ni	231.60	Co
Ca	315.89	Co	Pb	220.35	Al
	317.93	Fe	V	290.88	Fe、Mo
Cd	214.44	Fe		292.40	Fe、Mo
	226.50	Fe		311.07	Ti、Fe、Mn
	228.80	As	Zn	213.86	Ni、Cu
Co	228.62	Ti	Ti	334.94	Cr、Ca

5-2-5　试剂和材料

5.1　实验用水，为 GB/T 6682 规定的一级水。

5.2　硝酸（HNO_3），ρ=1.42 g/mL，优级纯。

5.3　盐酸（HCl），ρ=1.19 g/mL，优级纯。

5.4（1+1）硝酸溶液，用硝酸（3.1）配制。

5.5　氩气，钢瓶气，纯度不低于 99.9%。

5.6　标准溶液。

5.6.1　单元素标准贮备液的配制：可以从权威商业机构购买或用超高纯化学试剂及金属（＞99.99%）配制成 1.00 mg/mL 的标准贮备液。市售的金属有板状、线状、粒状、海绵状或粉末状等。为了称量方便，需将其切屑（粉末状除外），切屑时应防止由于剪切或车床削来的沾污，一般先用稀盐酸或稀硝酸迅速洗涤金属以除去表面的氧化物及附着的污物，然后用水洗净。为干燥迅速，可用丙酮等挥发性强的溶剂进一步洗涤，以除去水分，最后用纯氩气或氮气吹干。贮备溶液配制酸度保持在 0.1 mol/L 以上（表 3-19）。

表 3-19　单元素标准贮备液配制方法

元素	浓度/（mg/mL）	配制方法
Zn	1.00	称取 1 g 金属锌，用 40 mL HCl 溶解，煮沸，冷却后用水定容至 1 L
Ba	1.00	称取 1.516 3 g 无水 $BaCl_2$（250℃烘 2 h），用 20 mL（1+1）HNO_3 溶解，用水定容至 1 L
Be	0.1	称取 0.1 g 金属铍，用 150 mL HCl（1+1）加热溶解，冷却后用水定容至 1 L
Ca	1.00	称取 2.497 2 g $CaCO_3$（110℃干燥 1 h），溶解于 20 mL 水中，滴加 HCl 至完全溶解，再加 10 mL HCl，煮沸除去 CO_2，冷却后用水定容至 1 L
Co	1.00	称取 1 g 金属钴，用 50 mL（1+1）HNO_3 加热溶解，冷却后用水定容至 1 L
Cr	1.00	称取 1 g 金属铬，加热溶解于 30 mL HCl（1+1）中，冷却后用水定容至 1 L
Cu	1.00	称取 1 g 金属铜，加热溶解于 30 mL HNO_3（1+1）中，冷却后用水定容至 1 L
Ni	1.00	称取 1 g 金属镍，用 30 mL HNO_3（1+1）加热溶解，冷却后用水定容至 1 L
Pb	1.00	称取 1 g 金属铅，用 30 mL HNO_3（1+1）加热溶解，冷却后用水定容至 1 L
Ti	1.00	称取 1 g 金属钛，用 100 mL HCl（1+1）加热溶解，冷却后用水定容至 1 L
V	1.00	称取 1 g 金属钒，用 30 mL 水加热溶解，浓缩至近干，加入 20 mL HCl 冷却后用水定容至 1 L
Cd	1.00	称取 1 g 金属镉，用 30 mL HNO_3 溶解，用水定容至 1 L
Mn	1.00	称取 1 g 金属锰，用 30 mL HCl（1+1）加热溶解，冷却后用水定容至 1 L
As	1.00	称取 1.320 3 g As_2O_3，用 20 mL 10%的 NaOH 溶解（稍加热），用水稀释以 HCl 中和至溶液呈弱酸性，加入 5 mL HCl（1+1），再用水定容至 1 L

5.6.2　单元素中间标准溶液的配制：分取上述单元素标准贮备液，将 Cu、Cd、V、Cr、Co、Ba、Mn、Ti 及 Ni 等元素稀释成 0.10 mg/mL；将 Pb、As 稀释成 0.5 mg/mL；将 Be 稀释成 0.01 mg/mL 的单元素中间标准溶液。稀释时，补加一定量相应的酸，使溶液酸度保持在 0.1 mL/L 以上。

5.6.3　多元素混合标准溶液的配制：为进行多元素同时测定，简化操作手续，必须根据元素间相互干扰的情况与标准溶液的性质，用单元素中间标准溶液，分组配制成多元素混合标准溶液。由于所用标准溶液的性质及仪器性能以及对样品待测项目的要求不同，元素分组情况也不尽相同。表 3-20 列出了本方法条件下的元素分组表参考。混合标准溶液的酸度应尽量与待测样品溶液的酸度保持一致。

表 3-20　多元素混合标准溶液分组情况

I		II	
元素	浓度/（mg/L）	元素	浓度/（mg/L）
Al	50	Zn	1.0
Ti	10	Co	1.0
		Cd	1.0
		Cr	1.0
		V	1.0

I		II	
元素	浓度/（mg/L）	元素	浓度/（mg/L）
		Ba	1.0
		Be	0.1
		Ni	1.0
		Pb	5.0
		Mn	1.0
		As	5.0

5-2-6 仪器、装置及工作条件

6.1 仪器

电感耦合等离子体发射光谱仪和一般实验室仪器以及相应的辅助设备。常用的电感耦合等离子体发射光谱仪通常分为多道式及顺序扫描式两种。

6.2 工作条件

一般仪器采用通用的气体雾化器时，同时测定多种元素的工作参数见表 3-21。

表 3-21 仪器工作参数折中值范围

高频功率/kW	反射功率/W	观测高度/mm	载气流量/（L/min）	等离子气流量/（L/min）	进样量/（mL/min）	测定时间/s
1.0～1.4	<5	6～16	1.0～1.5	1.0～1.5	1.5～3.0	1～20

5-2-7 样品的采集、保存和预处理

7.1 所有的采样容器都应预先用洗涤剂、酸和实验用水洗涤，塑料和玻璃容器均可使用。如果要分析极易挥发的硒、锑和砷化合物，要使用特殊容器（如用于挥发性有机物分析的容器）。

7.2 水样必须用硝酸酸化至 pH 小于 2。

7.3 非水样品应冷藏保存，并尽快分析。

7.4 当分析样品中可溶性砷时，不要求冷藏，但应避光保存，温度不能超过室温。

7.5 银的标准和样品都应贮于棕色瓶中，并放置在暗处。

5-2-8 分析步骤

将预处理好的样品及空白溶液（溶液保持 5%的硝酸酸度），在仪器最佳工作参数条件下，按照仪器使用说明书的有关规定，两点标准化后，做样品及空白测定。扣除背景或以干扰系数法修正干扰。

5-2-9 结果计算

9.1 扣除空白值后的元素测定值即为样品中该元素的浓度。

9.2 如果试样在测定之前进行了富集或稀释，应将测定结果除以或乘以一个相应的

倍数。

9.3　测定结果最多保留 3 位有效数字，单位为 mg/L。

5-2-10　注意事项

10.1　仪器要预热 1 h，以防波长漂移。

10.2　测定所使用的所有容器需清洗干净后，用 10%的热硝酸荡涤后，再用自来水冲洗、去离子水反复冲洗，以尽量降低空白背景。

10.3　若所测定样品中某些元素含量过高，应立即停止分析，并用 2%硝酸+0.05% TritonX-100 溶液来冲洗进样系统。将样品稀释后，继续分析。

10.4　谱线波长＜190 mm 的元素，宜采用真空紫外通道测定，可获得较高的灵敏度。

10.5　含量太低的元素，可浓缩后测定。

10.6　成批量测定样品时，每 10 个样品位一组，加测一个待测元素的质控样品，用以检查仪器的漂移程度。当质控样品测定值超出允许范围时，需用标准溶液对仪器重新调整，然后再继续测定。

10.7　铍和砷为剧毒致癌元素，配制标准溶液及测定时，防止与皮肤直接接触并保持室内有良好的排风系统。

5-3　火焰原子吸收分光光度法

方法一

特别提示：实验中使用的硝酸、高氯酸具有强氧化性和腐蚀性，盐酸、氢氟酸具有强挥发性和腐蚀性，操作时应按规定要求佩戴防护器具，溶液配制及样品预处理应在通风橱中进行。

5-3-1　编制依据

本方法依据《固体废物　铅、锌和镉的测定　火焰原子吸收分光光度法》（HJ 786—2016）编制。

5-3-2　适用范围

本方法规定了测定尾矿渣及尾矿渣浸出液中铅、锌和镉的火焰原子吸收分光光度法。本方法适用于尾矿渣及尾矿渣浸出液中铅、锌和镉的测定。

当尾矿渣取样量为 0.5 g，消解后定容体积为 25 mL 时，铅、锌和镉的方法检出限分别为 2.0 mg/kg、2.0 mg/kg 和 0.3 mg/kg，测定下限分别为 8.0 mg/kg、8.0 mg/kg 和 1.2 mg/kg。

当尾矿渣浸出液取样量为 50 mL，消解后定容体积为 50 mL 时，铅、锌和镉的方法检出限分别为 0.06 mg/L、0.06 mg/L 和 0.05 mg/L，测定下限分别为 0.24 mg/L、0.24 mg/L 和 0.20 mg/L。

5-3-3 方法原理

尾矿渣或尾矿渣浸出液经酸消解后，试样中的待测元素在火焰原子化器中被离解为基态原子，该基态原子蒸气对元素空心阴极灯或无极放电灯发射的特征辐射谱线产生选择性吸收。在一定浓度范围内，其吸收强度与试样中待测物的质量浓度成正比。

5-3-4 干扰和消除

当钙的含量高于 1 000 mg/L 时，抑制镉的吸收；钙含量为 2 000 mg/L 时，信号抑制达 19%。铁的含量超过 100 mg/L 时，抑制锌的吸收，加入硝酸镧可消除共存成分的干扰。当样品中含盐量很高，分析谱线波长低于 350 nm 时，出现非特征吸收，如高浓度钙产生的背景吸收使铅的测定结果偏高。

当样品基体成分复杂或者不明时，或加标回收率超过本方法质控要求范围时，应采用标准加入法进行试样测定并计算结果，参见本手册第三部分 5-2 方法一附录 C。

5-3-5 试剂和材料

除非另有说明，分析时均使用符合国家标准的分析纯试剂，实验用水为新制备的去离子水。

5.1 硫酸：ρ（H_2SO_4）=1.84 g/mL，优级纯。

5.2 硝酸：ρ（HNO_3）=1.42 g/mL，优级纯。

5.3 盐酸：ρ（HCl）=1.19 g/mL，优级纯。

5.4 氢氟酸：ρ（HF）=1.49 g/mL，优级纯。

5.5 高氯酸：ρ（$HClO_4$）=1.68 g/mL，优级纯。

5.6 过氧化氢溶液：ω（H_2O_2）=30%，优级纯。

5.7 金属铅：光谱纯。

5.8 金属锌：光谱纯。

5.9 金属镉：光谱纯。

5.10 硝酸镧［$La(NO_3)_3 \cdot 6H_2O$］：优级纯。

5.11 硝酸溶液：1+9（*V*/*V*），用硝酸（5.2）配制。

5.12 硝酸溶液：1+99（*V*/*V*），用硝酸（5.2）配制。

5.13 盐酸溶液：1+1（*V*/*V*），用盐酸（5.3）配制。

5.14 基体改进剂：硝酸镧溶液，［$La(NO_3)_3 \cdot 6H_2O$］=5%。

准确称取 5 g（精确至 0.01 g）硝酸镧（5.10），用硝酸溶液（5.12）溶解并定容至 100 mL 容量瓶，备用。

5.15 铅标准贮备液：ρ=1 000 mg/L。

准确称取 1.000 g（精确至 0.000 1 g）金属铅（5.7），加入 15 mL 硝酸（5.2）溶解，必要时可加热溶解。全量转入 1 000 mL 容量瓶中，用水定容至标线，摇匀。转入聚乙烯瓶中，于 4℃以下冷藏、密封，可保存两年。也可使用市售有证标准溶液（铅单元素或含铅的多元素混合标准溶液）。

5.16　锌标准贮备液：ρ=1 000 mg/L。

准确称取 1.000 g（精确至 0.000 1 g）金属锌（5.8），加入 15 mL 硝酸（5.2）溶解，必要时可加热溶解。全量转入 1 000 mL 容量瓶中，用水定容至标线，摇匀。转入聚乙烯瓶中，于 4℃以下冷藏、密封，可保存两年。也可使用市售有证标准溶液（锌单元素或含锌的多元素混合标准溶液）。

5.17　镉标准贮备液：ρ=1 000 mg/L。

准确称取 1.000 g（精确至 0.000 1 g）金属镉（5.9），加入 15 mL 硝酸（5.2）溶解，必要时可加热溶解。全量转入 1 000 mL 容量瓶中，用水定容至标线，摇匀。转入聚乙烯瓶中，于 4℃以下冷藏、密封，可保存两年。也可使用市售有证标准溶液（镉单元素或含镉的多元素混合标准溶液）。

5.18　铅标准使用液：ρ=100 mg/L。

准确移取铅标准贮备液（5.15）10.00 mL 于 100 mL 容量瓶中，用硝酸溶液（5.12）定容至标线，摇匀。临用现配。

5.19　锌标准使用液：ρ=100 mg/L。

准确移取锌标准贮备液（5.16）10.00 mL 于 100 mL 容量瓶中，用硝酸溶液（5.12）定容至标线，摇匀。临用现配。

5.20　镉标准使用液：ρ=100 mg/L。

准确移取镉标准贮备液（5.17）10.00 mL 于 100 mL 容量瓶中，用硝酸溶液（5.12）定容至标线，摇匀。临用现配。

5.21　乙炔：纯度≥99.5%。

5.22　空气。

可由空气压缩机或压缩空气钢瓶提供。

5-3-6　仪器和设备

6.1　火焰原子吸收分光光度计。

6.2　铅空心阴极灯，锌空心阴极灯，镉空心阴极灯。

6.3　空气压缩机，应备有除水、除油和除尘装置。

6.4　电热板或石墨消解仪：具有温控功能（温度稳定±5℃），最高温度可设定至200℃。

6.5　微波消解仪：输出功率 1 000～1 600 W。具有可编程控制功能，可对温度、压力和时间（升温时间和保持时间）进行全程监控；具有安全防护功能。

6.6　分析天平：精度为 0.1 mg。

6.7　聚四氟乙烯坩埚：50 mL。

6.8　筛：非金属筛，100 目。

6.9 一般实验室常用仪器和设备。

5-3-7 样品

7.1 样品采集与保存

按照本手册第一部分的相关规定进行尾矿渣样品的采集与保存。

7.2 样品制备

7.2.1 尾矿渣

准确称取 10 g（m_1，精确至 0.01 g）样品，自然风干或冷冻干燥，再次称重（m_2，精确至 0.01 g），研磨，全部过 100 目筛（6.7）备用。

7.2.2 尾矿渣浸出液

按照本手册第二部分“1 硫酸硝酸法”进行尾矿渣浸出液的制备。浸出液如不能及时进行分析，应加硝酸（5.2）酸化至 pH＜2，可保存 14 d。

7.3 试样制备

7.3.1 尾矿渣试样

7.3.1.1 电热板消解法

称取 0.25～1.00 g 过筛后的样品（m_3，精确至 0.1 mg）于 50 mL 聚四氟乙烯坩埚（6.6）中。用少量水润湿样品后加入 5 mL 盐酸（5.3），于通风橱内的电热板（6.3）上约 120℃加热，使样品初步消解，待蒸发至约剩 3 mL 时取下稍冷。加入 5 mL 硝酸（5.2）、5 mL 氢氟酸（5.4）、3 mL 高氯酸（5.5），加盖后于电热板上约 160℃加热 1 h。开盖，电热板温度控制在 170～180℃继续加热，并经常摇动坩埚。当加热至冒浓白烟时，加盖使黑色有机碳化物充分分解。待坩埚壁上的黑色有机物消失后，开盖，驱赶白烟并蒸至内容物呈黏稠状。视消解情况，可补加 3 mL 硝酸（5.2）、3 mL 氢氟酸（5.4）和 1 mL 高氯酸（5.5），重复上述消解过程。当白烟再次冒尽且内容物呈黏稠状时，取下坩埚稍冷，加入 1 mL 硝酸溶液（5.12）温热溶解可溶性残渣，冷却后全量转移至 25 mL 容量瓶，用适量实验用水淋洗坩埚盖和内壁，洗液并入 25 mL 容量瓶，用实验用水定容至标线，摇匀，待测。如果消解液中含有未溶解颗粒，需进行过滤、离心分离或者自然沉降。

注 1：加热时勿使样品有大量的气泡冒出，否则会造成样品的损失。

注 2：若尾矿渣中铅、锌或镉的含量较高，试样消解后定容体积可根据实际情况确定。

注 3：若使用石墨消解仪替代电热板消解样品，可参照上述步骤进行。

7.3.1.2 微波消解法

称取 0.25～1.00 g 过筛后的样品（m_3，精确至 0.1 mg）于微波消解罐中。用少量水润湿样品后加入 5 mL 硝酸（5.2）、5 mL 盐酸（5.3）、3 mL 氢氟酸（5.4）和 1 mL 过氧化氢（5.6），按照表 3-22 的升温程序进行消解。冷却后将微波消解罐中的内容物全量转移至 50 mL 聚四氟乙烯坩埚，加入 1 mL 高氯酸（5.5），置于电热板上 170～180℃驱赶白烟，至内容物呈黏稠状。取下坩埚稍冷，加入 1 mL 硝酸溶液（5.12），温热溶解可溶性残渣，冷却后全量转移至 25 mL 容量瓶，用适量实验用水淋洗坩埚盖和内壁，洗液并入 25 mL 容量瓶，用实验用水定容至标线，摇匀，待测。如果消解液中含有未溶解颗粒，需进行过滤、离心分离或者自然沉降。

表 3-22 尾矿渣微波消解法升温程序参考

升温时间/min	消解功率/W	消解温度/℃	保持时间/min
12	400	室温～160	3
5	500	160～180	3
5	500	180～200	10

7.3.2 尾矿渣浸出液试样

7.3.2.1 电热板消解法

量取 50 mL 浸出液（7.2.2）于 150 mL 三角瓶中，加入 5 mL 硝酸（5.2），摇匀。在三角瓶口插入小漏斗，置于电热板上 120℃加热，在微沸状态下将样品加热至约 5 mL，取下冷却。加入 3 mL 硝酸（5.2），加入 1 mL 高氯酸（5.5），直至消解完全（消解液澄清，或消解液色泽及透明度不再变化），继续于 180℃蒸发至近干，取下稍冷，加入 1 mL 硝酸溶液（5.12），温热溶解可溶性残渣，冷却后用适量实验用水淋洗小漏斗和三角瓶内壁，将消解液全量转移至 50 mL 容量瓶，用实验用水定容至标线，摇匀，待测。如果消解液中含有较多杂质，需进行过滤、离心分离或者自然沉降。

7.3.2.2 微波消解法

量取 50 mL 浸出液（7.2.2）（可根据消解罐容积和样品浓度高低确定浸出液量取体积，最终溶液体积不得超过仪器规定的限值）于微波消解罐中，加入 5 mL 硝酸（5.2），盖紧消解罐。将消解罐放在微波消解仪转盘上。按照表 3-23 的升温程序进行消解。消解结束后，待消解罐在微波消解仪内冷却至室温后取出。放至通风橱内小心打开消解罐的盖子，释放其中的气体。将消解液全量转移至聚四氟乙烯坩埚，用适量实验用水淋洗消解罐内壁，洗液并入聚四氟乙烯坩埚，在电热板上于微沸状态下加热至近干。用适量实验用水淋洗坩埚内壁，将坩埚内容物及洗液全量转移至 50 mL 容量瓶，用实验用水定容至标线，摇匀，待测。如果消解液中含有较多杂质，需进行过滤、离心分离或者自然沉降。

表 3-23 尾矿渣浸出液微波消解法升温程序参考

升温时间/min	消解功率/W	消解温度/℃	保持时间/min
10	400	室温～150	5
5	500	150～180	5

注 4： 在消解时各种酸的用量可视消解情况酌情增减；电热板温度不宜太高，防止聚四氟乙烯坩埚变形；样品消解时，须防止蒸干，以免待测元素损失。

7.3.3 空白样品的制备

7.3.3.1 尾矿渣空白

使用空容器按照 7.3.1 的步骤制备尾矿渣空白样品。

7.3.3.2 尾矿渣浸出液空白

使用实验用水配制成浸提剂，按照 7.2.2 制备尾矿渣浸出液空白，按照 7.3.2 的步骤进行消解。

5-3-8 分析步骤

8.1 仪器参考条件

不同型号火焰原子吸收分光光度计的最佳测定条件不同，可根据仪器使用说明书要求优化测试条件。仪器参考测量条件见表 3-24。

表 3-24 仪器参考测量条件

元 素	铅（Pb）	锌（Zn）	镉（Cd）
测定波长/nm	283.3	213.9	228.8
通带宽度/nm	0.5	1.0	0.5
灯电流/mA	8.0	5.0	5.0
火焰类型	乙炔-空气，中性	乙炔-空气，贫燃	乙炔-空气，贫燃

8.2 标准曲线的绘制

8.2.1 铅标准曲线系列

分别准确移取 0.00 mL、0.50 mL、1.00 mL、2.00 mL、4.00 mL、8.00 mL 和 10.0 mL 铅标准使用液（5.18）于一组 100 mL 容量瓶中，用硝酸溶液（5.12）定容至标线，摇匀。此标准系列含铅分别为 0.00 mg/L、0.50 mg/L、1.00 mg/L、2.00 mg/L、4.00 mg/L、8.00 mg/L 和 10.0 mg/L。按照仪器参考条件（8.1），用硝酸溶液（5.12）调节仪器零点后，从低浓度到高浓度依次吸入标准系列，测量相应的吸光度，以相应吸光度为纵坐标，以铅标准系列质量浓度为横坐标，建立铅的校准曲线。

8.2.2 锌标准曲线系列

分别准确移取 0.00 mL、0.50 mL、1.00 mL、2.00 mL、3.00 mL、4.00 mL 和 5.00 mL 锌标准使用液（5.19）于一组 100 mL 容量瓶中，用硝酸溶液（5.12）定容至标线，摇匀。此标准系列含锌分别为 0.00 mg/L、0.50 mg/L、1.00 mg/L、2.00 mg/L、3.00 mg/L、4.00 mg/L 和 5.00 mg/L。按照仪器参考条件（8.1），用硝酸溶液（5.12）调节仪器零点后，从低浓度到高浓度依次吸入标准系列，测量相应的吸光度，以相应吸光度为纵坐标，以锌标准系列质量浓度为横坐标，建立锌的校准曲线。

8.2.3 镉标准曲线系列

分别准确移取 0.00 mL、0.50 mL、1.00 mL、2.00 mL、3.00 mL、4.00 mL 和 5.00 mL

镉标准使用液（5.20）于一组 100 mL 容量瓶中，用硝酸溶液（5.12）定容至标线，摇匀。此标准系列含镉分别为 0.00 mg/L、0.50 mg/L、1.00 mg/L、2.00 mg/L、3.00 mg/L、4.00 mg/L 和 5.00 mg/L。按照仪器参考条件（8.1），用硝酸溶液（5.12）调节仪器零点后，从低浓度到高浓度依次吸入标准系列，测量相应的吸光度，以相应吸光度为纵坐标，以镉标准系列质量浓度为横坐标，建立镉的校准曲线。

8.3 空白样品测定

制备好的空白试样（7.3.3），按照与建立校准曲线相同的条件进行测定。

8.4 样品测定

制备好的试样（7.3.1 或 7.3.2），按照与建立校准曲线相同的条件进行测定。

5-3-9 结果计算与表示

9.1 尾矿渣结果的计算

尾矿渣中待测元素的含量 ω（mg/kg）按照下式计算：

$$\omega = \frac{(\rho_1 - \rho_0) \times V_0}{m_3} \times \frac{m_2}{m_1}$$

式中：ρ_1——由校准曲线查得的测定试样中元素的质量浓度，mg/L；

ρ_0——实验室空白试样中元素的质量浓度，mg/L；

V_0——消解后试样的定容体积，mL；

m_3——过筛试样的称取量，g；

m_2——干燥后尾矿渣样品的质量，g；

m_1——尾矿渣样品的称取量，g。

9.2 尾矿渣浸出液结果的计算

尾矿渣浸出液中待测元素的浓度 ρ（mg/L）按照下式计算：

$$\rho = \frac{(\rho_1 - \rho_0) \times V_0}{V}$$

式中：ρ_1——由校准曲线查得测定试样中元素的质量浓度，mg/L；

ρ_0——实验室空白试样中元素的质量浓度，mg/L；

V_0——浸出液消解后的试样定容体积，mL；

V——尾矿渣浸出液的取样体积，mL。

9.3 结果表示

对于尾矿渣，当测定结果小于 100 mg/kg 时，保留小数点后一位；当测定结果大于或等于 100 mg/kg 时，保留 3 位有效数字。

对于尾矿渣浸出液，当测定结果小于 1.00 mg/L 时，保留小数点后两位；当测定结果大于或等于 1.00 mg/L 时，保留 3 位有效数字。

5-3-10 质量保证和质量控制

10.1 每批样品至少做 2 个实验室空白，其测定结果应低于方法检出限。

10.2 每次分析应绘制校准曲线，相关系数应≥0.999。否则需重新绘制校准曲线。

10.3 每 10 个样品应分析一个校准曲线的中间浓度点，其测定结果与校准曲线该点浓度的相对偏差应≤10%。否则需重新绘制校准曲线。

10.4 每分析 20 个样品应进行一次仪器零点校正。

10.5 每批样品至少按 10%的比例进行平行双样测定，样品数量少于 10 个时，应至少测定 1 个平行双样，两次测定结果的相对偏差≤20%。

10.6 每批样品至少应做 10%加标回收试验，样品数量少于 10 个时至少做 1 个，加标回收率应为 80%～120%。

10.7 成批量测定样品时，每 10 个样品为一组，加测一个待测元素的质控样品，用以检查仪器的漂移程度。当质控样品测定值超出允许范围时，需用标准溶液对仪器重新调整，再继续测定。

5-3-11 废物处理

实验过程中产生的废液和废物应分类收集，委托具有资质的单位处置。

5-3-12 注意事项

12.1 实验所使用的坩埚和玻璃容器均须用硝酸溶液（5.11）浸泡 12 h 以上，并用自来水和实验用水依次冲洗干净，置于洁净的环境中晾干。对于新使用的或疑似受污染的容器，应用热盐酸溶液（5.13）浸泡（温度高于 80℃，低于沸腾温度）至少 2 h，再用热硝酸溶液（5.11）浸泡至少 2 h，并用自来水和实验用水依次冲洗干净，置于洁净的环境中晾干。

12.2 在样品溶液加热至近干时，温度不宜太高，以免迸溅。

方法二

5-3-1 编制依据

本方法依据《危险废物鉴别标准 浸出毒性鉴别》（GB 5085.3—2007）附录 D《固体废物 金属元素的测定 火焰原子吸收光谱法》编制。

5-3-2 适用范围

本方法适用于尾矿渣和尾矿渣浸出液中银（Ag）、钡（Ba）、铍（Be）、镉（Cd）、钴（Co）、铬（Cr）、铜（Cu）、锰（Mn）、钼（Mo）、镍（Ni）、铅（Pb）、锑（Sb）、铊（Tl）、钒（V）、锌（Zn）元素的火焰原子吸收光谱法测定。若通过验证，本方法也可适用于其他痕量金属元素的测定。

本方法对各种元素的检出限、灵敏度及定量测定范围见表 3-25。

表 3-25　各元素的检出限、灵敏度及定量测定范围

元素	检出限/(mg/L)	灵敏度/(mg/L)	最佳浓度范围	
			波长/nm	浓度范围/(mg/L)
Ag	0.01	0.06	328.1	
Ba	0.1	0.4	553.6	1～20
Be	0.005；低于 0.02 时建议用石墨炉法	0.025	234.9	0.05～2
Cd	0.005；低于 0.02 时建议用石墨炉法	0.025	228.8	0.5～2
Co	0.05；低于 0.1 时建议用石墨炉法	0.2	240.7	0.5～5
Cr	0.05；低于 0.2 时建议用石墨炉法	0.25	357.9	0.5～10
Cu	0.02	0.1	324.7	0.2～5
Mn	0.01	0.05	279.5	0.1～3
Mo	0.1；低于 0.2 时建议用石墨炉法	0.4	313.3	1～40
Ni	0.04	0.15	232.0	0.3～5
Pb	0.1；低于 0.2 时建议用石墨炉法	0.5	283.3	1～20
Sb	0.2；低于 0.35 时建议用石墨炉法	0.5	217.6	1～40
Tl	0.1；低于 0.2 时建议用石墨炉法	0.5	276.8	1～20
V	0.2；低于 0.5 时建议用石墨炉法	0.8	318.4	2～100
Zn	0.005；低于 0.01 时建议用石墨炉法	0.02	213.9	0.05～1

5-3-3　方法原理

样品溶液雾化后在火焰原子化器中被原子化，成为基态原子蒸气，对元素空心阴极灯或无极放电灯发射的特征辐射进行选择性吸收。在一定浓度范围内，其吸收强度与试液中待测物的含量成正比。

5-3-4　干扰和消除

4.1　当火焰温度不足以使分子解离时，会由于在火焰中原子受到分子的束缚而使吸收减少，如磷酸盐对 Mg 的干扰。或者当解离出的原子立刻被氧化成化合物时，在此火焰温度下将不能再解离。因此，在 Ba 的测定中，加入 La 可以去除磷酸盐的干扰；在 Mn 的测定中，加入 Ca 也能消除 Si 的干扰。这种干扰也可以通过从干扰物质中分离出待测金属来消除。此外，还可利用主要用于提高分析灵敏度的络合剂来消除或减少干扰。

4.2　试样中可溶解性固体的含量很高时，会产生类似光散射的非原子吸收干扰。当用背景校正仍无效时，应用非吸收波长校正，并应提取出试样所含有的大量固体物质。

4.3　当火焰温度高到足以导致中性原子失去电子而成为带正电荷的离子时，会发生电离干扰。在标准和试样中都加入超过量的易电离元素如 K、Na、Li 或 Cs，可控制这类干扰。

4.4　试样中共存的某种非测定元素的吸收波长位于待测元素吸收线的带宽时，会发生光谱干扰。由于干扰元素的影响，将使原子吸收信号的测定结果异常高，当多元素灯的其他金属或阴极灯中的金属杂质产生的共振辐射恰在选定的狭缝通带的情况下，也会

产生光谱干扰。应采用小的狭缝通带以减少这类干扰。

4.5 试样和标准的黏度差异会改变吸入速率，应引起注意。

4.6 在消解试液中各种金属的稳定性不同，尤其是消解液中仅含 HNO_3（不是同时含 HNO_3 和 HCl）时，消解液应尽快分析，并且优先分析 Sn、Sb、Mo、Ba 和 Ag。

部分元素测定过程中消除干扰的特殊要求见表 3-26。

表 3-26 测定过程消除干扰的特殊要求

元素	消除干扰的特殊要求
Ag	1．标准溶液应贮于棕色瓶中； 2．不能使用盐酸； 3．应检测试样和标准的黏度差异
Ba	必须设定高的灯电流和窄的光谱通带
Be	浓度超过 100 ppm 的 Al 会抑制 Be 的吸收，加入 0.1%的氟化物能有效地消除这一干扰。高浓度的 Mg 和 Si 也会产生类似的干扰，须用标准加入法加以克服
Co	过量的其他过渡金属会轻微抑制 Co 的信号，应使用基体匹配或标准加入法
Cr	如果样品中的碱金属含量比标准高很多，应当在样品和标准中加入电离抑制剂
Ni	1．高浓度的 Fe、Co 和 Cr 会造成干扰，应配制相同的基体或使用氧化亚氮作为助燃气； 2．对中－高浓度的 Ni，应该对样品进行稀释或使用 352.4 nm 线
Sb	1．当 1 000 mg/L Pb 存在时，在 217.6 nm 共振线处产生光谱干扰，应使用 231.1 nm 锑线测定； 2．高浓度的 Cu、Ni 会造成干扰，应配制相同的基体或使用氧化亚氮作为助燃气
Tl	不能使用盐酸
V	加入 1 000 mg/L Al 可控制高浓度的 Al 或 Ti，以及 Bi、Cr、Co、Fe、醋酸、磷酸、表面活性剂、洗涤剂或碱金属的存在造成的干扰
Zn	加入锶（1 500 mg/L）可消除 Cu 和磷酸盐的干扰

5-3-5 试剂和材料

5.1 实验用水，为 GB/T 6682 规定的一级水。

5.2 硝酸，ρ（HNO_3）=1.42 g/mL，优级纯。

5.3 盐酸，ρ（HCl）=1.19 g/mL，优级纯。

5.4 乙炔，高纯。

5.5 空气。

可由空气压缩机或压缩空气钢瓶提供。

5.6 氧化亚氮，高纯。

5.7 金属标准储备液，ρ=1 000 mg/L。

使用市售的标准溶液；或用水和硝酸或盐酸，溶解高纯金属、氧化物或不吸湿的盐类制备。

各种元素标准储备液配制的具体要求见表 3-27。

表 3-27　各元素的金属标准储备液配制具体要求

元素	金属标准储备液配制具体要求
Ag	称取 0.787 4 g 无水硝酸银溶解于含 5 mL 浓 HNO_3 的实验用水中，定容至 1 L
Ba	称取 1.778 7 g 氯化钡（$BaCl_2·2H_2O$）溶解于实验用水中，定容至 1 L
Be	称取 11.658 6 g 硫酸铍溶解于含 2 mL 浓 HNO_3 的实验用水中，定容至 1 L
Cd	称取 1.000 g 金属镉溶解于 20 mL 1∶1 的 HNO_3 中，用实验用水定容至 1 L
Co	称取 1.000 g 金属钴溶解于 20 mL 1∶1 HNO_3 溶液中，用实验用水定容至 1 L。也可用钴（Ⅱ）的氯化物或硝酸盐（不含结晶水）配制
Cr	称取 1.923 g 三氧化铬（CrO_3）溶解于用重蒸馏的 HNO_3 酸化的实验用水中，定容至 1 L
Cu	称取 1.000 g 电解铜溶解于 5 mL 重蒸馏的 HNO_3 中，用实验用水定容至 1 L
Mn	称取 1.000 g 金属锰溶解于 10 mL 重蒸馏的 HNO_3 中，用实验用水定容至 1 L
Mo	称取 1.840 g 钼酸铵$(NH_4)_6Mo_7O_{24}·4H_2O$ 溶解于实验用水中，定容至 1 L
Ni	称取 1.000 g 金属镍或 4.953 g 硝酸镍 $Ni(NO_3)_2·6H_2O$ 溶解于 10 mL HNO_3 中，用实验用水定容至 1 L
Pb	称取 1.599 g 硝酸铅溶解于实验用水中，加入 10 mL 重蒸馏的 HNO_3 酸化，用实验用水定容至 1 L
Sb	称取 2.742 6 g 酒石酸锑钾 $K(SbO)C_4H_4O_6·1/2H_2O$ 溶解于实验用水中，定容至 1 L
Tl	称取 1.303 g 硝酸铊溶解于实验用水中，加入 10 mL 浓 HNO_3 酸化，用实验用水定容至 1 L
V	称取 1.785 4 g 五氧化二钒溶解于 10 mL 浓 HNO_3 中，用实验用水定容至 1 L
Zn	称取 1.000 g 金属锌溶解于 10 mL 浓 HNO_3 中，用实验用水定容至 1 L

5.8　标准使用液。

逐级稀释金属储备液制备标准使用液，配制一个空白和至少 3 个浓度的标准使用液，其浓度由低至高按等比排列，且应落在标准曲线的线性部分。标准使用液中酸的种类和浓度应与处理后试样中的相同［0.5%（*V*/*V*）HNO_3］。

有些元素的标准溶液和试样中需加入特定的基体改进剂以消除各种干扰，具体要求见表 3-28。

表 3-28　各元素的标准溶液和试样中要求的基体改进剂

元素	基体改进剂
Al	试样和校准溶液中均应含 2 mL KCl/100 mL 溶液 (1)
Ba	试样和校准溶液中均应加入电离抑制剂
Ca	试样和校准溶液中均应含 20 mL $LaCl_3$/100 mL 溶液 (2)
Mg	校准溶液中应含 10 mL $LaCl_3$/100 mL 溶液 (2)
Mo	试样和校准溶液中均应含 2 mL $Al(NO_3)_3$/100 mL 溶液 (3)
Os	校准溶液中应含 1%（*V*/*V*）HNO_3 和 1%（*V*/*V*）H_2SO_4
Sb	校准溶液中应含 0.2%（*V*/*V*）HNO_3 和 1%～2%（*V*/*V*）HCl
Sr	校准溶液中应含 10 mL $LaCl_3$/KCl/100 mL 溶液 (4)
V	试样和校准溶液中均应含 2 mL $Al(NO_3)_3$/100 mL 溶液 (3)

注：（1）KCl 溶液：称取 95 g 氯化钾（KCl）溶解于水中并定容至 1 L；

（2）$LaCl_3$ 溶液：称取 29 g 氧化镧（La_2O_3）溶解于 250 mL 浓盐酸（注意：反应激烈），并用实验用水定容至 500 mL；

（3）$Al(NO_3)_3$ 溶液：称取 139 g 硝酸铝 $Al(NO_3)_3·9H_2O$ 溶解于 150 mL 水中（加热溶解），冷却并定容至 200 mL；

（4）$LaCl_3$/KCl 溶液：称取 11.73 g 氧化镧（La_2O_3）溶解于少量的（大约 50 mL）浓盐酸中（注意：反应激烈），加入 1.91 g 氯化钾（KCl），将溶液冷却至室温，用实验用水定容至 100 mL。

5-3-6 仪器、装置及工作条件

6.1 仪器及装置

6.1.1 原子吸收分光光度计：单道或双道，单光束或双光束仪器具有光栅单色器、光电倍增检测器，可调狭缝，190～800 nm 的波长范围，有背景校正装置和数据处理。

6.1.2 燃烧器，以氧化亚氮为助燃气的元素测定需使用高温燃烧器。

6.1.3 单元素空心阴极灯。

6.1.4 各种量程的微量移液器。

6.1.5 玻璃仪器：容量瓶、样品瓶、烧杯等。

6.2 工作条件

不同型号的仪器最佳测试条件不同，可根据厂家的使用说明书自行选择。本方法采用的测量条件如下。

6.2.1 各元素测定时使用的空心阴极灯工作波长见表 3-25。

6.2.2 燃气：乙炔。

6.2.3 各元素测定时使用的助燃气类型见表 3-29。

表 3-29 各元素测定时使用的助燃气类型

助燃气类型	元素
空气	Ag、Cd、Co、Cu、Fe、K、Li、Mg、Mn、Na、Ni、Pb、Sb、Sr、Tl、Zn
氧化亚氮	Al、Ba、Be、Ca、Cr、Mo、Os、Sn、V

6.2.4 各元素测定时使用的火焰类型见表 3-30。

表 3-30 各元素测定时使用的火焰类型

火焰类型	元素
富燃	Al、Ba、Be、Cr、Mo、Sn、V
贫燃	Ag、Cd、Co、Cu、Fe、K、Li、Mg、Na、Ni、Pb、Os、Sb、Sr、Tl、Zn
按化学计量	Ca、Mn（略贫燃）

6.2.5 测定时要求背景校正的元素包括 Ag、Be、Cd、Co、Cu、Mn、Mo、Ni、Pb、Sb、Tl、V、Zn。

5-3-7 样品的采集、保存和预处理

7.1 所有的采样容器都应预先用洗涤剂、酸和实验用水洗涤，塑料和玻璃容器均可使用。如果要分析极易挥发的硒、锑和砷化合物，要使用特殊容器（如用于挥发性有机物分析的容器）。

7.2 水样必须用硝酸酸化至 pH 小于 2。

7.3　非水样品应冷藏保存，并尽快分析。

7.4　当分析样品中可溶性砷时，不要求冷藏，但应避光保存，温度不能超过室温。

7.5　为了抑制六价铬的化学活性，样品和提取液分析前均应在 4℃下贮存，最长的保存时间为 24 h。

7.6　银的标准和样品都应贮于棕色瓶中，并放置在暗处。

5-3-8　分析步骤

8.1　配制试液，包括金属标准储备液和标准使用液。

8.2　进行干扰的消除和背景校正。

8.3　参照仪器说明书设定仪器最佳工作条件。

8.4　测定标准使用液的吸光度，用浓度及对应的吸光度值绘制标准曲线。

8.5　测定实验样品和质控样品的吸光度或浓度值。

5-3-9　结果计算

9.1　火焰原子吸收光谱法进行金属浓度测定，可从校准曲线或者仪器的直读系统得到金属浓度（mg/L）值。

如果试样进行稀释，则需要用下式计算：

$$\text{试样中的金属浓度（mg/L）} = A\times\left(\frac{C+B}{C}\right)$$

式中：A——从校准曲线查出的稀释样份中的金属浓度，mg/L；

B——稀释用的酸空白基体，mL；

C——样份体积，mL。

9.2　对于固体试样，根据试样重量并用 mg/kg 报告浓度：

$$\text{金属（mg）/试样（kg）} = \frac{A\times V}{W}$$

式中：A——从校准曲线得到的处理后试样中的金属浓度，mg/L；

V——处理后试样的最终体积，mL；

W——试样重量，g。

5-3-10　质量保证和质量控制

10.1　所有的质控数据应该保留，以便参考或检查。

10.2　每天必须最少用 1 个试剂空白和 3 个标准制作一条标准曲线，用至少 1 个试剂空白和 1 个浓度位于或接近中间范围的验证标准（由参考物质或另一份标准物质配制）进行检验，验证标准的检验结果必须在真值的 10%以内，该标准曲线才可使用。

10.3　如果每天分析的样品数多于 10 个，则每做完 10 个试样，要用浓度位于中间范围的标准或验证标准对工作曲线进行验证，检验结果必须在真值的±20%以内，否则要重新测定前 10 个试样。

10.4　在每批测试试样中，至少应该有 1 个加标样和 1 个加标双样。

10.5　当试样基体十分复杂，以致其黏度、表面张力和成分不能用标准准确地匹配时，应使用 10.6 的方法判断是否需要使用标准加入法，标准加入法的相关内容见 10.7。

10.6　干扰试验

10.6.1　稀释试验

在试样中选一个有代表性的试样做逐次稀释以确定是否有干扰存在，试样中分析元素的浓度至少为其检出限的 25 倍。测定未稀释试样的浓度，将试样稀释至少 5 倍（1+4）后再进行分析。如果所有试样的浓度均低于检出限的 10 倍，要做下面所述的加标回收分析。若未稀释试样和稀释了 5 倍的试样的测定结果一致（相差在 10%以内），则表明不存在干扰，不必采用标准加入法分析。

10.6.2　回收率试验

如果稀释试验的结果不一致，则可能存在基体干扰，需要做加标样品分析以确认稀释试验的结论。

10.7　标准加入法

标准加入法是向一份或多份备好的样品溶液中加入已知量的标准。通过增加待测组分，提高或降低分析信号，使其斜率与校准曲线产生偏差。不应加入干扰组分，这样会造成基线漂移。

10.7.1　标准加入技术的最简单形式是单点加入法。取两份相同的样份，每份体积为 V_x。在第 1 份（称为 A）加入已知体积为 V_s、浓度为 C_s 的标准溶液，在第二份（称为 B）中加入相同体积 V_s 的基体溶剂。测量 A 和 B 的吸收信号，并校正非被测元素的信号，则未知的试样浓度 C_X 计算如下：

$$C_X = \frac{S_B \times V_s \times C_s}{(S_A - S_B) \times V_x}$$

式中，S_A 和 S_B 分别是溶液 A 和 B 在校正空白后的吸收信号。应该选择合适的 V_s 和 C_s，使 S_A 大约是 S_B 平均信号的 2 倍，以避免试样基体的过度稀释。如果使用了分离或浓缩手段，最好一开始就进行加标，使其能够经过制样的整个过程。

10.7.2　通过使用系列标准加入可使结果得到改善。加入一系列含有不同已知浓度的标准后，为了使试样的体积相同，所有试样都要稀释到相同的体积，例如，1 号加标样的浓度应该大约是样品中待测物所产生的吸收的 50%，2 号和 3 号加标样的浓度应该大约是样品中待测物所产生的吸收的 100%和 150%。测定每份试样的吸收值，以吸收值为纵坐标，以标准的已知浓度为横坐标作图，将曲线外推至零吸收处，其与横坐标的交点即为试样中待测组分的原有浓度。纵坐标左右两侧的横坐标的刻度值相同，大小相反。

10.7.3　标准加入法是十分有效的，但是必须注意以下的制约条件：（1）标准加入的浓度应该在标准曲线的线性范围内，为了得到最好的结果，标准加入法标准曲线的斜率应该与水标准曲线的斜率大体相同。如果斜率明显不同（大于 20%），使用时应该慎重；（2）干扰影响不应该随分析物浓度和试样基体比的改变而变化，并且加入标准应该与被分析物有同样的响应；（3）在测定中必须没有光谱干扰，并能校正非特征背景干扰。

5-4　石墨炉原子吸收分光光度法

方法一

警告：实验中使用的硝酸、高氯酸具有强氧化性和腐蚀性，盐酸、氢氟酸具有强挥发性和腐蚀性，操作时应按规定要求佩戴防护器具，溶液配制及样品预处理应在通风橱中操作。

5-4-1　编制依据

本方法依据《固体废物　铅和镉的测定　石墨炉原子吸收分光光度法》（HJ 787—2016）编制。

5-4-2　适用范围

本方法规定了测定尾矿渣及尾矿渣浸出液中铅和镉的石墨炉原子吸收分光光度法。

本方法适用于尾矿渣及尾矿渣浸出液中铅和镉的测定。

当尾矿渣取样量为 0.5 g、消解后定容体积为 25 mL 时，铅和镉的方法检出限分别为 0.3 mg/kg 和 0.1 mg/kg，测定下限分别为 1.2 mg/kg 和 0.4 mg/kg。当尾矿渣浸出液取样体积为 50 mL、消解后定容至 50 mL 时，铅和镉的方法检出限分别为 0.9 μg/L 和 0.6 μg/L，测定下限分别为 3.6 μg/L 和 2.4 μg/L。

5-4-3　方法原理

尾矿渣或尾矿渣浸出液经酸消解后，注入石墨炉原子化器中，经过干燥、灰化和原子化，成为基态原子蒸气，对元素空心阴极灯或无极放电灯发射的特征辐射谱线产生选择性吸收。在一定浓度范围内，其吸收强度与试样中待测物的质量浓度成正比。

5-4-4　干扰和消除

当样品中 Ca 的质量浓度高于 500 mg/L、Fe 的质量浓度高于 50 mg/L、Mn 的质量浓度高于 25 mg/L 时，对铅和镉的测定产生干扰，可采用样品稀释法或标准加入法消除其干扰。尾矿渣基体成分较为复杂，加入基体改进剂磷酸二氢铵，可消除有机物等引起的基体干扰。当样品基体成分不明时，或加标回收率超过本方法质控要求范围时，应采用标准加入法进行测定并计算结果，参见本手册第三部分 5-2 方法一附录 C。

5-4-5　试剂和材料

除非另有说明，分析时均使用符合国家标准的分析纯试剂，实验用水为新制备的去离子水。

5.1　硫酸：$\rho(H_2SO_4)$ =1.84 g/mL，优级纯。

5.2 硝酸：ρ（HNO_3）=1.42 g/mL，优级纯。

5.3 盐酸：ρ（HCl）=1.19 g/mL，优级纯。

5.4 氢氟酸：ρ（HF）=1.49 g/mL，优级纯。

5.5 高氯酸：ρ（$HClO_4$）=1.68 g/mL，优级纯。

5.6 过氧化氢溶液：ω（H_2O_2）=30%，优级纯。

5.7 金属铅：光谱纯。

5.8 金属镉：光谱纯。

5.9 磷酸二氢铵（$NH_4H_2PO_4$）：优级纯。

5.10 硝酸溶液：1+9（V/V），用硝酸（5.2）配制。

5.11 硝酸溶液：1+99（V/V），用硝酸（5.2）配制。

5.12 盐酸溶液：1+1（V/V），用盐酸（5.3）配制。

5.13 基体改进剂：磷酸二氢铵溶液。

准确称取 13.8 g（精确至 0.000 1 g）磷酸二氢铵（5.9），用实验用水溶解并定容至 1 000 mL。

5.14 铅标准贮备液：ρ=1 000 mg/L。

准确称取 1.000 g（精确至 0.000 1 g）金属铅（5.7），加入 15 mL 硝酸（5.2）溶解，必要时可加热溶解。全量转入 1 000 mL 容量瓶中，用硝酸溶液（5.11）定容至标线，摇匀。也可使用市售有证标准溶液。

5.15 镉标准贮备液：ρ=1 000 mg/L。

准确称取 1.000 g（精确至 0.000 1 g）金属镉（5.8），加入 15 mL 硝酸（5.2）溶解，必要时可加热溶解。全量转入 1 000 mL 容量瓶中，用硝酸溶液（5.11）定容至标线，摇匀。也可使用市售有证标准溶液。

5.16 铅标准中间液：ρ=100 mg/L。

准确移取铅标准贮备液（5.14）10.0 mL 于 100 mL 容量瓶中，用硝酸溶液（5.11）定容至标线，摇匀。临用现配。

5.17 镉标准中间液：ρ=100 mg/L。

准确移取镉标准贮备液（5.15）10.0 mL 于 100 mL 容量瓶中，用硝酸溶液（5.11）定容至标线，摇匀。临用现配。

5.18 铅标准使用液：ρ=1.00 mg/L。

准确移取铅标准中间液（5.16）1.00 mL 于 100 mL 容量瓶中，用硝酸溶液（5.11）定容至标线，摇匀。临用现配。

5.19 镉标准使用液：ρ=1.00 mg/L。

准确移取镉标准中间液（5.17）1.00 mL 于 100 mL 容量瓶中，用硝酸溶液（5.11）定容至标线，摇匀。临用现配。

5.20　高纯氩气：纯度不低于 99.999%。

5-4-6　仪器和设备

6.1　石墨炉原子吸收分光光度计（具有背景校正功能）。

6.2　铅空心阴极灯、镉空心阴极灯。

6.3　电热板或石墨消解仪：具有温控功能（温度稳定±5℃），最高温度可设定至 200℃。

6.4　微波消解仪：输出功率 1 000～1 600 W。具有可编程控制功能，可对温度、压力和时间（升温时间和保持时间）进行全程监控；具有安全防护功能。

6.5　分析天平：精度为 0.1 mg。

6.6　聚四氟乙烯坩埚：50 mL。

6.7　筛：非金属筛，100 目。

6.8　一般实验室常用仪器和设备。

5-4-7　样品

7.1　样品采集与保存

按照本手册第一部分的相关规定进行尾矿渣样品的采集和保存。

7.2　样品制备

7.2.1　尾矿渣

准确称取 10 g（m_1，精确至 0.01 g）样品，自然风干或冷冻干燥，再次称重（m_2，精确至 0.01 g），研磨，全部过 100 目筛（6.7）备用。

7.2.2　尾矿渣浸出液

按照本手册第二部分“1 硫酸硝酸法”进行尾矿渣浸出液的制备。浸出液若不能及时进行分析，应加硝酸（5.2）酸化至 pH＜2，可保存 14 d。

7.3　试样制备

7.3.1　尾矿渣试样

7.3.1.1　电热板消解法

称取 0.25～1.00 g 过筛后的样品（m_3，精确至 0.1 mg）于 50 mL 聚四氟乙烯坩埚（6.6）中。用少量水润湿样品后加入 5 mL 盐酸（5.3），于通风橱内的电热板（6.3）上约 120℃加热，使样品初步消解，待蒸发至约剩 3 mL 时取下稍冷。加入 5 mL 硝酸（5.2）、5 mL 氢氟酸（5.4）、3 mL 高氯酸（5.5），加盖后于电热板上约 160℃加热 1 h。开盖，电热板温度控制在（180±5）℃继续加热，并经常摇动坩埚。当加热至冒浓白烟时，加盖使黑色有机碳化物充分分解。待坩埚壁上的黑色有机物消失后，开盖，驱赶白烟并蒸至内容物呈黏稠状。视消解情况，可补加 3 mL 硝酸（5.2）、3 mL 氢氟酸（5.4）和 1 mL 高氯酸（5.5），重复上述消解过程。当白烟再次冒尽且内容物呈黏稠状时，取下坩埚稍冷，加入 1 mL 硝酸溶液（5.11）温热溶解可溶性残渣，冷却后全量转移至 25 mL 容量瓶，用适量实验用水淋洗坩埚盖和内壁，洗液并入 25 mL 容量瓶，用实验用水定容至标线，摇匀，待测。

如果消解液中含有未溶解颗粒，需进行过滤、离心分离或者自然沉降。

注 1：加热时勿使样品有大量的气泡冒出，否则会造成样品的损失。

注 2：若尾矿渣中铅或镉的含量较高，试样消解后定容体积可根据实际情况确定。

注 3：若使用石墨消解仪替代电热板消解样品，可参照上述步骤进行。

7.3.1.2 微波消解法

称取 0.25～1.00 g 过筛后的样品（m_3，精确至 0.1 mg）于微波消解罐中。用少量水润湿样品后加入 5 mL 硝酸（5.2）、5 mL 盐酸（5.3）、3 mL 氢氟酸（5.4）和 1 mL 过氧化氢（5.6），按照表 3-31 的升温程序进行消解。冷却后将微波消解罐中的内容物全量转移至 50 mL 聚四氟乙烯坩埚，加入 1 mL 高氯酸（5.5），置于电热板上 170～180℃驱赶白烟，至内容物呈黏稠状。取下坩埚稍冷，加入 1 mL 硝酸溶液（5.11），温热溶解可溶性残渣，冷却后全量转移至 25 mL 容量瓶，用适量实验用水淋洗坩埚盖和内壁，洗液转移至 25 mL 容量瓶，用实验用水定容至标线，摇匀，待测。如果消解液中含有未溶解颗粒，需进行过滤、离心分离或者自然沉降。

表 3-31 尾矿渣微波消解法升温程序参考

升温时间/min	消解功率/W	消解温度/℃	保持时间/min
12	400	室温～160	3
5	500	160～180	3
5	500	180～200	10

7.3.2 尾矿渣浸出液试样

7.3.2.1 电热板消解法

量取 50 mL 浸出液（7.2.2）于 150 mL 三角瓶中，加入 5 mL 硝酸（5.2），摇匀。在三角瓶口插入小漏斗，置于电热板上 120℃加热，在微沸状态下将样品加热至约 5 mL，取下冷却。加入 3 mL 硝酸（5.2），加入 1 mL 高氯酸（5.5），直至消解完全（消解液澄清，或消解液色泽及透明度不再变化），继续于 180℃蒸发至近干，取下冷却，加入 1 mL 硝酸溶液（5.11），温热溶解可溶性残渣，冷却后用适量实验用水淋洗小漏斗和三角瓶内壁，将消解液全量转移至 50 mL 容量瓶，用实验用水定容至标线，摇匀，待测。如果消解液中含有较多杂质，需进行过滤、离心分离或者自然沉降。

7.3.2.2 微波消解法

量取 50 mL 浸出液（7.2.2）（可根据消解罐容积和样品浓度高低确定浸出液量取体积，最终溶液体积不得超过仪器规定的限值）于微波消解罐中，加入 5 mL 硝酸（5.2），盖紧消解罐。将消解罐放在微波消解仪转盘上。按照表 3-32 的升温程序进行消解。消解结束后，待消解罐在微波消解仪内冷却至室温后取出。放至通风橱内小心打开消解罐的盖子，释放其中的气体。将消解液全量转移至聚四氟乙烯坩埚，用适量实验用水淋洗消解罐内壁，洗液并入聚四氟乙烯坩埚，在电热板上于微沸状态下加热至近干。用适量实验用水淋洗坩埚内壁，将坩埚内容物及洗液全量转移至 50 mL 容量瓶，用实验用水定容至标线，摇匀，待测。如果消解液中含有较多杂质，需进行过滤、离心分离或者自然沉降。

表 3-32 尾矿渣浸出液微波消解法升温程序参考

升温时间/min	消解功率/W	消解温度/℃	保持时间/min
10	400	室温～150	5
5	500	150～180	5

注 4：在消解时各种酸的用量可视消解情况酌情增减；电热板温度不宜太高，防止聚四氟乙烯坩埚变形；样品消解时，须防止蒸干，以免待测元素损失。

7.3.3 空白样品的制备

7.3.3.1 尾矿渣空白

使用空容器按照 7.3.1 的步骤制备尾矿渣空白试样。

7.3.3.2 尾矿渣浸出液空白

使用实验用水配制成浸提剂，按照 7.2.2 制备尾矿渣浸出液空白，按照 7.3.2 的步骤进行消解。

5-4-8 分析步骤

8.1 仪器参考条件

不同型号石墨炉原子吸收分光光度计的最佳测定条件不同，可根据仪器使用说明书要求优化测试条件。仪器参考测量条件见表 3-33。

表 3-33 仪器参考条件

元 素	铅（Pb）	镉（Cd）
测定波长/nm	283.3	228.8
灯电流/mA	8.0	6.0
通带宽度/nm	0.5	0.5
干燥温度/℃，时间/s	85～120，20	85～120，45
灰化温度/℃，时间/s	400，5	250，5
原子化温度/℃，时间/s	2 100，3	1 800，3
消除温度/℃，时间/s	2 200，2	2 000，3
原子化阶段是否停气	是	是
氩气流速/（L/min）	3.0	3.0
进样量/μL	20	20
基体改进剂体积/μL	5	5

8.2 标准曲线的绘制

8.2.1 铅标准曲线系列

分别准确移取 0.00 mL、0.50 mL、1.00 mL、2.00 mL、4.00 mL 和 5.00 mL 铅标准使用液（5.18）于一组 100 mL 容量瓶中，用硝酸溶液（5.11）定容至标线，摇匀。此标准系列含铅分别为 0.00 μg/L、5.00 μg/L、10.0 μg/L、20.0 μg/L、40.0 μg/L 和 50.0 μg/L。按照仪器参考条件（8.1），用硝酸溶液（5.11）调节仪器零点后，从低浓度到高浓度依次吸入标准系列，测量相应的吸光度，以相应吸光度为纵坐标，以铅标准系列质量浓度为横坐标，建立铅的校准曲线。

8.2.2 镉标准曲线系列

分别准确移取 0.00 mL、0.10 mL、0.20 mL、0.30 mL、0.40 mL 和 0.50 mL 镉标准使用液（5.19）于一组 200 mL 容量瓶中，用硝酸溶液（5.11）定容至标线，摇匀。此标准系列含镉分别为 0.00 μg/L、0.50 μg/L、1.00 μg/L、1.50 μg/L、2.00 μg/L 和 2.50 μg/L。按照仪器参考条件（8.1），用硝酸溶液（5.11）调节仪器零点后，从低浓度到高浓度依次吸入标准系列，测量相应的吸光度，以相应吸光度为纵坐标，以镉标准系列质量浓度为横坐标，建立镉的校准曲线。

8.3 空白样品测定

制备好的空白试样（7.3.3），按照与建立校准曲线相同的条件进行测定。

8.4 样品测定

制备好的试样（7.3.1 或 7.3.2），按照与建立校准曲线相同的条件进行测定。

5-4-9 结果计算与表示

9.1 尾矿渣结果计算

尾矿渣中待测元素的含量 ω（mg/kg）按照下式计算：

$$\omega = \frac{(\rho_1 - \rho_0) \times V_0}{m_3} \times \frac{m_2}{m_1}$$

式中：ρ_1——由校准曲线查得试样中元素的质量浓度，mg/L；

ρ_0——实验室空白试样中元素的质量浓度，mg/L；

V_0——消解后试样的定容体积，mL；

m_1——干燥前尾矿渣样品的称取量，g；

m_2——干燥后尾矿渣样品的质量，g；

m_3——研磨过筛后试样的称取量，g。

9.2 尾矿渣浸出液结果计算

尾矿渣浸出液中待测元素的质量浓度 ρ（mg/L）按照下式计算：

$$\rho = \frac{(\rho_1 - \rho_0) \times V_0}{V}$$

式中：ρ_1——由校准曲线查得试样中元素的质量浓度，mg/L；

ρ_0——实验室空白试样中元素的质量浓度，mg/L；

V——尾矿渣浸出液消解时的取样体积，mL；

V_0——尾矿渣浸出液消解后的试样定容体积，mL。

9.3 结果表示

对于尾矿渣，当测定结果小于 100 mg/kg 时，保留小数点后一位；当测定结果大于或等于 100 mg/kg 时，保留 3 位有效数字。

对于尾矿渣浸出液，当测定结果小于 1.00 mg/L 时，保留小数点后两位；当测定结果大于或等于 1.00 mg/L 时，保留 3 位有效数字。

5-4-10 质量保证和质量控制

10.1 每批样品至少做 2 个实验室空白，其测定结果应低于测定下限。

10.2 每次分析应绘制校准曲线，相关系数应≥0.999。否则需重新绘制校准曲线。

10.3 每 10 个样品应分析一个校准曲线的中间浓度点，其测定结果与校准曲线该点浓度的相对偏差应≤10%。否则需重新绘制标准曲线。

10.4 每分析 20 个样品应进行一次仪器零点校正。

10.5 每批样品至少按 10%的比例进行平行双样测定，样品数量少于 10 个时，应至少测定 1 个平行双样，两次测定结果的相对偏差≤20%。

10.6 每批样品至少应做 10%加标回收试验，样品数量少于 10 个时至少做 1 个，加标回收率应为 80%～120%。

10.7 成批量测定样品时，每 10 个样品为一组，加测一个待测元素的质控样品，用以检查仪器的漂移程度。当质控样品测定值超出允许范围时，需用标准溶液对仪器重新调整，再继续测定。

5-4-11 废物处理

实验过程中产生的废液和废物应分类收集，委托具有资质的单位处置。

5-4-12 注意事项

12.1 实验所使用的坩埚和玻璃容器均须用硝酸溶液（5.10）浸泡 12 h 以上，并用自来水和实验用水依次冲洗干净，置于洁净的环境中晾干。对于新使用的或疑似受污染的容器，应用热盐酸溶液（5.12）浸泡（温度高于 80℃，低于沸腾温度）至少 2 h，再用热硝酸溶液（5.10）浸泡至少 2 h，并用自来水和实验用水依次冲洗干净，置于洁净的环境中晾干。

12.2 在样品溶液加热至近干时，温度不宜太高，以免迸溅。

方法二

5-4-1 编制依据

本方法依据《危险废物鉴别标准　浸出毒性鉴别》(GB 5085.3—2007) 附录 C《固体废物　金属元素的测定　石墨炉原子吸收光谱法》编制。

5-4-2 适用范围

本方法适用于尾矿渣和尾矿渣浸出液中银（Ag）、砷（As）、钡（Ba）、铍（Be）、镉（Cd）、钴（Co）、铬（Cr）、铜（Cu）、锰（Mn）、钼（Mo）、镍（Ni）、铅（Pb）、锑（Sb）、硒（Se）、铊（Tl）、钒（V）、锌（Zn）的石墨炉原子吸收光谱测定。

本方法对各种元素的检出限和定量测定范围见表 3-34，灵敏度值可参考仪器操作手册。

表 3-34　各元素的检出限和定量测定范围

元素	检出限/（μg/L）	最佳浓度范围	
		波长/nm	浓度范围/（μg/L）
Ag	0.2	328.1	1～25
As	1（水样）	193.7	5～100（水样）
Ba		553.6	
Be	0.2	234.9	1～30
Cd	0.2	228.8	0.5～10
Co	1	240.7	5～100
Cr	1	357.9	5～100
Cu	1	324.7	5～100
Fe	1	248.3	5～100
Mn	0.2	279.5	1～30
Mo（p）	1	313.3	3～60
Ni	1	232.0	5～50
Pb	1	283.3	5～100
Sb	3	217.6	20～300
Se	2	196.0	
Tl	1	276.8	5～100
V（p）	4	318.4	10～200
Zn	0.05	213.9	0.2～4

注：(1) 符号（p）指使用热解石墨管的石墨炉法；
(2) 所列出的值是在 20 μL 进样量和使用通常的气体流量，As 和 Se 则是在原子化阶段停气。

5-4-3 方法原理

样品溶液雾化后在石墨炉中经过蒸发被干燥、灰化并原子化，成为基态原子蒸气，对元素空心阴极灯或无极放电灯发射的特征辐射进行选择性吸收。在一定浓度范围内，其吸收强度与试液中待测物的含量成正比。

5-4-4　干扰和消除

4.1　由于石墨炉法是在惰性气氛中发生原子化，使形成氧化物的概率大大降低，但该技术仍会遇到化学干扰。在分析中，试样的基体成分也会有很大影响。对于每种不同基体试样的分析，必须确定并考虑到这些干扰影响。为了帮助验证没有基体化学干扰存在，可使用逐次稀释技术，如果表明这些试样中有干扰存在，应该用下述的一种或多种方法进行处理。

（1）逐次稀释并重复分析试样，以便消除干扰。

（2）改良试样基体，以消除干扰成分，或稳定被分析物。例如，加入硝酸铵除去碱金属氯化物，加入磷酸铵稳定镉。将氢气和惰性气体混合，也可用于抑制化学干扰，氢能起到还原剂和帮助分子解离的作用。

（3）用标准加入法分析试样时要谨慎，注意使用标准加入法的局限性（10.8）。

4.2　在原子化过程中，产生的气体可能会有分子吸收带而覆盖分析波长。当发生这种情况时，可用背景校正或选择次灵敏波长加以解决。背景校正也能补偿非特征宽带吸收干扰。

4.3　连续背景校正不能校正所有的背景干扰。当背景校正不能补偿背景干扰时，可将被分析物进行化学分离，或者使用其他背景校正方法，如塞曼背景校正。

4.4　来自样品基体的烟雾干扰，往往在更高温下延长灰化时间，或者利用在空气中循环灰化加以消除，必须充分注意防止被分析物的损失。

4.5　对于含有大量有机质的试样，在进样之前应进行消解氧化，这样会使宽带吸收减至最小。

4.6　对石墨炉的阴离子干扰研究表明，在非恒温条件下，采用硝酸更为适宜。因此在消解或溶解过程中，常使用硝酸。如果除硝酸外还需使用其他酸，应该加入最小量，尤其是使用盐酸时更是如此，使用硫酸和磷酸时也不能多加。

4.7　石墨炉的化学环境会导致碳化物的生成，钼就是一个例证。当碳化物形成时，金属从形成的金属碳化物中释放很慢，且难以继续原子化。在信号回到基线以前，钼需要 30 s 或更长的原子化时间。用热解涂层石墨管能大大减少碳化物的形成，并提高灵敏度。在表 3-34 中，V、Mo 均为易形成碳化物的元素。

4.8　由于石墨炉法可以达到极高的灵敏度，所以交叉污染和试样污染是误差的主要来源。制备试样的工作区域应该保持彻底的清洁。所有玻璃仪器应该用 1∶5 的硝酸浸泡，并用自来水和实验用水洗净。应该特别注意在分析过程中和分析结果校正中遇到的试剂空白的影响。热解石墨管的生产和处理过程也会受到污染，在使用前，需要用高温空烧 5～10 次，以净化石墨管。

部分元素测定过程中消除干扰的特殊要求见表 3-35。

表 3-35 测定过程消除干扰的特殊要求

元素	消除干扰的特殊要求
Ag	1．标准溶液应贮于棕色瓶中； 2．应避免使用盐酸； 3．应用高于原子化温度的温度清洁石墨管，以消除记忆效应
As	1．在样品处理过程中，应通过加标样或相应标准参考物质确定所选择的消解方法是否适宜； 2．应注意在干燥和灰化过程中温度和时间的选择。在分析前，将硝酸镍加入消解液中，可减少干燥和灰化时 As 的挥发损失； 3．用氘灯进行背景校正时，Al 有严重的正干扰，应使用塞曼背景校正或其他有效的背景校正技术； 4．在原子化阶段，如果空烧发现有记忆效应，应在分析过程中定时用满负荷空烧石墨炉以清洁石墨管
Ba	1．钡在石墨炉中可以形成不易挥发的碳化钡，造成灵敏度降低和记忆效应； 2．被测物在石墨炉光路中长时间的滞留和高的浓度，会导致严重的物理和化学干扰，应对石墨炉参数进行最优化以减小这种影响； 3．不得使用卤酸
Be	应对石墨炉参数进行最优化以减小被测物在石墨炉光路中长时间的滞留和高的浓度导致严重的物理和化学干扰
Cd	1．过量的氯会使 Cd 提前挥发，应用磷酸铵作基体改进剂以减少这种损失； 2．应使用“无镉型”移液头
Co	应使用标准加入法消除过量氯化物干扰
Cr	低浓度的钙和/或磷酸盐可能引起干扰。当浓度高于 200 mg/L 时，钙的影响是不变的，磷酸盐的影响消失，因此，可以加入硝酸钙以保持已知的恒定影响
Mo	1．钼易形成碳化物，应使用热解涂层石墨管； 2．钼易产生记忆效应，在分析高浓度的样品或标准后，应消除石墨管的记忆效应
Ni	为避免记忆效应，用于 As 和 Se 分析的石墨管和连接环不可再用于 Ni 的分析
Pb	若回收率低，应加入基体改良剂：在石墨炉自动进样杯中，加入 10 μL 磷酸于 1 mL 样品中，混合均匀
Se	1．在样品处理过程中，应通过加标样或相应标准参考物质确定所选择的消解方法是否适宜； 2．应注意在干燥和灰化过程中温度和时间的选择。在分析前，将硝酸镍加入消解液中，可减少干燥和灰化时 Se 的挥发损失； 3．用氘灯进行背景校正时，Fe 有严重的正干扰，应使用塞曼背景校正； 4．在原子化阶段，应在分析过程中定时用满负荷空烧炉子以清洁石墨管，消除记忆效应； 5．氯化物（＞800 mg/L）和硫酸盐（＞200 mg/L）将干扰 Se 的分析，应加入硝酸镍（Ni 的浓度达 1%）以减少干扰
Sb	当高浓度 Pb 存在时，在 217.6 nm 共振线处产生光谱干扰，应使用 231.1 nm 锑线测定；或用塞曼背景校正
Tl	1．对于每一种基体的样品，必须用加标样或标准加入法检验铊是否损失； 2．可使用钯作为基体改良剂
V	在分析前后，应清洗石墨管，以消除记忆效应

5-4-5　试剂和材料

5.1　实验用水，为 GB/T 6682 规定的一级水。

5.2　硝酸（HNO_3），ρ=1.42 g/mL，优级纯。

5.3　盐酸（HCl），ρ=1.19 g/mL，优级纯。

5.4　空气。

可由空气压缩机或者压缩空气钢瓶提供。

5.5　氩气，高纯。

5.6　金属标准储备液，1 000 mg/L。

使用市售的标准溶液；或用水和硝酸溶解高纯金属、氧化物或不吸湿的盐类制备。各种元素的金属标准储备液配制具体要求见表 3-36。

表 3-36　各元素的金属标准储备液配制具体要求

元素	金属标准储备液配制具体要求
Ag	称取 0.787 4 g 无水硝酸银溶解于含 5 mL 浓 HNO_3 的实验用水中，定容至 1 L
As	称取 1.320 g 三氧化二砷溶解于 100 mL 含有 4 g NaOH 的实验用水中，用 20 mL 浓 HNO_3 酸化后，定容至 1 L
Ba	称取 1.778 7 g 氯化钡（$BaCl_2 \cdot 2H_2O$）溶解于实验用水中，定容至 1 L
Be	称取 11.658 6 g 硫酸铍溶解于含 2 mL 浓 HNO_3 的实验用水中，定容至 1 L
Cd	称取 1.000 g 金属镉溶解于 20 mL 1∶1 的 HNO_3 中，用实验用水定容至 1 L
Co	称取 1.000 g 金属钴溶解于 20 mL 1∶1 HNO_3 溶液中，用实验用水定容至 1 L。也可用钴（Ⅱ）的氯化物或硝酸盐（不含结晶水）配制
Cr	称取 1.923 g 三氧化铬（CrO_3）溶解于用重蒸馏的 HNO_3 酸化的实验用水中，定容至 1 L
Cu	称取 1.000 g 电解铜溶解于 5 mL 重蒸馏的 HNO_3 中，用实验用水定容至 1 L
Mn	称取 1.000 g 金属锰溶解于 10 mL 重蒸馏的 HNO_3 中，用实验用水定容至 1 L
Mo	称取 1.840 g 钼酸铵$(NH_4)_6Mo_7O_{24} \cdot 4H_2O$ 溶解于实验用水中，定容至 1 L
Ni	称取 4.953 g 硝酸镍 $Ni(NO_3)_2 \cdot 6H_2O$ 溶解于实验用水中，定容至 1 L
Pb	称取 1.599 g 硝酸铅溶解于实验用水中，加入 10 mL 重蒸馏的 HNO_3 酸化，用实验用水定容至 1 L
Sb	称取 2.742 6 g 酒石酸锑钾 $K(SbO)C_4H_4O_6 \cdot 1/2H_2O$ 溶解于实验用水中，定容至 1 L
Se	称取 0.345 3 g 亚硒酸（H_2SeO_3 实际含量 94.6%）溶解于实验用水中，定容至 200 mL
Tl	称取 1.303 g 硝酸铊溶解于实验用水中，加入 10 mL 浓 HNO_3 酸化，用实验用水定容至 1 L
V	称取 1.785 4 g 五氧化二钒溶解于 10 mL 浓 HNO_3 中，用实验用水定容至 1 L
Zn	称取 1.000 g 金属锌溶解于 10 mL 浓 HNO_3 中，用实验用水定容至 1 L

5.7　标准使用液：逐级稀释金属储备液制备标准使用液，配制 1 个空白和至少 3 个浓度的标准使用液，其浓度由低至高按等比排列，且应落在标准曲线的线性部分。标准使用液中酸的种类和浓度应与处理后试样中的相同［0.5%（*V*/*V*）HNO_3］。

有些元素的标准溶液和试样中需加入特定的基体改进剂以消除各种干扰，具体要求见表 3-37。

表 3-37 各元素的标准溶液和试样中要求的基体改进剂

元素	
As	校准溶液中应含 1 mL 浓 HNO_3、2 mL 30% H_2O_2 和 2 mL 5%的 $Ni(NO_3)_2$/100 mL 溶液 (1)
Cd	校准溶液中应含 2 mL 40% $(NH_4)_3PO_4$/100 mL 溶液 (2)
Cr	校准溶液中应含 0.5%（V/V）HNO_3、1 mL 30% H_2O_2 和 1 mL $Ca(NO_3)_2$/100 mL 溶液 (3)
Mo	试样和校准溶液中均应含 2 mL $Al(NO_3)_3$/100 mL 溶液 (4)
Sb	校准溶液中应含 0.2%（V/V）HNO_3 和 1%～2%（V/V）HCl
Se	校准溶液中应含 1 mL 浓 HNO_3、2 mL 30% H_2O_2 和 2 mL5%的 $Ni(NO_3)_2$/100 mL 溶液 (1)

注：（1）$Ni(NO_3)_2$ 溶液（5%）：称取 24.780 g $Ni(NO_3)_2 \cdot 6H_2O$ 溶解于实验用水中，定容至 100 mL；
（2）$(NH_4)_3PO_4$（40%）：称取 40 g $(NH_4)_2HPO_4$ 溶解于实验用水中，定容至 100 mL；
（3）$Ca(NO_3)_2$：称取 11.8 g $Ca(NO_3)_2 \cdot 4H_2O$ 溶解于实验用水中，定容至 100 mL；
（4）$Al(NO_3)_3$ 溶液：称取 139 g$Al(NO_3)_3 \cdot 9H_2O$ 溶解于 150 mL 水中（加热溶解），冷却并定容至 200 mL。

5-4-6 仪器、装置及工作条件

6.1 仪器及装置

6.1.1 石墨炉原子吸收分光光度计：单道或双道，单光束或双光束仪器具有光栅单色器、光电倍增检测器，可调狭缝，190～800 nm 的波长范围，有背景校正装置和数据处理。

6.1.2 单元素空心阴极灯。

6.1.3 各种量程微量移液器。

6.1.4 玻璃仪器：容量瓶、样品瓶、烧杯等。

6.2 工作条件

不同型号的仪器最佳测试条件不同，可根据厂家的使用说明书自行选择。采用的测量条件如下。

6.2.1 进样量为 20 μL。

6.2.2 各元素测定时使用的工作波长见表 3-34。

6.2.3 各元素测定时的干燥时间为 30 s，温度为 125℃。

6.2.4 各元素测定时的灰化时间和温度见表 3-38。

6.2.5 各元素测定时的原子化时间和温度见表 3-38。

表 3-38 各元素测定的灰化/原子化时间和温度

元素	灰化阶段		原子化阶段	
	时间/s	温度/℃	时间/s	温度/℃
Ag	30	400	10	2 700
Ba	30	1 200	10	2 800
Be	30	1 000	10	2 800
Cd	30	500	10	1 900
Co	30	900	10	2 700

元素	灰化阶段		原子化阶段	
	时间/s	温度/℃	时间/s	温度/℃
Cr	30	1 000	10	2 700
Cu	30	900	10	2 700
Fe	30	1 000	10	2 700
Mn	30	1 000	10	2 700
Mo	30	1 400	10	2 800
Ni	30	800	10	2 700
Pb	30	500	10	2 700
Sb	30	800	10	2 700
Tl	30	400	10	2 400
V	30	1 400	10	2 800
Zn	30	400		2 500

6.2.6　测定时使用的净化气为氩气。

5-4-7　样品的采集、保存和预处理

7.1　所有的采样容器都应预先用洗涤剂、酸和实验用水洗涤，塑料和玻璃容器均可使用。如果要分析极易挥发的硒、锑和砷化合物，要使用特殊容器（如用于挥发性有机物分析的容器）。

7.2　水样必须用硝酸酸化至 pH 小于 2。

7.3　非水样品应冷藏保存，并尽快分析。

7.4　当分析样品中可溶性砷时，不要求冷藏，但应避光保存，温度不能超过室温。

7.5　为了抑制六价铬的化学活性，样品和提取液分析前均应在 4℃下贮存，最长的保存时间为 24 h。

7.6　银的标准和样品都应贮于棕色瓶中，并放置在暗处。

5-4-8　分析步骤

8.1　配制试液，包括金属标准储备液和标准使用液。

8.2　进行干扰的消除和背景校正。

8.3　参照仪器说明书设定仪器最佳工作条件。

8.4　测定标准使用液的吸光度，用浓度及对应的吸光度值绘制标准曲线。测定实验样品和质控样品的吸光度或浓度值。

5-4-9　结果计算

9.1　用本法进行金属浓度测定，可从校准曲线或者仪器的直读系统得到金属浓度（μg/L）值。

9.2　如果试样进行稀释，则需要用下式计算：

$$\text{试样中的金属（μg/L）} = A \times \left(\frac{C+B}{C} \right)$$

式中：A——从校准曲线查出的稀释样份中的金属浓度，μg/L；

B——稀释用的酸空白基体，mL；

C——样份，mL。

9.3 对于固体试样，根据试样重量并用 μg/kg 报告含量：

$$金属（\mu g）/试样（kg）=\frac{A\times V}{W}$$

式中：A——从校准曲线得到的处理后试样中的金属浓度，μg/L；

V——处理后试样的最终体积，mL；

W——试样重量，g。

5-4-10 质量保证和质量控制

10.1 所有的质控数据应该保留，以便参考或检查。

10.2 每天必须最少用 1 个试剂空白和 3 个标准制作一条标准曲线，用至少 1 个试剂空白和 1 个浓度位于或接近中间范围的验证标准（由参考物质或另一份标准物质配制）进行检验，验证标准的检验结果必须在真值的 10%以内，该标准曲线才可使用。

10.3 每测试 10 个试样后，应做 1 个校核标准。校核标准可以帮助检查石墨管的寿命和性能。若标准的再现性不好，或者标准信号有重大变化，表明应该更换石墨管。

10.4 如果每天分析的样品数多于 10 个，则每做完 10 个试样，要用浓度位于中间范围的标准或验证标准对工作曲线进行验证，检验结果必须在真值的±20%以内，否则要重新测定前 10 个试样。

10.5 在每批测试试样中，至少应该有 1 个加标样和 1 个加标双样。

10.6 当试样基体十分复杂，以致其黏度、表面张力和成分不能用标准准确地匹配时，应使用 10.7 的方法判断是否需要使用标准加入法，标准加入法的相关内容见 10.8。

10.7 干扰试验

10.7.1 稀释试验

在试样中选一个有代表性的试样做逐次稀释以确定是否有干扰存在，试样中分析元素的浓度至少为其检出限的 25 倍。测定未稀释试样的浓度，将试样稀释至少 5 倍（1+4）后再进行分析。如果所有试样的浓度均低于检出限的 10 倍，要做下面所述的加标回收分析。若未稀释试样和稀释了 5 倍的试样的测定结果一致（相差在 10%以内），则表明不存在干扰，不必采用标准加入法分析。

10.7.2 回收率试验

如果稀释试验的结果不一致，则可能存在基体干扰，需要做加标样品分析以确认稀释试验的结论。另取一份试样，加入已知量的被测物使其浓度为原有浓度的 2～5 倍。如果所有样品所含的分析物浓度均低于检出限，按检出限的 20 倍加标。分析加标样品并计算回收率，如果回收率低于 85%或高于 115%，则所有样品均要用标准加入法测定。

10.8　标准加入法

标准加入法是向一份或多份备好的样品溶液中加入已知量的标准。通过增加待测组分，提高或降低分析信号，使其斜率与校准曲线产生偏差。不应加入干扰组分，这样会造成基线漂移。

10.8.1　标准加入技术的最简单形式是单点加入法。取两份相同的样份，每份体积为 V_x。在第 1 份（称为 A）加入已知体积为 V_s、浓度为 C_s 的标准溶液，在第二份（称为 B）中加入相同体积 V_s 的基体溶剂。测量 A 和 B 的吸收信号，并校正非被测元素的信号，则未知的试样浓度 C_x 计算如下：

$$C_x = \frac{S_B \times V_s \times C_s}{(S_A - S_B) \times V_x}$$

式中，S_A 和 S_B 分别是溶液 A 和 B 在校正空白后的吸收信号。应该选择合适的 V_s 和 C_s，使 S_A 大约是 S_B 平均信号的 2 倍，以避免试样基体的过度稀释。如果使用了分离或浓缩手段，最好一开始就进行加标，使其能够经过制样的整个过程。

10.8.2　通过使用系列标准加入可使结果得到改善。加入一系列含有不同已知浓度的标准后，为了使试样的体积相同，所有试样都要稀释到相同的体积，例如，1 号加标样的浓度应该大约是样品中待测物所产生的吸收的 50%，2 号和 3 号加标样的浓度应该大约是样品中待测物所产生的吸收的 100%和 150%。测定每份试样的吸收值，以吸收值为纵坐标，以标准的已知浓度为横坐标作图，将曲线外推至零吸收处，其与横坐标的交点即为试样中待测组分的原有浓度。纵坐标左右两侧的横坐标的刻度值相同，大小相反。

10.8.3　标准加入法是十分有效的，但是必须注意以下的制约条件：（1）标准加入的浓度应该在标准曲线的线性范围内，为了得到最好的结果，标准加入法标准曲线的斜率应该与水标准曲线的斜率大体相同。如果斜率明显不同（＞20%），使用时应该慎重；（2）干扰影响不应该随分析物浓度和试样基体比的改变而变化，并且加入标准应该与被分析物有同样的响应；（3）在测定中必须没有光谱干扰，并能校正非特征背景干扰。

6　镉

6-1　电感耦合等离子体质谱法

同 5-1。

6-2　电感耦合等离子体发射光谱法

同 5-2。

6-3 火焰原子吸收分光光度法

同 5-3。

6-4 石墨炉原子吸收分光光度法

方法一

同 5-4 方法一。

方法二

同 5-4 方法二。

7 锌

7-1 电感耦合等离子体质谱法

同 5-1。

7-2 电感耦合等离子体发射光谱法

同 5-2。

7-3 火焰原子吸收分光光度法

同 5-3。

7-4 石墨炉原子吸收分光光度法

同 5-4 方法二。

8 铜

8-1 电感耦合等离子体质谱法

同 5-1。

8-2　电感耦合等离子体发射光谱法

同 5-2。

8-3　火焰原子吸收分光光度法

方法一

特别提示：实验中使用的硝酸、高氯酸、过氧化氢具有强氧化性和腐蚀性，盐酸、氢氟酸具有强挥发性和强腐蚀性，操作时应按规定要求佩戴防护器具，溶液配制及样品预处理应在通风橱中操作。

8-3-1　编制依据

本方法依据《固体废物　镍和铜的测定　火焰原子吸收分光光度法》（HJ 751—2015）编制。

8-3-2　适用范围

本方法规定了测定尾矿渣和尾矿渣浸出液中镍和铜含量的火焰原子吸收分光光度法。

本方法适用于尾矿渣及尾矿渣浸出液中镍和铜的测定。

尾矿渣浸出液中镍和铜的方法检出限分别为 0.03 mg/L 和 0.02 mg/L，测定下限分别为 0.12 mg/L 和 0.08 mg/L；当试样质量为 0.5 g、消解后定容体积为 50.0 mL 时，尾矿渣中镍和铜全量测定的方法检出限分别为 3 mg/kg 和 3 mg/kg，测定下限分别为 12 mg/kg 和 12 mg/kg。

8-3-3　方法原理

尾矿渣浸出液或尾矿渣经酸消解后，试样中镍和铜在空气-乙炔火焰中原子化，其基态原子分别对镍和铜的特征辐射谱线产生选择性吸收，其吸收强度在一定范围内与镍和铜的质量浓度成正比。

8-3-4　干扰和消除

4.1　低于 100 mg/L 的 Cu、Zn、Pb、Cd、Mn、Ba、Sr、B、V、As、Al、Ti、K、Na、Mg、Ca 和低于 50 mg/L 的 Li、Sn 等共存元素对镍的测定无干扰；低于 10 000 mg/L 的 Fe、Cr、Co 等共存元素对镍的测定无干扰；低于 100 mg/L 的 Ni、Zn、Pb、Cd、Fe、Mn、Ba、Sr、B、V、As、Al、Ti、Co、K、Na、Mg、Ca 和低于 50 mg/L 的 Li、Sn 等共存元素对铜的测定无干扰。

4.2　使用 232.0 nm 作测定镍的吸收线时，存在波长相近的镍三线光谱干扰，选择 0.2 nm 的光谱通带可避免。

4.3　当样品基体干扰严重时，可采用标准加入法进行测定，见本手册第三部分 5-2 方法一附录 C。

8-3-5 试剂和材料

除非另有说明，分析时均使用符合国家标准的分析纯试剂，实验用水为新制备的去离子水。

5.1 盐酸：ρ（HCl）=1.19 g/mL，优级纯。

5.2 硝酸：ρ（HNO_3）=1.42 g/mL，优级纯。

5.3 氢氟酸：ρ（HF）=1.49 g/mL，优级纯。

5.4 高氯酸：ρ（$HClO_4$）=1.68 g/mL，优级纯。

5.5 过氧化氢溶液：ω（H_2O_2）≈30%。

5.6 金属镍（光谱纯）。

5.7 金属铜（光谱纯）。

5.8 硝酸溶液：1+1（V/V）。

量取 50 mL 硝酸（5.2）用水稀释至 100 mL。

5.9 硝酸溶液：1+99（V/V）。

量取 10 mL 硝酸（5.2）用水稀释至 1 000 mL。

5.10 镍标准贮备液：ρ（Ni）=1 000 mg/L。

使用市售的标准溶液（镍单元素或含镍的多元素混合标准溶液）；或准确称取 1.000 g 金属镍（5.6）溶解于 10 mL 硝酸（5.2）中，转移至 1 000 mL 容量瓶中，用水定容至标线，摇匀。储存于聚乙烯瓶中，冷藏，可使用两年。

5.11 铜标准贮备液：ρ（Cu）=1 000 mg/L。

使用市售的标准溶液（铜单元素或含铜的多元素混合标准溶液）；或准确称取 1.000 g 金属铜（5.7）溶解于 10 mL 硝酸（5.2）中，转移至 1 000 mL 容量瓶中，用水定标线，摇匀。储存于聚乙烯瓶中，冷藏，可使用两年。

5.12 镍和铜混合标准溶液：ρ=100 mg/L。

分别准确量取 10.00 mL 镍标准贮备液（5.10）和 10.00 mL 铜标准贮备液（5.11）于 100 mL 容量瓶中，用硝酸溶液（5.9）定容至标线，摇匀。

5.13 乙炔：纯度≥99.5%。

8-3-6 仪器和设备

6.1 火焰原子吸收分光光度计。

6.2 空气压缩机，应备有除水、除油和除尘装置。

6.3 微波消解装置（功率 600～1 500 W）。

6.4 电热板：具有温控功能（温度稳定±5℃）。

6.5 一般实验室常用仪器和设备。

8-3-7　样品

7.1　样品采集与保存

按照本手册第一部分相关规定进行尾矿渣样品的采集和保存。

7.2　样品制备

7.2.1　尾矿渣浸出液制备

按照本手册第二部分“1 硫酸硝酸法”进行浸出液的制备。

浸出液如不能及时进行分析，应加硝酸（5.2）酸化至 pH$<$2，可保存 14 d。

7.2.2　尾矿渣

称取 10 g（m_1，精确至 0.01 g）样品，自然风干或冷冻干燥，再次称重（m_2，精确至 0.01 g），研磨，全部过 100 目筛备用。

7.3　试样制备

7.3.1　尾矿渣浸出液试样

7.3.1.1　电热板法

量取 50.0 mL 浸出液于 150 mL 烧杯中，加入 3～5 mL 硝酸（5.2），摇匀。盖上表面皿，置于电热板（6.4）上在近沸状态下将样品加热蒸发至近干，取下冷却；再加入 3 mL 硝酸（5.2），继续加热，直至消解完全（消解液透亮或者消解液外观不再变化），继续蒸发至近干。取下冷却后，加入 1 mL 硝酸溶液（5.9），加热溶解残渣，用少量水清洗烧杯内壁和表面皿，全部转移至 50 mL 容量瓶中，用水稀释、定容，混匀备用。取上清液测定。

7.3.1.2　微波法

量取 50.0 mL 浸出液试样（被消解的浸出液和加入的酸的体积应小于微波消解仪规定的限量体积）于微波消解罐中，如果样品中有机质含量低，加入 5 mL 硝酸（5.2）；如果样品中有机质含量高，加入 4 mL 硝酸（5.2）、1 mL 盐酸（5.1）和 1 mL 过氧化氢溶液（5.5），放置 30 min，加盖密闭，放入微波消解仪中，按表 3-39 进行消解。消解完毕，待罐内温度与室温平衡后，将消解罐放置于电热板上在近沸状态下将样品加热蒸发至近干，冷却。加入 1 mL 硝酸溶液（5.9），加热溶解残渣，用少量水清洗消解罐内壁和盖子，全部转移至 50 mL 容量瓶中，用水稀释、定容，混匀备用。取上清液测定。

表 3-39　微波消解程序推荐

升温时间/min	消解温度/℃	保持时间/min
10	室温～180	15

7.3.2　尾矿渣试样

7.3.2.1　电热板法

称取 0.1～0.5 g（m_3，精确至 0.1 mg）过筛样品（7.2.2），将样品置于 50 mL 聚四氟

乙烯坩埚中，用水润湿后加入 10 mL 盐酸（5.1），置于电热板（6.4）上加热（约 50℃），初步消解，待蒸发至 3 mL 左右时，加入 5 mL 硝酸（5.2）和 5 mL 氢氟酸（5.3），加盖后于 120～130℃加热 0.5～1 h。冷却，加入 2 mL 高氯酸（5.4），再加盖，于 150～160℃加热 1 h 左右，开盖，驱赶白烟并蒸至内容物呈不流动状态的液珠状（趁热观察）。视消解情况，可再补加 3 mL 硝酸（5.2）、3 mL 氢氟酸（5.3）和 1 mL 高氯酸（5.4），重复以上消解过程。取下坩埚稍冷，用水冲洗坩埚盖和内壁，加入 1 mL 硝酸溶液（5.9），温热溶解可溶性残渣，转移至 50 mL 容量瓶中，冷却后用水定容至标线，摇匀。

7.3.2.2 微波消解法

称取 0.1～0.5 g（m_3 精确至 0.1 mg）过筛样品（7.2.2），将样品置于微波消解罐中，用少量水润湿后加入 6 mL 硝酸（5.2）、2 mL 盐酸（5.1）、2～5 mL 氢氟酸（5.3），按照设定升温程序（表 3-40）进行消解，冷却后（或将溶液转移至 50 mL 聚四氟乙烯坩埚中）加入 1 mL 高氯酸（5.4），电热板加热飞硅，温度控制在 150～160℃，加热至冒浓厚高氯酸白烟且内容物呈不流动状态时，取下坩埚稍冷，用少量水冲洗坩埚盖和内壁，加入 1 mL 硝酸溶液（5.9），温热溶解可溶性残渣，转移至 50 mL 容量瓶中，冷却后用水定容至标线，摇匀。

表 3-40 微波消解程序推荐

升温时间/min	消解温度/℃	保持时间/min
7	室温～120	3
5	120～160	3
5	160～190	25

8-3-8 分析步骤

8.1 仪器测量参考条件

参考表 3-41 条件调试仪器，使仪器条件达到最佳。

表 3-41 仪器参考测量条件

元素	Ni	Cu
光源	镍空心阴极灯	铜空心阴极灯
灯电流/mA	3.0	3.0
测定波长/nm	232.0	324.7
次灵敏线/nm	352.5	327.8
通带宽度/nm	0.2	0.5
灯电流/mA	3.0	3.0
火焰性质	贫燃性火焰	贫燃性火焰
燃烧高度	使空心阴极灯光斑通过亮蓝色部分	
扣背景方式	氘灯背景校正	

8.2　校准

分别吸取混合标准溶液（5.11）0.00 mL、0.20 mL、0.50 mL、1.00 mL、2.00 mL、3.00 mL、5.00 mL 于 100 mL 容量瓶中，用硝酸溶液（5.9）定容后摇匀。此标准系列含镍和铜分别为 0.00 mg/L、0.20 mg/L、0.50 mg/L、1.00 mg/L、2.00 mg/L、3.00 mg/L 和 5.00 mg/L。

按照仪器测量条件（8.1），用硝酸溶液（5.9）调节仪器零点后，按从低浓度到高浓度的顺序吸入标准系列，测量相应的吸光度，以相应吸光值为纵坐标，以各元素标准系列质量浓度为横坐标，绘制各元素的校准曲线。

8.3　空白试验

按照 7.3 的步骤制备试剂空白样品，按 8.4 进行测定。

8.4　测定

将制备好的试样与绘制校准曲线相同仪器分析条件进行测定。

8-3-9　结果计算与表示

9.1　尾矿渣浸出液测试的结果计算

尾矿渣浸出液中镍或铜的质量浓度 ρ（mg/L）按照下式计算：

$$\rho = (\rho_1 - \rho_0) \times \frac{V_0}{V_1}$$

式中：ρ_1——由校准曲线查得测定试样中元素的浓度，mg/L；

ρ_0——实验室空白试样中元素的质量浓度，mg/L；

V_0——浸出液消解后的试样定容体积，mL；

V_1——尾矿渣浸出液的取样体积，mL。

9.2　尾矿渣测试的结果计算

尾矿渣中镍或铜的含量 ω（mg/kg）按照下式计算：

$$\omega = \frac{(\rho_1 - \rho_0) \times V_0}{m_3} \times \frac{m_2}{m_1}$$

式中：ρ_1——由校准曲线查得的测定试样中元素的质量浓度，mg/L；

ρ_0——实验室空白试样中元素的质量浓度，mg/L；

V_0——消解后试样的定容体积，mL；

m_3——过筛试样的称取量，g；

m_2——干燥后尾矿渣样品的质量，g；

m_1——尾矿渣样品的称取量，g。

9.3　结果表示

9.3.1　当尾矿渣浸出液测定结果小于 1 mg/L 时，保留小数点后两位；当测定结果大于或等于 1 mg/L 时，保留 3 位有效数字。

9.3.2 当尾矿渣全量测定结果小于 100 mg/kg 时，保留 3 位有效数字，当测定结果大于或等于 100 mg/kg 时，保留至整数位。

8-3-10 质量保证和质量控制

10.1 每批样品至少要做 2 个实验室试剂空白，空白中目标元素的测定结果应低于方法检出限。

10.2 每次分析应绘制校准曲线，用最小二乘法进行线性拟合，其相关系数应≥0.999，否则需重新绘制校准曲线。

每批样品（最多 20 个样品）分析结束后，需测定校准系列零浓度点和中间浓度点进行校准核查。

零浓度点测定值应低于方法检出限，中间浓度测定值与该点浓度的相对偏差应≤10%，否则应重新绘制校准曲线。

10.3 每批样品（最多 20 个样品）应至少随机进行 1 次平行测定（样品数量少于 20 至少做 1 次），平行双样测定的相对偏差应≤15%。

10.4 每批样品（最多 20 个样品）应至少随机进行 1 个实际样品加标测定（样品数量少于 20 至少做 1 次），加标回收率应在 80%～120%。如果需要可同时测定 1 个有证标准质控样品，结果应在保证值范围内。

8-3-11 废弃物的处理

实验中产生的废液和废物应分类收集，并送具有资质的单位集中处理。

8-3-12 注意事项

12.1 实验所用的玻璃器皿需先用洗涤剂洗净，再用（1+1）硝酸溶液浸泡 24 h，再依次用自来水、去离子水洗净、控干，备用。

12.2 所用玻璃器皿和硝酸等试剂在使用前需进行空白检查，满足空白要求才能使用。

12.3 电热板温度不宜太高，防止聚四氟乙烯坩埚变形；样品消解时，在蒸至近干时需特别小心，防止蒸干，否则待测元素会有损失。

12.4 尾矿渣种类复杂，基体差异较大，在消解时各种酸的用量、消解温度和保持时间可视消解情况酌情增减。

12.5 微波消解过程中因压力过大而造成仪器泄压，密封系统破损时，此批样品不予采用。

方法二

同 5-4 方法二。

8-4　石墨炉原子吸收分光光度法

方法一

特别提示：实验中所使用的铍标准溶液为有毒化学品；高氯酸、硝酸、过氧化氢具有强氧化性和腐蚀性，盐酸、氢氟酸具有强挥发性和强腐蚀性，操作时应按规定要求佩戴防护用品，溶液配制及样品预处理应在通风橱中操作。

8-4-1　编制依据

本方法依据《固体废物　铍、镍、铜和钼的测定　石墨炉原子吸收分光光度法》（HJ 752—2015）编制。

8-4-2　适用范围

本方法规定了测定尾矿渣浸出液及尾矿渣中铍、镍、铜和钼含量的石墨炉原子吸收分光光度法。

本方法适用于尾矿渣浸出液及尾矿渣中铍、镍、铜和钼的测定。

尾矿渣浸出液及全量（当取样量为 0.5 g 消解后定容体积为 50.0 mL 时），方法检出限及测定下限见表 3-42。

表 3-42　方法检出限及测定下限

元素	尾矿渣浸出液/（μg/L）		尾矿渣全量/（mg/kg）	
	方法检出限	测定下限	方法检出限	测定下限
铍	0.1	0.4	0.04	0.16
镍	1	4	0.2	0.8
铜	3	12	0.3	1.2
钼	2	8	0.2	0.8

8-4-3　方法原理

尾矿渣浸出液或尾矿渣经酸消解后，注入石墨炉原子化器中，试样中的铍、镍、铜和钼经高温原子化，其基态原子分别对铍、镍、铜、钼的特征辐射谱线产生选择性吸收，其吸收强度在一定范围内与铍、镍、铜和钼的浓度成正比。

8-4-4　干扰和消除

高于 20 mg/L 的 Fe 和 75 mg/L 的 Mg 对铍的测定分别产生负干扰和正干扰，加入基体改进剂氯化钯溶液，可消除干扰。

低于 10 mg/L 的 Cu、Zn、Ni、Pb、Cd、Cr、Mn、Ba，低于 50 mg/L 的 Ti 和 100 mg/L 的 K、Na、Ca、Al 等共存元素对铍的测定无干扰。

低于 10 mg/L 的 Ag、Al、B、Ba、Be、Bi、Cd、Co、Fe、Hg、Cr、Cs、Cu、Mg、

Mn、Ni、Pb、Sb、Se、Sn、Sr、Ti、Tl、V、Zn 和低于 100 mg/L 的 K、Na、Ca、Mg 等共存元素对钼的测定无干扰。

当样品基体干扰严重时，可采用标准加入法进行测定，见本手册第三部分 5-2 方法一附录 C。

8-4-5 试剂和材料

除非另有说明，分析时均使用符合国家标准的分析纯试剂，实验用水为新制备的去离子水。

5.1 盐酸：ρ（HCl）=1.19 mg/L，优级纯。

5.2 硝酸：ρ（HNO_3）=1.42 g/mL，优级纯。

5.3 氢氟酸：ρ（HF）=1.49 g/mL，优级纯。

5.4 高氯酸：ρ（$HClO_4$）=1.68 g/mL，优级纯。

5.5 过氧化氢溶液：ω（H_2O_2）=30%。

5.6 硫酸铍（$BeSO_4 \cdot 4H_2O$），优级纯。

5.7 金属镍（光谱纯）。

5.8 金属铜（光谱纯）。

5.9 钼酸铵［$(NH_4)_6Mo_7O_{24} \cdot 4H_2O$］，优级纯。

5.10 氯化钯（$PdCl_2$）。

5.11 硝酸镁［$Mg(NO_3)_2$］，优级纯。

5.12 硝酸溶液：1+1（*V*/*V*）。

量取 50 mL 硝酸（5.2）用去离子水稀释至 100 mL。

5.13 硝酸溶液：1+99（*V*/*V*）。

量取 10 mL 硝酸（5.2）用去离子水稀释至 1 000 mL。

5.14 基体改进剂Ⅰ：氯化钯溶液。

称取 0.34 g 氯化钯（5.10），加少量水和 1 mL 硝酸（5.2），50℃加热溶解，用水定容至 100 mL。

5.15 基体改进剂Ⅱ：氯化钯-硝酸镁混合溶液。

称取 0.25 g 氯化钯（5.10），加少量水和 1 mL 硝酸（5.2），50℃加热溶解；称取 0.3 g 硝酸镁（5.11）溶于少量水中。将两种溶液混合，用水稀释定容至 100 mL。

5.16 铍标准贮备液：ρ（Be）=100 mg/L。

使用市售有证标准溶液（铍单元素或含铍的多元素混合标准溶液）；或准确称取 1.966 0 g 硫酸铍（5.6），用少量水溶解后全量转移至 1 000 mL 容量瓶中，加入 10 mL 硝酸（5.2），用水定容至标线，摇匀。储存于聚乙烯瓶中，冷藏，可使用两年。

5.17 铍标准使用液：ρ（Be）=50 μg/L。

用硝酸溶液（5.13）逐级稀释铍标准贮备液（5.16）配制而成。

5.18 镍标准贮备液：ρ（Ni）=1 000 mg/L。

使用市售有证标准溶液（镍单元素或含镍的多元素混合标准溶液）；或准确称取1.000 g 金属镍（5.7）溶解于 10 mL 硝酸（5.2）中，转移至 1 000 mL 容量瓶中，用水定容至标线，摇匀。储存于聚乙烯瓶中，冷藏，可使用两年。

5.19 镍标准使用液：ρ（Ni）=250 μg/L。

用硝酸溶液（5.13）逐级稀释镍标准贮备液（5.18）配制而成。

5.20 铜标准贮备液：ρ（Cu）=1 000 mg/L。

使用市售有证标准溶液（铜单元素或含铜的多元素混合标准溶液）；或准确称取1.000 g 金属铜（5.8）溶解于 10 mL 硝酸（5.2）中，转移至 1 000 mL 容量瓶中，用水定容至标线，摇匀。储存于聚乙烯瓶中，冷藏，可使用两年。

5.21 铜标准使用液：ρ（Cu）=250 μg/L。

用硝酸溶液（5.13）逐级稀释铜标准贮备液（5.20）配制而成。

5.22 钼标准贮备液：ρ（Mo）=1 000 mg/L。

使用市售有证标准溶液（钼单元素或含钼的多元素混合标准溶液）；或准确称取1.840 g 钼酸铵（5.9），用少量水溶解后全量转移至 1 000 mL 容量瓶中，用水定容至标线，摇匀。储存于聚乙烯瓶中，冷藏，可使用两年。

5.23 钼标准使用液：ρ（Mo）=250 μg/L。

用硝酸溶液（5.13）逐级稀释钼标准贮备液（5.22）配制而成。

5.24 氩气：纯度 99.999%。

8-4-6 仪器与设备

6.1 石墨炉原子吸收分光光度计。

石墨管：热解涂层石墨管。

6.2 微波消解装置（功率 600～1 500 W）。

电热板：具有温控功能（温度稳定±5℃）。

6.3 一般实验室常用仪器和设备。

8-4-7 样品

7.1 采集与保存

按照本手册第一部分相关规定进行尾矿渣样品的采集和保存。

7.2 样品制备

7.2.1 尾矿渣浸出液

按照本手册第二部分“1 硫酸硝酸法”进行浸出液的制备。

浸出液如不能及时进行分析，应加硝酸（5.2）酸化至 pH＜2，可保存 14 d。

7.2.2 尾矿渣

称取 10 g（m_1，精确至 0.01 g）样品，自然风干或冷冻干燥，再次称重（m_2，精确至 0.01 g)，研磨，全部过 100 目筛备用。

7.3 试样制备

7.3.1 尾矿渣浸出液试样

7.3.1.1 电热板法

量取 50.0 mL 浸出液试样于 150 mL 烧杯中，加入 3～5 mL 硝酸（5.2），摇匀。盖上表面皿，置于电热板（6.4）上在近沸状态下将样品加热蒸发至近干，取下冷却，再加入 3 mL 硝酸（5.2），继续加热，直至消解完全（消解液透亮或者消解液外观不再变化），继续蒸发至近干，取下冷却后，加入 1 mL 硝酸溶液（5.12），加热溶解残渣，用水清洗烧杯内壁和表面皿，全部转移至 50 mL 容量瓶中，用水稀释、定容，混匀备用。取上清液测定。

7.3.1.2 微波法

量取 50.0 mL 浸出液试样（被消解的浸出液和加入的酸的体积应小于微波消解仪规定的限量体积）于微波消解罐中，如果样品中有机质含量低，加入 5 mL 硝酸（5.2）；如果样品中有机质含量高，加入 4 mL 硝酸（5.2）、1 mL 盐酸（5.1）和 1 mL 过氧化氢溶液（5.5），放置 30 min，加盖密闭，放入微波消解仪中，按设定升温程序（表 3-43）进行消解。消解完毕，待罐内温度与室温平衡后，将消解罐放置于电热板上在近沸状态下将样品加热蒸发至近干，冷却。加入 1 mL 硝酸溶液（5.12），加热溶解残渣，用少量水清洗消解罐内壁和盖子，全部转移至 50 mL 容量瓶中，用水稀释、定容，混匀备用。取上清液测定。

表 3-43 浸出液微波消解推荐升温程序

升温时间/min	消解温度/℃	保持时间/min
10	室温～180	15

7.3.2 尾矿渣试样

7.3.2.1 电热板法

称取 0.1～0.5 g（m_3，精确至 0.1 mg）过筛样品（7.2.2），将样品置于 50 mL 聚四氟乙烯坩埚中，用水润湿后加入 10 mL 盐酸（5.1），于通风橱内的电热板（6.4）上 50～70℃加热，使样品初步分解，待蒸发至约剩 3 mL 时，加入 5 mL 硝酸（5.2）、5 mL 氢氟酸（5.3），加盖后于电热板上 120～130℃加热 0.5～1 h，冷却后加入 2 mL 高氯酸（5.4），再加盖 150～160℃加热 1 h 左右，开盖，驱赶白烟并蒸至内容物呈不流动状态的液珠状（趁热观察）。视消解情况，可再补加 3 mL 硝酸（5.2）、3 mL 氢氟酸（5.3）、1 mL 高氯酸（5.4），重复以上消解过程。取下坩埚稍冷，用水冲洗坩埚盖和内壁，加入 1 mL 硝酸溶液（5.12），温热溶解可溶性残渣，转移至 50 mL 容量瓶中，冷却后用水定容至标线，摇匀。

注 1：如尾矿渣中铍、镍、铜或钼的含量较高，试样消解后定容体积可根据实际情况确定。

注 2：如尾矿渣中镍或铜的含量较高，可采用火焰原子吸收分光光度法测定。

7.3.2.2　微波法

称取 0.1～0.5 g（m_3，精确至 0.1 mg）过筛样品（7.2.2），将样品置于微波消解罐中，用少量水润湿后加入 6 mL 硝酸（5.2）、2 mL 盐酸（5.1）、2～5 mL 氢氟酸（5.3），按照设定升温程序（表 3-44）进行消解，冷却后（或将溶液转移至 50 mL 聚四氟乙烯坩埚中）加入 1 mL 高氯酸（5.4），电热板加热飞硅，温度控制在 150～160℃，加热至冒浓厚高氯酸白烟且内容物呈不流动状态时，取下坩埚稍冷，用少量水冲洗坩埚盖和内壁，加入 1 mL 硝酸溶液（5.12），温热溶解可溶性残渣，转移至 50 mL 容量瓶中，冷却后用水定容至标线，摇匀。

表 3-44　微波消解推荐升温程序

升温时间/min	消解温度/℃	保持时间/min
7	室温～120	3
5	120～160	3
5	160～190	25

8-4-8　分析步骤

8.1　仪器测量参考条件

参考表 3-45 所列条件设定仪器，使仪器处于最佳工作状态。

表 3-45　仪器参考测量条件

元素	Be	Ni	Cu	Mo
光源	铍空心阴极灯	镍空心阴极灯	铜空心阴极灯	钼空心阴极灯
灯电流/mA	5.0	4.0	4.0	7.0
测定波长/nm	234.9	232.0	324.7	313.3
次灵敏线/nm	—	352.5	217.9	320.9
通带宽度/nm	1.0	0.2	0.5	0.5
干燥温度/℃，时间/s	85～120，55	85～120，55	85～120，55	85～120，55
灰化温度/℃，时间/s	1 200～1 400，10～15	900～1 100，10～15	1 000～1 100，15～20	1 200～1 400，15～20
原子化温度/℃，时间/s	2 600，2.9	2 500，2.9	2 500，3	2 800，3
清除温度/℃，时间/s	2 650，2	2 550，2	2 550，2	2 850，2
原子化阶段是否停气	是	是	是	是
氩气流量/（mL/min）	300	300	300	300
基体改进剂	基体改进剂Ⅰ	基体改进剂Ⅱ	基体改进剂Ⅱ	基体改进剂Ⅱ
基体改进剂体积/μL	2～5	2～5	2～5	2～5
进样体积/μL	20	20	20	20
背景校正方式	塞曼背景校正	塞曼背景校正	塞曼背景校正	塞曼背景校正

8.2 校准曲线

分别移取 0.00 mL、0.50 mL、1.00 mL、2.00 mL、3.00 mL、5.00 mL 铍标准使用液（5.17）于 50 mL 容量瓶中，用硝酸溶液（5.13）定容至刻度，摇匀。铍标准系列浓度见表 3-46。

分别移取 0.00 mL、1.00 mL、2.00 mL、4.00 mL、6.00 mL、10.00 mL 镍标准使用液（5.19）于 50 mL 容量瓶中，用硝酸溶液（5.13）定容至刻度，摇匀。镍标准系列浓度见表 3-46。

分别移取 0.00 mL、1.00 mL、2.00 mL、4.00 mL、6.00 mL、10.00 mL 铜标准使用液（5.21）于 50 mL 容量瓶中，用硝酸溶液（5.13）定容至刻度，摇匀。铜标准系列浓度见表 3-46。

分别移取 0.00 mL、1.00 mL、2.00 mL、4.00 mL、6.00 mL、10.00 mL 钼标准使用液（5.23）于 50 mL 容量瓶中，用硝酸溶液（5.13）定容至刻度，摇匀。钼标准系列浓度见表 3-46。

按照仪器测量条件（8.1），由低浓度到高浓度依次向石墨管内加入 20 μL 标准溶液和 2～5 μL 基体改进剂，测量吸光值。以相应吸光值为纵坐标，以各元素标准系列质量浓度为横坐标，绘制各元素的校准曲线。

表 3-46 各元素标准系列质量浓度 单位：μg/L

元素	标准系列					
铍	0.00	0.50	1.00	2.00	3.00	5.00
镍	0.00	5.00	10.0	20.0	30.0	50.0
铜	0.00	5.00	10.0	20.0	30.0	50.0
钼	0.00	5.00	10.0	20.0	30.0	50.0

8.3 空白试验

按照 7.3 的步骤制备试剂空白样品，按 8.4 进行测定。

8.4 测定

将制备好的试样与绘制校准曲线相同仪器分析条件进行测定。

8-4-9 结果计算与表示

9.1 尾矿渣浸出液测试的结果计算

尾矿渣浸出液中元素（铍、镍、铜和钼）的质量浓度ρ（μg/L）按照下式计算：

$$\rho = (\rho_1 - \rho_0) \times \frac{V_1}{V_2}$$

式中：ρ_1——由校准曲线上查得测定试样中元素的质量浓度，μg/L；

ρ_0——实验室空白试样中元素的质量浓度，μg/L；

V_1——浸出液消解后试样的定容体积，mL；

V_2——尾矿渣浸出液的取样体积，mL。

9.2 尾矿渣测试的结果计算

尾矿渣中元素（铍、镍、铜和钼）含量 ω（mg/kg）按照下式计算：

$$\omega = \frac{(\rho_1 - \rho_0) \times V_0}{m_3} \times \frac{m_2}{m_1} \times 10^{-3}$$

式中：ρ_1——由校准曲线查得测定试样中元素的质量浓度，μg/L；

ρ_0——实验室空白试样中元素的质量浓度，μg/L；

V_0——消解后试样的定容体积，mL；

m_1——尾矿渣样品的称取量，g；

m_2——干燥后尾矿渣样品的质量，g；

m_3——过筛试样的称取量，g。

9.3 结果表示

对于尾矿渣浸出液测定，当测定结果小于 100 μg/L 时，铍测定结果保留小数点后一位，镍、铜和钼测定结果保留至整数位；当测定结果大于或等于 100 μg/L 时，保留 3 位有效数字。

对于尾矿渣全量测定，当测定结果小于 10.0 mg/kg 时，铍测定结果保留小数点后两位，镍、铜和钼测定结果保留小数点后一位；当测定结果大于或等于 10.0 mg/kg 时，保留 3 位有效数字。

8-4-10 质量保证和质量控制

10.1 每批样品至少要做 2 个实验室试剂空白，空白中目标元素的测定结果应不大于方法检出限。

10.2 每次分析应绘制校准曲线，用最小二乘法进行线性拟合，其相关系数应≥0.995，否则需重新绘制校准曲线。

10.3 每批样品（最多 20 个样品）分析结束后，需测定校准系列零浓度点和中间浓度点进行校准核查。零浓度点测定值应低于方法检出限，中间浓度测定值与该点浓度的相对偏差应≤10%，否则应重新绘制校准曲线。

10.4 每批样品（最多 20 个样品）应至少随机进行 1 次平行测定（样品数量少于 20 至少做 1 次），浸出液和尾矿渣全量分析平行样相对偏差应≤20%。

10.5 每批样品（最多 20 个样品）应至少随机进行 1 个实际样品加标测定（样品数量少于 20 至少做 1 次），浸出液和尾矿渣加标回收率应在 70%～120%。

8-4-11 废物处理

实验中产生的废液和废物应分类收集，并送具有资质的单位集中处理。

8-4-12 注意事项

12.1 实验所用的玻璃器皿需先用洗涤剂洗净，再用（1+1）硝酸溶液浸泡 24 h，再依次用自来水、去离子水洗净，控干，备用。

12.2 所用玻璃器皿和硝酸等试剂在使用前需进行空白检查，满足空白要求才能使用。

12.3 电热板温度不宜太高，防止聚四氟乙烯坩埚变形；样品消解时，在蒸至近干时需特别小心，防止蒸干，否则待测元素会有损失。

12.4 尾矿渣种类复杂，基体差异较大，在消解时各种酸的用量、消解温度和保持时间可视消解情况酌情增减。

方法二

同 5-4 方法二。

9 铬

9-1 电感耦合等离子体质谱法

同 5-1。

9-2 电感耦合等离子体发射光谱法

同 5-2。

9-3 火焰原子吸收分光光度法

方法一

特别提示：消解操作须在通风橱内进行，应按规定要求佩戴防护器具，避免接触皮肤和衣服。

9-3-1 编制说明

本方法依据《固体废物　总铬的测定　火焰原子吸收分光光度法》（HJ 749—2015）编制。

9-3-2 适用范围

本方法规定了测定尾矿渣和尾矿渣浸出液中总铬的火焰原子吸收分光光度法。

本方法适用于尾矿渣和尾矿渣浸出液中总铬的测定。

测定尾矿渣，样品量为 0.2 g，定容体积为 50 mL 时，本方法检出限为 8 mg/kg，测定下限为 30 mg/kg，测定尾矿渣浸出液，定容体积为 50 mL 时，本方法检出限为 0.03 mg/L，测定下限为 0.12 mg/L。

9-3-3　方法原理

尾矿渣浸出液或尾矿渣经酸消解后直接喷入火焰原子吸收分光光度仪的空气-乙炔火焰中，所形成的铬基态原子对 357.9 nm 或其他的共振线产生吸收，其吸光度值与铬的质量浓度成正比。

9-3-4　干扰和消除

4.1　7%以上的 HCl、$HClO_4$ 对铬的测定有正干扰；HNO_3 和 H_3PO_4 产生负干扰。在空气-乙炔火焰中产生负干扰的金属元素及干扰顺序为 Cu＞Ba＞Al＞Mg＞Ca、Na、Sr、Zn、Sn。且这些干扰情况与铬的存在形态（Cr^{3+}、Cr_2O^{2-}）无关。

4.2　Fe^{3+}产生负干扰，而对 Cr^{6+}有正干扰；Mn、Ni 仅对 Cr^{3+}产生负干扰，而不干扰 Cr^{6+}的测定。当使用贫燃性空气-乙炔火焰时，Fe 和 Ni 的干扰变小，但铬测定的灵敏度明显降低。在试样中加入 1%～2%的氯化铵可以消除 Fe、Ni、Mn 等金属元素和 HCl、HNO_3 等酸类干扰。加入 1%焦硫酸钾也可消除共存金属成分的干扰。

9-3-5　试剂和材料

除非另有说明，分析时均使用符合国家标准的分析纯化学试剂，实验用水为新制备的去离子水或蒸馏水。

5.1　重铬酸钾（$K_2Cr_2O_7$）：基准试剂。

5.2　过硫酸铵［$(NH_4)_2S_2O_8$］。

5.3　氯化铵（NH_4Cl）。

5.4　焦硫酸钾（$K_2S_2O_7$）。

5.5　硝酸：ρ（HNO_3）=1.42 g/mL，优级纯。

5.6　盐酸：ρ（HCl）=1.19 g/mL，优级纯。

5.7　过氧化氢：ρ（H_2O_2）=1.11 g/mL，优级纯。

5.8　氢氟酸：ρ（HF）=1.18 g/mL，优级纯。

5.9　过硫酸铵溶液：ω［$(NH_4)_2S_2O_8$］=5%。

称取 5.0 g 过硫酸铵（5.2）溶解于 100 mL 水中。

5.10　氯化铵溶液：ω（NH_4Cl）=10%。

称取 10.0 g 氯化铵（5.3）溶解于 100 mL 水中。

5.11　焦硫酸钾溶液：ω（$K_2S_2O_7$）=1%。

称取 1.0 g 焦硫酸钾（5.4）溶解于 100 mL 水中。

5.12　硝酸溶液：1+99（*V*/*V*），用浓硝酸（5.5）配制。

5.13　硝酸溶液：1+1（*V*/*V*），用浓硝酸（5.5）配制。

5.14　盐酸溶液：1+2（*V*/*V*），用浓盐酸（5.6）配制。

5.15　铬标准贮备液：ρ（Cr）=1 000 mg/L。

购买市售有证标准物质/有证标准样品，或准确称取 0.282 9 g 基准重铬酸钾（5.1），用少量水溶解后，转移至 100 mL 容量瓶中，实验用水定容后摇匀，常温保存 6 个月。

5.16　铬标准使用液：ρ（Cr）=50.0 mg/L。

准确量取铬标准贮备液（5.15）5.00 mL 于 100 mL 容量瓶中，实验用水定容摇匀。

5.17　燃气：乙炔，纯度≥99.0%。

5.18　助燃气：空气。

进入燃烧器之前应经过适当过滤以除去其中的水、油和其他杂质。

9-3-6　仪器和设备

6.1　火焰原子吸收分光光度计。

6.2　铬空心阴极灯。

6.3　空气压缩机，应备有除水、除油和除尘装置。

6.4　微波消解仪：具有温度控制和程序升温功能，温度精度可达±2℃。

6.5　电热板：具有温控功能。

6.6　天平：精度为 0.000 1 g。

6.7　天平：精度为 0.01 g。

6.8　聚四氟乙烯坩埚。

6.9　尼龙筛：100 目。

6.10　一般实验室常用仪器和设备。

9-3-7　样品

7.1　样品采集与保存

按照本手册第一部分的相关规定进行尾矿渣样品的采集和保存。

7.2　样品制备

7.2.1　尾矿渣样品

准确称取 10 g 样品（m_1，精确至 0.01 g），自然风干或冷冻干燥，再次称重（m_2，精确至 0.01 g），研磨，全部过 100 目筛备用。

7.2.2　尾矿渣浸出液样品

按照本手册第二部分“1 硫酸硝酸法”进行浸出液的制备。

7.3　试样制备

7.3.1　尾矿渣试样

7.3.1.1　电热板消解法

称取 0.2 g（m_3，精确至 0.000 1 g）尾矿渣样品（7.2.1）于 50 mL 聚四氟乙烯坩埚，用水润湿后加入 10 mL 浓盐酸（5.6），于通风橱内的电热板上 50℃加热，使样品初步分解，待蒸发至约剩 3 mL 时，加入 5 mL 浓硝酸（5.5）、5 mL 氢氟酸（5.8），加盖后于电热板 120～130℃加热 0.5～1 h，开盖冷却加入 2 mL 过氧化氢（5.7），再加盖 150～160℃加热 1 h 左右，然后开盖，驱赶白烟并蒸至内容物呈不流动状态的液珠状（趁热观察）。可视消解情况，再补加 3 mL 浓硝酸（5.5）、3 mL 氢氟酸（5.8）、1 mL 过氧化氢（5.7），重复以上消解过程。取下坩埚稍冷，加入 1 mL 硝酸溶液（5.13），温热溶解可溶性残渣，将所有试液移至 50 mL 容量瓶中，加入 5 mL 氯化铵溶液（5.10），实验用水定容（V_0），待测。

注 1：30%过氧化氢的总加入量不得超过 10 mL。

7.3.1.2 微波消解法

称取 0.2 g（m_3，精确至 0.000 1 g）尾矿渣样品（7.2.1）于微波消解罐中，用少量水润湿后加入 3 mL 浓硝酸（5.5）、1 mL 浓盐酸（5.6），参照表 3-47 进行消解，冷却后将内容物全部移至 50 mL 聚四氟乙烯坩埚，加盖，置于电热板上，微沸状态下驱赶白烟，至白烟不再产生，取下稍冷，加入 2 mL 实验用水、3 mL 氢氟酸（5.8）和 2 mL 过氧化氢（5.7），继续加热，分次加入 1 mL 过氧化氢（5.7），至反应稳定，持续加热至内容物呈黏稠状。取下稍冷，加入 3 mL 盐酸溶液（5.14），温热溶解可溶性残渣，全量转移至 50 mL 容量瓶中，加入 5 mL 氯化铵溶液（5.10），实验用水定容（V_0），待测。

注 2：微波消解后如果消解液已澄清，则不用再加入氢氟酸和过氧化氢，赶酸后直接定容。

表 3-47 微波消解仪参考条件

程序	升温时间/min	消解温度/℃	保持时间/min
第一步	10	室温～170	5
第二步	10	170～175	5

7.3.2 尾矿渣浸出液试样

7.3.2.1 电热板消解法

量取 50.00 mL（V_2）浸出液样品（7.2.2）于 150 mL 三角瓶中，加入 2 mL 浓硝酸（5.5）和 5 mL 过硫酸铵溶液（5.9），摇匀。在三角瓶口插入小漏斗后置于电热板上加热，煮沸至试液体积约 20 mL 时取下，冷却。如试液呈黏稠状，应补加 2 mL 浓硝酸（5.5），继续加热，重复上述操作，至试液澄清或颜色保持不变。用少量实验用水冲洗小漏斗和三角瓶内壁，将所有试液全部转移至 50 mL 容量瓶中，加入 5 mL 氯化铵溶液（5.10），实验用水定容（V_1），待测。

7.3.2.2 微波消解法

量取 5.00～10.00 mL 浸出液样品（7.2.2）于微波消解罐中，加入 1 mL 浓硝酸（5.5）和 1 mL 过硫酸铵溶液（5.9），参照表 3-47 进行消解，冷却后将溶液转移至 50 mL 容量瓶中，用少量实验用水冲洗微波消解罐，将试液全部转移至 50 mL 容量瓶中，加入 5 mL

氯化铵溶液（5.10），实验用水定容（V_1），待测。

7.4 空白试样制备

7.4.1 尾矿渣空白试样

按照 7.3.1.1 步骤制备尾矿渣空白试样。

7.4.2 尾矿渣浸出液空白试样

按照 7.3.2.1 步骤制备尾矿渣浸出液空白试样。

9-3-8 分析步骤

8.1 仪器参考条件

不同型号原子吸收分光光度计的最佳工作条件不同，应按照仪器使用说明书进行操作，本方法推荐仪器参考条件见表 3-48。

表 3-48 参考测量条件

元素	Cr
测定波长/nm	357.9
通带宽度/nm	0.7
火焰性质	富燃性火焰
次灵敏线/nm	359.0；360.5；425.4
燃烧器高度/mm	使空心阴极灯光斑通过亮蓝色部分

注 3：点燃乙炔-空气火焰后，应使燃烧器温度达到热平衡后方可进行测定。

8.2 校准

分别量取 0 mL、0.50 mL、1.00 mL、2.00 mL、3.00 mL、5.00 mL 铬标准使用液（5.16）于 50 mL 容量瓶中，分别加入 5 mL 氯化铵溶液（5.10），用硝酸溶液（5.12）定容至标线，混匀。此标准系列浓度分别为 0 mg/L、0.50 mg/L、1.00 mg/L、2.00 mg/L、3.00 mg/L、5.00 mg/L。

按照参考测量条件（8.1），由低浓度到高浓度依次测定标准系列的吸光度。以零浓度校正吸光度为纵坐标，以铬的浓度（mg/L）为横坐标，绘制校准曲线。

注 4：当样品基体成分复杂或者不明时，或加标回收率超过本方法质控要求范围时，应采用标准加入法进行试样测定并计算结果，参见本手册第三部分 5-2 方法一附录 C。

8.3 样品测定

将制备好的试料与绘制校准曲线相同仪器分析条件进行测定。当试料浓度超过校准曲线最高浓度时可减少样品量或增加稀释倍数。

8.4 空白试验

将制备好的空白试样 7.4 按照仪器参考条件（8.1）进行测定。

9-3-9　结果计算与表示

9.1　尾矿渣测试的结果计算

尾矿渣中总铬的含量 ω（mg/kg）按照下式进行计算：

$$\omega = \frac{(\rho_1 - \rho_0) \times V_0}{m_3} \times \frac{m_2}{m_1} \times f$$

式中：ρ_1——由校准曲线查得的测定试样中元素的质量浓度，mg/L；

ρ_0——实验室空白试样中元素的质量浓度，mg/L；

V_0——消解后试样的定容体积，mL；

m_3——过筛试样的称取量，g；

m_2——干燥后尾矿渣样品的质量，g；

m_1——尾矿渣样品的称取量，g；

f——稀释倍数。

9.2　尾矿渣浸出液

尾矿渣浸出液中总铬的浓度ρ（mg/L）按照下式计算：

$$\rho = (\rho_1 - \rho_0) \times \frac{V_0}{V_1}$$

式中：ρ_1——由校准曲线查得测定试样中元素的浓度，mg/L；

ρ_0——实验室空白试样中元素的质量浓度，mg/L；

V_0——浸出液消解后的试样定容体积，mL；

V_1——尾矿渣浸出液的取样体积，mL。

9.3　结果表示

当尾矿渣样品测定结果小于 100 mg/kg 时，保留至整数位；当测定结果大于或等于 100 mg/kg 时，保留 3 位有效数字。

当尾矿渣浸出液样品测定结果小于 1 mg/L 时，保留小数点后两位；当测定结果大于或等于 1 mg/L 时，保留 3 位有效数字。

9-3-10　质量保证和质量控制

10.1　每批样品应做空白试验，其测定结果应低于方法检出限。每分析 20 个样品应进行 1 次零浓度样品分析。如测定结果高于方法检出限，校准曲线零点，重新测定样品。

10.2　每次样品分析应绘制校准曲线，相关系数应大于或等于 0.999。

10.3　每 20 个样品应分析一个校准曲线的中间点浓度标准溶液，其测定结果与校准曲线该点浓度的相对偏差应小于或等于 10%。否则，需重新绘制校准曲线。

10.4　每批样品应至少做 10%的平行样品测定（样品数量少于 10 至少做 1 个），两次平行样品分析结果相对偏差应小于 20%。

10.5　每批样品应至少做 10%加标回收样品试验（样品数量少于 10 至少做 1 个），

加标回收率应在 85%～120%。

9-3-11 注意事项

11.1 实验所用玻璃容器先用 10%硝酸溶液浸泡 24 h，然后用自来水和实验用水依次冲洗干净，放在干净的环境中晾干。整个清洗过程不得使用重铬酸钾洗液。

11.2 燃烧器高度对铬的灵敏度有明显影响。测定时需将燃烧器高度调至最佳。这时不仅测定灵敏度高，读数稳定，且干扰较小。

11.3 铬的测定波长比较多，以 357.9 nm 线最为灵敏，可测定低含量的铬。359.4 nm、360.5 nm 线灵敏度稍低于 357.9 nm 线，也可以使用。但测定高含量的铬时，建议使用 425.5 nm、427.5 nm 或 429.0 nm 线。它们都处于可见光区，受分子吸收等光谱干扰较小，灵敏度比 357.9 nm 低 3～5 倍。

11.4 如尾矿渣经酸消解后的液体呈绿色，在电热板消解过程中加入 5 mL 过硫酸铵溶液（5.9）。

11.5 在消解过程中不得将溶液蒸干且煮沸过程要防止样品喷溅。如果蒸干或喷溅，应重新取样进行消解。

9-3-12 废物处理

实验样品及实验过程中产生的所有废弃物应分类收集，集中保存，送至有资质的单位集中处理。

方法二

同 5-3 方法二。

9-4 石墨炉原子吸收分光光度法

方法一

特别提示：消解操作须在通风橱内进行，应按规定要求佩戴防护器具，避免接触皮肤和衣服。

9-4-1 编制依据

本方法依据《固体废物　总铬的测定　石墨炉原子吸收分光光度法》（HJ 750—2015）编制。

9-4-2 适用范围

本方法规定了测定尾矿渣和尾矿渣浸出液中总铬的石墨炉原子吸收分光光度法。

本方法适用于尾矿渣和尾矿渣浸出液中总铬的测定。

测定尾矿渣，样品量为 0.2 g，定容体积为 50 mL 且进样量为 20 μL 时，本方法检出限为 0.2 mg/kg，测定下限为 0.8 mg/kg。测定尾矿渣浸出液，定容体积为 50 mL 且进样量为 20 μL 时，本方法检出限为 0.7 μg/L，测定下限为 2.8 μg/L。

9-4-3 方法原理

将尾矿渣的全消解液或浸出消解液注入石墨炉原子化器中，铬离子在石墨管内经过原子化，基态铬原子对铬空心阴极灯发射的 357.9 nm 或 359.3 nm 的特征谱线选择性吸收，其吸光度在一定范围内与铬的质量浓度成正比。

9-4-4 干扰和消除

4.1 低浓度的钙或磷酸盐可能对测定引起干扰，当钙离子的浓度或磷酸盐的浓度大于 200 mg/L 时，钙的影响持续不变，磷酸盐的影响会消除。加入硝酸钙溶液浓度大于 2 000 mg/L 时干扰会稳定。改进剂的加入参见本方法附录 A。

4.2 使用热解石墨管和涂层石墨管可以消除碳化物的影响。

9-4-5 试剂和材料

5.1 实验用水。

二次蒸馏水或纯水设备制备的水。使用前需经过空白检验，确认无目标物或目标物浓度低于方法检出限。

5.2 重铬酸钾（$K_2Cr_2O_7$）：基准试剂。

5.3 硝酸钙［$Ca(NO_3)_2 \cdot 4H_2O$］，优级纯。

5.4 硝酸：ρ（HNO_3）=1.42 g/mL，优级纯。

5.5 盐酸：ρ（HCl）=1.19 g/mL，优级纯。

5.6 过氧化氢：ρ（H_2O_2）=1.11 g/mL，优级纯。

5.7 氢氟酸：ρ（HF）=1.18 g/mL，优级纯。

5.8 硝酸钙溶液：ρ（Ca）=2 000 mg/L。

称取 11.8 g 硝酸钙［$Ca(NO_3)_2 \cdot 4H_2O$］，用硝酸溶液（5.9）溶解并稀释定容至 1 000 mL。

5.9 硝酸溶液：1+99（*V*/*V*），用硝酸（5.4）配制。

5.10 硝酸溶液：1+1（*V*/*V*），用硝酸（5.4）配制。

5.11 盐酸溶液：1+2（*V*/*V*），用盐酸（5.5）配制。

5.12 铬标准贮备液：ρ（Cr）=1 000 mg/L。

购买市售有证标准物质/有证标准样品，或准确称取 0.282 9 g 基准重铬酸钾（5.2），用少量水溶解后，转移至 100 mL 容量瓶中，实验用水定容后摇匀，常温保持 6 个月。

5.13 铬标准中间溶液：ρ（Cr）=10 mg/L。

准确量取铬标准贮备液（5.12）1.0 mL 于 100 mL 容量瓶中，实验用水定容后摇匀。

5.14 铬标准使用液：ρ（Cr）=0.5 mg/L。

准确量取铬标准中间溶液（5.13）5.0 mL 于 100 mL 容量瓶中，实验用水定容后摇匀。

5.15 氩气：纯度≥99.99%。

9-4-6 仪器和设备

6.1 石墨炉原子吸收分光光度计，带铬空心阴极灯。

6.2 石墨管，涂层石墨管。

6.3 抽滤装置：孔径 0.45 μm，醋酸纤维或聚乙烯滤膜。

6.4 电热板：具有温控功能。

6.5 微波消解仪：具有温度控制和程序升温功能，温度精度可达±2℃。

6.6 天平：精度为 0.000 1 g。

6.7 天平：精度为 0. 01g。

6.8 聚四氟乙烯坩埚。

6.9 尼龙筛：100 目。

6.10 一般实验室常用仪器和设备。

9-4-7 样品

7.1 样品采集与保存

按照本手册第一部分的相关规定进行尾矿渣样品的采集和保存。

7.2 样品的制备

7.2.1 尾矿渣样品

准确称取 10 g 样品（m_1，精确至 0.01 g），自然风干或冷冻干燥，再次称重（m_2，精确至 0.01 g），研磨，全部过 100 目筛备用。

7.2.2 尾矿渣浸出液样品

按照本手册第二部分“1 硫酸硝酸法”进行浸出液的制备。

7.3 试样制备

7.3.1 尾矿渣试样

7.3.1.1 电热板消解法

称取 0.2 g（m_3，精确至 0.000 1 g）尾矿渣样品（7.2.1）于 50 mL 聚四氟乙烯坩埚，用水润湿后加入 10 mL 浓盐酸（5.5），于通风橱内的电热板上 50℃加热，使样品初步分解，待蒸发至约剩 3 mL 时，加入 5 mL 浓硝酸（5.4）、5 mL 氢氟酸（5.7），加盖后于电热板 120～130℃加热 0.5～1 h，开盖冷却加入 2 mL 过氧化氢（5.6），再加盖 150～160℃加热 1 h 左右，然后开盖，驱赶白烟并蒸至内容物呈不流动状态的液珠状（趁热观察）。可视消解情况，再补加 3 mL 浓硝酸（5.4）、3 mL 氢氟酸（5.7）、1 mL 过氧化氢（5.6），可重复以上消解过程，直至试液澄清或溶液保持不变。取下坩埚稍冷，加入 1 mL 硝酸溶液（5.10），温热溶解可溶性残渣，将所有试液移至 50 mL 容量瓶中，实验用水定容（V_0），待测。

注 1：30%过氧化氢的总加入量不得超过 10 mL。

7.3.1.2　微波消解法

称取 0.2 g（m_3，精确至 0.000 1 g）尾矿渣样品（7.2.1）于微波消解罐中，用少量水润湿后加入 3 mL 浓硝酸（5.4）、1 mL 浓盐酸（5.5），参照表 3-49 进行消解，如消解液已澄清，则不用再加入氢氟酸和过氧化氢，赶酸后直接定容。冷却后将内容物全部移至 50 mL 聚四氟乙烯坩埚，加盖，置于电热板上，微沸状态下驱赶白烟，至白烟不再产生，取下稍冷，加入 2 mL 实验用水、3 mL 氢氟酸（5.7）和 2 mL 过氧化氢（5.6），继续加热，分次加入 1 mL 过氧化氢（5.6），至反应稳定，持续加热至内容物呈黏稠状。取下稍冷，加入 3 mL 盐酸溶液（5.11），温热溶解可溶性残渣，全量移至 50 mL 容量瓶中，实验用水定容（V_0），待测。

注 2：微波消解后如消解液已澄清，则不用再加入氢氟酸和过氧化氢，赶酸后直接定容。

表 3-49　微波消解仪参考条件

程序	升温时间/min	消解温度/℃	保持时间/min
第一步	10	室温～170	5
第二步	10	170～175	5

7.3.2　尾矿渣浸出液试样

7.3.2.1　电热板消解法

量取 50.00 mL（V）浸出液样品（7.2.2）于 150 mL 三角瓶中，加入 2 mL 浓硝酸（5.4），摇匀。在三角瓶口插入小漏斗后置于电热板上加热，煮沸至试液体积约 20 mL 时取下，冷却。如试液呈黏稠状，应补加 2 mL 浓硝酸（5.4），继续加热，重复上述操作，至试液澄清或颜色保持不变。用少量实验用水冲洗小漏斗和三角瓶内壁，将所有试液全部移至 50 mL 容量瓶中，实验用水定容（V_0），待测。如消解液中有颗粒物，过滤后再测定。

7.3.2.2　微波消解法

量取 5.00～10.00 mL 浸出液样品（7.2.2）于微波消解罐中，加入 1 mL 浓硝酸（5.4）参照表 3-49 进行消解，冷却后将溶液移至 50 mL 容量瓶中，用少量实验用水冲洗微波消解罐，将试液全部移至 50 mL 容量瓶中，实验用水定容（V_0），待测。

7.4　空白试样制备

7.4.1　尾矿渣空白试样

按照 7.3.1 步骤制备尾矿渣空白试样。

7.4.2　尾矿渣浸出液空白试样

按照 7.3.2 步骤制备尾矿渣浸出液空白试样。

9-4-8　分析步骤

8.1　仪器参考条件

不同型号原子吸收分光光度计的最佳工作条件不同，应按照仪器使用说明书进行操作，本方法推荐仪器参考条件见表 3-50。

表 3-50 仪器参考条件

元素	Cr
测定波长/nm	357.9（359.3）
通带宽度/nm	0.7
干燥温度/℃，时间/s	100～130，30
灰化温度/℃，时间/s	1 200，30
原子化温度/℃，时间/s	2 600，3
消除温度/℃，时间/s	2 700，30
原子化阶段是否停气	是
氩气流速/（mL/min）	300
进样量/μL	20

8.2 校准

分别量取 0 mL、0.50 mL、1.00 mL、1.50 mL、2.00 mL、2.50 mL 铬标准使用液（5.14）于 50 mL 容量瓶中，用硝酸溶液（5.9）定容至标线，混匀。此标准系列浓度分别为 0 μg/L、5.0 μg/L、10.0 μg/L、15.0 μg/L、20.0 μg/L、25.0 μg/L。

按照仪器参考条件（8.1），由低浓度到高浓度依次测定标准系列的吸光度。以零浓度校正吸光度为纵坐标，以总铬的浓度（μg/L）为横坐标，绘制校准曲线。

8.3 样品测定

将制备好的试料与绘制校准曲线相同仪器分析条件进行测定。当试料浓度超过校准曲线最高浓度时可增加稀释倍数或选用火焰原子吸收分光光度计。

8.4 空白试验

将制备好的空白试样（7.4）按照仪器参考条件（8.1）进行测定。

9-4-9 结果计算与表示

9.1 尾矿渣样品的结果计算

尾矿渣中总铬的含量 ω（mg/kg）按照下式进行计算。

$$\omega = \frac{(\rho - \rho_0) \times V_0}{m_3} \times \frac{m_2}{m_1} \times 10^{-3}$$

式中：ρ——由校准曲线查得测定试样中总铬的浓度，μg/L；

ρ_0——由校准曲线查得空白试样中总铬的浓度，μg/L；

V_0——消解后试样的定容体积，mL；

m_1——尾矿渣样品的质量，g；

m_2——干燥后尾矿渣样品的质量，g；

m_3——研磨过筛试样的称取量，g。

9.2　尾矿渣浸出液测试的结果计算

尾矿渣浸出液中总铬的浓度ρ（mg/L）按照下式计算：

$$\rho = \frac{(\rho_1 - \rho_0) \times 50}{V} \times 10^{-3}$$

式中：ρ_1——由校准曲线上查得测定试样中总铬的浓度，μg/L；

ρ_0——由校准曲线查得空白试样中总铬的浓度，μg/L；

V——消解时取出浸出液的体积，mL。

9.3　结果表示

当尾矿渣样品测定结果小于 10 mg/kg 时，保留小数点后一位；当测定结果大于或等于 10 mg/kg 时，保留 3 位有效数字。

当尾矿渣浸出液样品测定结果小于 10 μg/L 时，保留小数点后一位；当测定结果大于或等于 10 μg/L 时，保留 3 位有效数字。

9-4-10　质量保证和质量控制

10.1　每次样品分析应绘制校准曲线，相关系数应大于或等于 0.995。

10.2　每 10 个样品应分析一个校准曲线的中间点浓度标准溶液，其测定结果与校准曲线该点浓度的相对偏差应小于或等于 10%。否则，需重新绘制校准曲线。

10.3　每批样品应至少做 2 个空白试验，其测定结果应低于方法测定下限。

10.4　每批样品应至少做 10%的平行样品测定（样品数量少于 10 至少做 1 次），两次平行样品分析结果相对偏差应小于 20%。

10.5　每批样品应至少做 10%加标回收样品试验（样品数量少于 10 至少做 1 次），加标回收率应在 85.1%～119%。

9-4-11　注意事项

11.1　石墨炉具有较高的灵敏度，在实验过程中应避免交叉污染及试样的污染。实验所用玻璃容器先用 10%硝酸溶液浸泡 24 h，然后用自来水和实验用水依次冲洗干净，放在干净的环境中晾干。整个清洗过程不得使用重铬酸钾洗液。

11.2　在消解过程中不得将溶液蒸干且煮沸过程要防止样品喷溅。如果蒸干或喷溅，应重新取样进行消解。

11.3　石墨管在使用前应高温空烧几次，以净化石墨管。

11.4　当样品基体成分复杂或者不明时，或加标回收率超过本方法质控要求范围时，应采用标准加入法进行试样测定并计算结果，见本手册第三部分 5-2 方法一附录 C。

9-4-12　废物处理

实验样品及实验过程中产生的所有废物应分类收集，集中保存，送至有资质的单位集中处理。

附录 A

（资料性附录）

基体改进剂的使用

当试样加标回收率超过要求范围，或已知样品存在基本干扰时，可通过在铬标准溶液系列中同时加入等量的硝酸钙溶液，消除基体干扰。

加入基体改进剂的铬标准溶液系列配制方法：分别量取 0 mL、0.50 mL、1.00 mL、1.50 mL、2.00 mL、2.50 mL 铬标准使用液（5.14）于 50 mL 容量瓶中，分别加入 5.00 mL 硝酸钙溶液（5.8），用硝酸溶液（5.9）定容至标线，混匀。

加入基本改进剂的试样制备方法如下。

尾矿渣试样：按正文所述完成消解后，将所有试液全部移至 50 mL 容量瓶中，加入 5.00 mL 硝酸钙溶液（5.8），用实验用水定容，待测。

尾矿渣浸出液试样：按正文所述完成消解后，将所有试液全部移至 50 mL 容量瓶中，用硝酸溶液（5.9）定容，待测。

按分析步骤（8）进行校准曲线和试样测定。

方法二

同 5-4 方法二。

9-5 硫酸亚铁铵滴定法

9-5-1 编制依据

本方法依据《固体废物　总铬的测定　硫酸亚铁铵滴定法》（GB/T 15555.8—1995）编制。

9-5-2 适用范围

本方法规定了测定尾矿渣浸出液中总铬的硫酸亚铁铵滴定法。

本方法适用于尾矿渣浸出液中总铬的测定，方法的定量下限为 1 mg/mL。

9-5-3 方法原理

在酸性溶液中，以银盐作催化剂，用过硫酸铵将三价铬氧化成六价铬。加入少量氯化钠并煮沸除去过量的过硫酸铵及反应中产生的氯气等氧化剂。以苯基代邻氨基苯甲酸做指示剂，用硫酸亚铁铵溶液滴定六价铬，过量的硫酸亚铁铵与指示剂反应，溶液呈亮绿色作为终点。根据硫酸亚铁铵标准溶液的用量计算出尾矿渣浸出液中的总铬含量。反应方程式如下：

$$3(NH_4)_2S_2O_8+Cr_2(SO_4)_3+7H_2O \xlongequal{Ag^+} 3(NH_4)_2SO_4+H_2Cr_2O_7+6H_2SO_4$$

$$6Fe(NH_4)_2(SO_4)_2+H_2Cr_2O_7+6H_2SO_4 = 3Fe_2(SO_4)_3+Cr_2(SO_4)_3+6(NH_4)_2SO_4+7H_2O$$

9-5-4　干扰

钒对测定有干扰，除钒渣浸出液外一般浸出液中钒的含量不会影响测定。三价铁干扰测定，当三价铁的浓度（mg/L）为铬的 175 倍时，可引入 2.8%的相对误差。

9-5-5　试剂

除非另有说明，均使用符合国家标准或专业标准的试剂、去离子水或同等纯度的水。

5.1　氨水：（1+1）。

5.2　硫酸-磷酸混合溶液。

将 150 mL 浓硫酸缓慢加入到 700 mL 水中，冷却后加入 150 mL 浓磷酸溶液，混匀。

5.3　硝酸银溶液 5 g/L。

将硝酸银（$AgNO_3$）0.5 g 溶于水中并稀释至 100 mL。

5.4　硫酸锰溶液 10 g/L。

将硫酸锰 1 g 溶于水中并稀释至 100 mL。

5.5　过硫酸铵溶液 250 g/L。

将 25 g 过硫酸铵［$(NH_4)_2S_2O_8$］溶于 100 mL 水中。

5.6　氯化钠溶液 10 g/L。

将氯化钠 1 g 溶于水中并稀释至 100 mL。

5.7　*N*-苯基代邻氨基苯甲酸指示剂 0.2%（简称铬指示剂，$C_{13}H_{11}NO_2$）。

称取铬指示剂 0.2 g，溶于 100 mL 0.2%的碳酸钠溶液中，摇匀，贮于棕色瓶中，在低温下保存。

5.8　六价铬标准溶液（0.40 mg/mL）。

称取于 120℃干燥 2 h 的重铬酸钾（$K_2Cr_2O_7$，优级纯）1.131 6 g，用蒸馏水溶解后转移到 1 000 mL 容量瓶中，用蒸馏水稀释至标线，摇匀。

5.9　硫酸亚铁铵标准溶液。

称取分析纯硫酸亚铁铵［$Fe(NH_4)_2(SO_4)_2 \cdot 6H_2O$］25 g 溶于 1 000 mL 硫酸-磷酸混合溶液（5.2）中，过滤，用下述方法进行标定。

吸取 10.00 mL 六价铬的标准溶液（5.8），置于 150 mL 三角瓶中，加入 50 mL 水，加入硫酸-磷酸混合溶液（5.2）5 mL 及 5 滴 *N*-苯基代邻氨基苯甲酸指示剂（5.7），用硫酸亚铁铵溶液滴定至溶液由紫红色变为黄绿色即为终点。硫酸亚铁铵溶液对六价铬的滴定度计算如下：

$$T=\frac{10.00\times 0.40}{V}$$

式中：T——1.00 mL 硫酸亚铁铵溶液相当于六价铬的毫克数，mg/mL；

V——硫酸亚铁铵溶液的消耗量，mL；

0.40——每毫升重铬酸钾溶液含六价铬的毫克数，mg/mL；

10.00——六价铬标准溶液体积，mL。

注 1：硫酸亚铁铵溶液不稳定，使用前需要重新进行标定。

9-5-6 仪器

6.1 移液管：10 mL、25 mL。

6.2 三角瓶：500 mL。

6.3 滴定管（分刻度 0.1 mL）：25 mL、50 mL。

9-5-7 样品

7.1 样品的采集与保存

按照本手册第一部分的相关规定进行尾矿渣样品的采集和保存。

浸出液应置于硬质玻璃瓶或高密度聚乙烯瓶中，加浓硝酸调节样品 pH 小于 2，并尽快分析。如放置不得超过 24 h。

7.2 浸出液的制备

按照本手册第二部分“2 水平振荡法”进行浸出液的制备。

7.3 样品处理

取适量浸出液于 500 mL 三角瓶中，用氨水溶液（5.1）将溶液的 pH 调节至 1～2。加入硫酸-磷酸混合溶液（5.2）20 mL、硝酸银溶液（5.3）1～3 滴、硫酸锰溶液（5.4）0.5 mL、过硫酸铵溶液（5.5）25 mL，摇匀，加入几粒玻璃珠。加热至出现高锰酸盐的紫红色，煮沸 10 min。取下稍冷，加入氯化钠的溶液（5.6）5 mL，加热微沸 10～15 min，除尽氯气。取下迅速冷却，用水洗涤瓶壁并稀释至约 220 mL。

9-5-8 滴定

将处理好的试料加入 5 滴 *N*-苯基代邻氨基苯甲酸指示剂（5.7），用硫酸亚铁铵标准溶液（5.9）滴定至溶液由紫红色变为黄绿色即为终点。记录下标准溶液的用量。

用水代替试液，按同样操作方法制备空白溶液并滴定之。从试液的标准溶液的用量中扣除空白试验样品的用量。

9-5-9 结果表示

浸出液中总铬浓度 c（mg/L）按下式计算：

$$c = \frac{T \times V_1}{V} \times 1\,000$$

式中：T——硫酸亚铁铵的滴定度，mg/mL；

V_1——滴定消耗的硫酸亚铁铵标准溶液的量，mL；

V——滴定吸取的浸出液体积，mL。

附录 A
注意事项
（参考件）

A1 器皿不能用含铬的溶液洗涤。

A2 加过硫酸铵煮沸后若溶液不变红，即二价锰没氧化成七价锰，说明三价锰没有全部氧化成六价铬（因锰比铬的氧化势高），使结果偏低。若发生此现象，取下三角瓶稍冷后再加入少许过硫酸铵煮沸变红。当过硫酸铁加量不足时，溶液不能由绿色变为红色，说明三价铬没有被氧化。

A3 在煮沸液中加入氯化钠是为了还原生成的 $HMnO_4$ 对铬酸不起分解作用。氯化钠的加入量不能过多。煮沸时间要适当控制，时间太短氧化剂未除尽使结果偏高，时间太长溶液体积少，酸度高，使部分六价铬被还原，使结果偏低。

A4 铬指示剂具有还原性，滴定时不宜多加，空白及各个试液的加入量应一致。

A5 钒共存时，测定结果可用系数（1%钒相当于 0.34%铬）换算，扣除钒的量。

9-6 二苯碳酰二肼分光光度法

9-6-1 编制依据

本方法依据《固体废物　总铬的测定　二苯碳酰二肼分光光度法》（GB/T 15555.5—1995）编制。

9-6-2 适用范围

本方法规定了测定尾矿渣浸出液中总铬的二苯碳酰二肼分光光度法。

本方法适用于尾矿渣浸出液中总铬的测定。

测定范围：试液为 50 mL，使用 30 mm 光程比色皿，方法的最小检出量为 0.2 次，最低检出浓度为 0.004 mg/L，使用 10 mm 光程比色皿，测定上限浓度为 1.0 mg/L。

9-6-3 干扰

试液颜色：混浊，或者有氧化性、还原性物质及有机物等均干扰测定。铁含量大于 1.0 mg/L 也干扰测定。铜、汞于显色剂生成有色络合物有干扰，但是在方法的显色酸度下，反应不灵敏。钒浓度大于 4.0 mg/L，也干扰测定，但是显色 10 min 后，可自行褪色。

9-6-4 方法原理

在酸性溶液中，试料中的三价铬被高锰酸钾氧化成六价铬，六价铬与二苯碳酰二肼反应生成紫红色络合物，于 540 nm 处测吸光度。过量的高锰酸钾用亚硝酸钠分解，再用尿素分解过量的亚硝酸钠。

9-6-5 试剂

本方法所有试剂除另有说明外，均采用符合国家标准或专业标准的分析纯试剂和蒸馏水或同等纯度的水。

5.1　硝酸，ρ（HNO_3）=1.42 g/mL。

5.2　硫酸，ρ（H_2SO_4）=1.84 g/moL。

5.3　氯仿（$CHC1_3$）。

5.4　氨水，ρ（$NH_3 \cdot H_2O$）=0.90 g/mL。

5.5　铜铁试剂［$C_6H_5N(NO)ONH_4$］。

5.6　氨水，1 + 1。

将氨水（5.4）与等体积水混合。

5.7　铜铁试剂溶液，5%。

称取铜铁试剂 5 g，溶于冰水中，用水稀释至 100 mL。用时现配。

5.8　高锰酸钾溶液，40 g/L。

称取高锰酸钾（$KMnO_4$）4 g，在加热下溶于少量水中。待溶解后，用水稀释至 100 mL。

5.9　尿素溶液，200 g/L。

称取尿素［$(NH_2)_2CO$］20 g，溶于水中，并稀释至 100 mL。

5.10　亚硝酸钠溶液，20 g/L。

称取亚硝酸钠（$NaNO_2$）2 g，溶于水中，并稀释至 100 mL。

5.11　铬标准贮备液，0.100 0 mg/L。

称取于 120℃下烘 2 h 的重铬酸钾 0.282 9 g，用少量水溶解后，移入 1 000 mL 容量瓶中，用水稀释至标线，摇匀。

5.12　铬标准溶液，1.00 μg/mL。

吸取 5.00 mL 铬标准贮备液（5.11）于 500 mL 容量瓶中，用水稀释至标线，摇匀。用时现配。

5.13　铬标准溶液，5.00 μg/mL。

吸取 25.00 mL 铬标准贮备液（5.11）于 500 mL 容量瓶中，用水稀释至标线，摇匀。用时现配。

5.14　显色剂 I。

称取二苯碳酰二肼（$C_{13}H_{14}N_4O$）0.2 g，溶于 50 mL 丙酮（C_3H_6O）中，加水稀释至 100 mL，摇匀储存于棕色瓶中，在低温下保存。

5.15　硫酸溶液，1 + 1。

将硫酸（H_2SO_4，ρ=1.84 g/mL）缓慢加到同体积的水中，边加边搅，待冷却后使用。

5.16　磷酸溶液，1 + 1。

将磷酸（H_3PO_4，ρ=1. 69 g/mL）与等体积水混匀。

9-6-6　仪器

一般实验室用仪器及设备。

分光光度计。

9-6-7　步骤

7.1　样品的采集与保存

按照本手册第一部分的相关规定进行尾矿渣样品的采集和保存。

浸出液用硝酸（5.1）调 pH 小于 2，贮于玻璃或聚乙烯瓶中并尽快分析。如放置，不要超过 24 h。

7.2　样品的处理

7.2.1　浸出液的制备

按照本手册第二部分“2 水平振荡法”进行浸出液的制备。

7.2.2　三价铬的氧化

取适量试样（含铬少于 50 μg）于 150 mL 三角瓶中作为试料，调至中性。加入几粒玻璃珠，加硫酸（5.15）0.5 mL、磷酸（5.16）0.5 mL，加水至 50 mL，摇匀，加高锰酸钾（5.8）2 滴，如红色消失，再加高锰酸钾，直至保持红色不褪。加热煮沸至溶液剩 20 mL，冷却后加尿素溶液（5.9）1.0 mL，摇匀，滴加亚硝酸钠溶液（5.10），每加一滴充分摇匀，至高锰酸钾溶液红色刚褪，稍停片刻，待溶液内气泡完全逸出，转入 50 mL 比色管中，用水稀释至标线。若有大量有机物存在，需按本方法附录 A 进行预处理后再测定。

7.3　空白试验

用 50 mL 水代替试液，按测定步骤 7.2 和 7.4 作空白试验。

7.4　测定

取适量经 5.2.1 处理的试料于 50 mL 比色管中，用水稀释至刻线，加入显色剂（5.14）2.0 mL，摇匀，放置 10 min 后用 10 mm 或 30 mm 光程比色皿，于 540 nm 处，以水作参比，测定吸光度，扣除空白试验（7.3）的吸光度，从校准曲线（7.5）上查得六价铬的量。

7.5　标准曲线的绘制

向 9 个 150 mL 三角瓶中，分别加入铬标准溶液（5.12）0.00 mL、0.20 mL、0.50 mL、1.00 mL、2.00 mL、4.00 mL、6.00 mL、8.00 mL、10.00 mL，加水至 50 mL，按 7.2 和 7.4 步骤测定，以减去空白吸光度为纵坐标、对应铬量为横坐标作图。

9-6-8　结果表示

浸出液中总铬的浓度 c（mg/L），按下式计算：

$$c=\frac{m}{V}$$

式中：m——从校准曲线上查的试料中总铬的量，μg；

V——试料的体积，mL。

附录 A

操作步骤

（补充件）

A1 有机物的消除

取适量试样于 100 mL 烧杯中，加硝酸（5.1）5 mL、硫酸（5.2）5 mL，蒸发至冒白烟，冷却后用水稀释到 10 mL，用氨水溶液（5.6）调 pH 为 1～2，移至 50 mL 容量瓶中，用水稀释至标线，摇匀，以下操作步骤同 7.2。

A2 试样中铝、钒、铜、铁的含量过高而干扰测定时可按下述方法消除：

取适量试样于分液漏斗中，加水至 50 mL，用氨水（5.6）调至中性，加硫酸（5.15）3 mL，用冰水冷却后，加铜铁试剂（5.7）5 mL，振摇 1 min，于冰水中冷却 2 min，用氯仿（5.3）5 mL，共萃取 3 次，弃去氯仿层，水层转入三角瓶中，用少量水洗分液漏斗于三角瓶中，加热煮沸。赶掉水中氯仿，氧化处理后测定。

10 镍

10-1 电感耦合等离子体质谱法

同 5-1。

10-2 电感耦合等离子体发射光谱法

同 5-2。

10-3 火焰原子吸收分光光度法

方法一

同 8-3 方法一。

方法二

同 5-3 方法二。

10-4　石墨炉原子吸收分光光度法

方法一

同 8-4 方法一。

方法二

同 5-4 方法二。

10-5　丁二酮肟分光光度法

10-5-1　编制依据

本方法依据《固体废物　镍的测定　丁二酮肟分光光度法》（GB/T 15555.10—1995）编制。

10-5-2　适用范围

本方法规定了测定尾矿渣浸出液中镍的丁二酮肟（二甲基乙二醛肟）分光光度法。

本方法适用于含镍废渣浸出液中镍的测定。

本方法检测浓度为 0.1 mg/L，测定上限为 4 mg/L。

10-5-3　干扰和消除

铁离子、钴离子、铜离子干扰测定，加入 Na_2-EDTA 溶液，可消除 300 mg/L 铁、100 mg/L 钴及 50 mg/L 铜对 5 mg/L 镍测定的干扰。若铁、钴、铜的含量超过上述浓度，则可用丁二酮肟-正丁醇萃取分离除去（本方法附录 A）。

氰化物也干扰测定。可在测定前于样品中加入 2 mL 次氯酸钠溶液和 0.5 mL 硝酸加热分解镍氰络合物。

10-5-4　方法原理

在柠檬酸铵-氨水介质中，当有氧化剂碘存在时，镍与二丁酮肟作用，形成组成比为 1∶4 的酒红色络合物，可于波长 530 nm 处进行分光光度的测定。

10-5-5　试剂

除非另有说明，分析时均使用符合国家标准或专业标准的分析纯试剂和蒸馏水或同等纯度的水。

5.1　硝酸，$\rho(HNO_3)$ =1.40 g/mL。

5.2　氨水，$\rho(NH_3 \cdot H_2O)$ =0. 90 g/mL。

5.3　高氯酸，$\rho(HC1O_4)$ =1.68 g/mL。

5.4　乙醇（C_2H_5OH），95%（*V*/*V*）。

5.5　次氯酸钠（NaOCl）溶液，活性氯含量不小于 52 g/L。

5.6　正丁醇，ρ［$CH_3(CH_2)_2CH_2OH$］= 0.81 g/mL。

5.7　硝酸溶液，1 + 1（V/V）。

5.8　氢氧化钠溶液，c（NaOH）= 2 mol/L。

5.9　柠檬酸铵［(NH_4)$_3C_6H_5O_7$］溶液，500 g/L。

5.10　柠檬酸铵［(NH_4)$_3C_6H_5O_7$］溶液，200 g/L。

5.11　碘溶液，c（I_2）= 0.05 mol/L。

称取 12.7 g 碘片（I_2），加到含有 25 g 碘化钾（KI）的少量水中，研磨溶解后，用水稀释至 1 000 mL。

5.12　丁二酮肟［$(CH_3)_2C_2(NOH)_2$］溶液，5 g/L。

称取 0.5 g 丁二酮肟溶解于 50 mL 氨水（5.2）中，用水稀释至 100 mL。

5.13　丁二酮肟乙醇液，10 g/L。

称取 1 g 丁二酮肟，溶解于 100 mL 乙醇（4.4）中。

5.14　Na_2-EDTA［$C_{10}H_{14}N_2O_8Na_2 \cdot 2H_2O$］溶液，50 g/L。

5.15　氨水溶液，1+1（V/V）。

5.16　氨水溶液，c（$NH_3 \cdot H_2O$）= 0.5 mol/L。

5.17　盐酸溶液，c（HCl）=0.5 mol/L。

5.18　氨水-氯化铵缓冲溶液，pH = 10±0.2。

称取 16.9 g 氯化铵（NH_4C1），加到 143 mL 氨水（5.2）中，用水稀释至 250 mL。贮存于聚乙烯塑料瓶中，4℃下保存。

5.19　镍标准贮备液 100 mg/L。

准确称取金属镍（含量 99. 9%以上）0.100 0 g 溶解在 10 mL 硝酸溶液（5.7）中，加热蒸发至近干，冷却后加硝酸溶液（5.7）溶解，转移到 100 mL 容量瓶中，用水稀释至标线。

5.20　镍标准工作溶液，20.0 mg/L。

取 10.0 mL 镍标准贮备液（5.19）于 500 mL 容量瓶中，用水稀释至标线。

5.21　酚酞乙醇溶液，1 g/L。

称取 0.1 g 酚酞，溶解于 100 mL 乙醇（5.4）中。

10-5-6　仪器

常用实验室仪器及分光光度计。

10-5-7　步骤

7.1　样品的采集与保存

按照本手册第一部分的相关规定进行尾矿渣样品的采集和保存。

浸出液制备后应立即加入浓硝酸（5.1）酸化，至 pH 为 1～2。保存时间不要超过一周。

7.2　浸出液的制备

按照本手册第二部分“2 水平振荡法”进行浸出液的制备。

7.3　空白试验

在测定的同时进行空白试验，所用试剂及用量均与测定（7.4、7.5）中所用相同，测定步骤也相同，但用 10.0 mL 水取代试样。

7.4　样品前处理

除非证明样品的消解处理是不必要的，可直接进行显色。否则按下述步骤进行处理。

取适量试样（含镍不超过 100 μg）于烧杯中，加 0.5 mL 的硝酸（5.1），置于电热板上，在近沸状态下蒸发至近干，冷却后，再加 0.5 mL 的硝酸（5.1）和 0.5 mL 的高氯酸（5.3）继续加热消解，蒸发至近干。用硝酸溶液（5.7）溶解，若溶液仍不清澈，则重复上述操作，直到溶液清澈为止。将溶液转移到 25 mL 的容量瓶中，用少量的蒸馏水冲洗烧杯，按步骤 7.5 进行显色。

7.5　显色

取适量试样（含镍不超过 100 μg），置于 25 mL 容量瓶中并用水稀释至约 10 mL，用氢氧化钠溶液（5.8）约 1 mL 使呈中性，加 2 mL 柠檬酸铵溶液（5.9）、1 mL 碘溶液（5.11），加水至约 20 mL，摇匀，加 2 mL 丁二酮肟溶液（5.12）摇匀。加 2 mL Na_2-EDTA 溶液（5.14），加水至标线，摇匀。放置 5 min。

注 1：加入柠檬酸铵络合铁和锰，防止在氨碱性中形成氢氧化物沉淀，并可使显色液较快达到稳定。并不干扰测定，但使灵敏度稍有降低。

7.6　测量

用 10 mm 比色皿，以水为参比液，在 530 nm 波长处测的显色液（7.5）的吸光度并扣除空白（7.3）所测的吸光度。

注 2：在室温低于 20℃显色时，络合物吸光度至少在 1 h 内不变，否则络合物的吸光度稳定性随温度升高而下降。因此，在此情况下，须在较短时间（15 min）内显色测定，且试料测定与绘制校准曲线的显色时间尽量一致。

7.7　标准曲线的绘制

往 6 个 25 mL 容量瓶中，分别加入 0 mL、1.00 mL、2.00 mL、3.00 mL、4.00 mL、5.00 mL 镍标准工作溶液（5.20），并加水到 10 mL，加 2 mL 柠檬酸铵溶液（5.9），以下步骤按 7.5 和 7.6 所述进行显色与测量。

以测定的各标准溶液的吸光度扣除空白（零浓度）后的吸光度，与对应的标准溶液的镍含量绘制校准曲线。

10-5-8　结果表示

浸出液中镍浓度 ρ（mg/L）由回归方程或下式计算：

$$\rho = \frac{m}{V}$$

式中：m——由校准曲线上查得的含镍量，μg；

V——试料的体积，mL。

附件 A

丁二酮肟-正丁醇萃取分离操作步骤

（补充件）

A1　萃取分离

A1.1　置试料于 100 mL 分液漏斗中，加 2 mL 柠檬酸铵溶液（5.10）、2 mL 丁二酮肟乙醇溶液（5.13），摇匀。加一滴酚酞溶液（5.21），滴加氨水溶液（5.15）使溶液出现红色，再加 1 mL 氯水-氯化铵缓冲液（5.18），加水至约 30 mL，摇匀。

A1.2　用 10 mL 正丁醇（5.6）萃取 1～2 min，静止分层后，弃尽水相。

A1.3　用 5 mL 氨水溶液（5.16）振摇 30 s，洗涤有机相一次，弃去水相。

A1.4　加入 5 mL 盐酸溶液（5.17）振摇 1～2 min，反萃取镍。分层后将水相完全转入 25 mL 容量瓶中，再用 5 mL 水洗涤有机相一次，合并水相。

A2　显色和测量

于 25 mL 容量瓶中加约 1 mL 氢氧化钠溶液（5.8）使呈中性，加 0.5 mL 柠檬酸铵溶液（5.10），以下按 7.5 和 7.6 步骤进行显色和测量。

A3　校准曲线的绘制

向 6 个 100 mL 分液漏斗中，分别加入 0 mL、0.50 mL、1.00 mL、2.00 mL、2.50 mL 镍标准工作溶液（5.20）。以下按 A1、A2 步骤进行萃取分离、显色和测量，以测量的各标准溶液的吸光度扣除空白的吸光度，与对应的标准溶液的镍含量绘制校准曲线。

11　铍

11-1　电感耦合等离子体质谱法

同 5-1。

11-2　电感耦合等离子体发射光谱法

同 5-2。

11-3　火焰原子吸收分光光度法

同 5-3 方法二。

11-4　石墨炉原子吸收分光光度法

方法一

同 8-4 方法一。

方法二

同 5-4 方法二。

12　银

12-1　电感耦合等离子体质谱法

同 5-1。

12-2　电感耦合等离子体发射光谱法

同 5-2。

12-3　火焰原子吸收分光光度法

同 5-3 方法二。

12-4　石墨炉原子吸收分光光度法

同 5-4 方法二。

13　钡

13-1　电感耦合等离子体质谱法

同 5-1。

13-2 电感耦合等离子体发射光谱法

同 5-2。

13-3 火焰原子吸收分光光度法

同 5-3 方法二。

13-4 石墨炉原子吸收分光光度法

方法一

特别提示：消解操作须在通风橱内进行，应按规定要求佩戴防护器具，避免接触皮肤和衣服。

13-4-1 编制依据

本方法依据《固体废物　钡的测定　石墨炉原子吸收分光光度法》（HJ 767—2015）编制。

13-4-2 适用范围

本方法规定了测定尾矿渣及尾矿渣浸出液中钡的石墨炉原子吸收分光光度法。

本方法适用于尾矿渣及尾矿渣浸出液中钡的测定。

当尾矿渣取样量为 0.1 g，消解定容至 250 mL 时，本方法检出限为 6.3 mg/kg，测定下限为 25.2 mg/kg。当尾矿渣浸出液取样体积为 25 mL、定容至 50 mL、进样量为 20 μL 时，本方法检出限为 2.5 μg/L，测定下限为 10.0 μg/L。

13-4-3 方法原理

尾矿渣或尾矿渣浸出液经消解后，注入石墨炉原子化器中，经过干燥、灰化和原子化，钡化合物形成的钡基态原子对 553.6 nm 特征谱线产生吸收，其吸收强度在一定范围内与试液中钡的质量浓度成正比。

13-4-4 干扰和消除

4.1 试样中钾、钠和镁的总浓度为 500 mg/L，铬为 10 mg/L，锰为 25 mg/L，铁和锌总浓度为 2.5 mg/L，铝为 2 mg/L，硝酸为 5%以下时，对钡的测定无影响。当这些物质的浓度超过上述质量浓度时，可采用样品稀释法或标准加入法消除其干扰。

4.2 试样中钙的浓度大于 5 mg/L 时，对钡的测定产生正干扰。当注入原子化器中钙的浓度在 100～300 mg/L 时，钙对钡的干扰不随钙浓度变化而变化。根据钙的干扰特征，加入基体改进剂硝酸钙，既可消除记忆效应又能提高测定的灵敏度。若试样中钙的浓度超过 300 mg/L，应将试样适当稀释后测定。

4.3 当样品基体成分复杂或者不明时，应采用样品稀释法或标准加入法，用于考查样品是否适用校准曲线法直接定量。标准加入法见本手册第三部分 5-2 方法一附录 C。

13-4-5　试剂和材料

除非另有说明，分析时均使用符合国家标准的分析纯试剂，实验用水为新制备的去离子水。

5.1　硝酸：ρ（HNO_3）=1.42 g/mL，优级纯。

5.2　盐酸：ρ（HCl）=1.19 g/mL，优级纯。

5.3　氢氟酸：ρ（HF）=1.49 g/mL，优级纯。

5.4　高氯酸：ρ（$HClO_4$）=1.68 g/mL，优级纯。

5.5　硝酸钡［$Ba(NO_3)_2$］：光谱纯。

5.6　硝酸钙［$Ca(NO_3)_2 \cdot 4H_2O$］：优级纯。

5.7　氩气：纯度≥99.999%。

5.8　硝酸溶液：1+1（*V*/*V*），用（5.1）配制。

5.9　硝酸溶液：1+9（*V*/*V*），用（5.1）配制。

5.10　硝酸溶液：1+99（*V*/*V*），用（5.1）配制。

5.11　盐酸溶液：1+1（*V*/*V*），用（5.2）配制。

5.12　钡标准贮备液：ρ（Ba）=1 000 mg/L。

使用市售的有证标准溶液或称取 0.190 3 g 硝酸钡（5.5）（精确至 0.000 1 g），加入 1 mL 硝酸（5.1）溶解，必要时可加热。移入 100 mL 容量瓶中，用硝酸溶液（5.10）定容至标线，混匀。

5.13　钡标准中间液：ρ（Ba）=10.00 mg/L。

准确移取钡标准贮备液（5.12）10.00 mL 于 1 000 mL 容量瓶中，用硝酸溶液（5.10）定容至标线，混匀。可在 4℃下冷藏保存 30 d。

5.14　钡标准使用液：ρ（Ba）=1.00 mg/L。

准确移取钡标准中间液（5.13）10.00 mL 于 100 mL 容量瓶中，用硝酸溶液（5.10）定容至标线，混匀。临用现配。

5.15　硝酸钙溶液：ρ（Ca）=500 mg/L。

准确称取 0.295 g 硝酸钙（5.6），用硝酸溶液（5.10）溶解并稀释定容至 100 mL，混匀。

13-4-6　仪器和设备

6.1　石墨炉原子吸收分光光度计（具有背景校正功能）。

6.2　热解涂层石墨管。

6.3　电热板或石墨消解仪：具有温控功能（温度稳定±5℃），最高温度可设定至 180℃。

6.4　微波消解仪：输出功率 1 000～1 600 W。具有可编程控制功能，可对温度、压力和时间（升温时间和保持时间）进行全程监控；具有安全防护功能。

6.5 消解罐：由碳氟化合物（可溶性聚四氟乙烯 PFA 或改性聚四氟乙烯 TFM）制成的封闭罐体，可抗压（170～200 psi），耐酸和耐腐蚀，具有自动泄压功能。

6.6 天平：精度 0.01 g。

6.7 分析天平：精度 0.000 1 g。

6.8 三角瓶：150 mL。

6.9 玻璃小漏斗：可放于三角瓶口。

6.10 聚四氟乙烯坩埚：50 mL。

6.11 容量瓶：25 mL、50 mL、100 mL、250 mL。

6.12 抽滤装置：配有孔径为 0.45 μm 的醋酸纤维或聚乙烯滤膜。

6.13 筛：非金属筛，100 目。

13-4-7 样品

7.1 样品采集与保存

按照本手册第一部分的相关规定进行尾矿渣样品的采集和保存。

浸出液如不能很快进行处理分析，应加硝酸（5.1）酸化［1 L 浸出液加入 10 mL 硝酸（5.1）］，并尽快消解，不要超过 24 h。

7.2 样品制备

7.2.1 尾矿渣

称取 10 g 样品（m_1，精确至 0.01 g），自然风干或冷冻干燥，再次称重（m_2，精确至 0.01 g），研磨，全部过 100 目筛（6.13）备用。

7.2.2 尾矿渣浸出液

按照本手册第二部分“1 硫酸硝酸法”进行浸出液的制备。

7.3 试样制备

7.3.1 尾矿渣试样

7.3.1.1 电热板消解法

称取 0.1 g 过筛后的样品（m_3，精确至 0.000 1 g）于 50 mL 聚四氟乙烯坩埚（6.10）中。用少量水湿润后加入 10 mL 盐酸（5.2），于通风橱内的电热板上低温［(95±5) ℃］加热，使样品初步分解［有机质含量较高的样品，需提前加入盐酸（5.2）浸泡过夜］。待蒸发至约剩 3 mL 时取下稍冷。加入 5 mL 硝酸（5.1）、5 mL 氢氟酸（5.3）、3 mL 高氯酸（5.4），加盖后于电热板上中温［(120±5) ℃］加热 1 h。开盖，电热板温度控制在［(140±5) ℃］，继续加热，并经常摇动坩埚。当加热至冒浓白烟时，加盖使黑色有机碳化物分解。待坩埚壁上的黑色有机物消失后，开盖，驱赶白烟并蒸至内容物呈黏稠状。视消解情况，可补加 3 mL 硝酸（5.1）、3 mL 氢氟酸（5.3）、1 mL 高氯酸（5.4），重复上述消解过程。取下坩埚稍冷，加入 2 mL 硝酸溶液（5.8），温热溶解可溶性残渣。冷却后转移至 250 mL

容量瓶中，用实验用水淋洗坩埚，将淋洗液全部转移至容量瓶中，用实验用水定容至标线，混匀，待测。

若使用石墨消解仪替代电热板消解样品，可参照上述步骤进行。

7.3.1.2　微波消解法

称取 0.1 g 过筛后的样品（m_3，精确至 0.000 1 g）于微波消解罐中。用少量水湿润后加入 6 mL 硝酸（5.1）、2 mL 氢氟酸（5.3）[有机质含量较高的样品，需提前加入硝酸（5.1）浸泡过夜]。设定微波消解仪的工作程序（表 3-51），启动仪器。待冷却后，用少量实验用水将微波消解罐中全部内容物转移至 50 mL 聚四氟乙烯坩埚中，加入 2 mL 高氯酸（5.4），电热板温度控制在 150℃，驱赶白烟并至内容物呈黏稠状。取下坩埚稍冷，加入 2 mL 硝酸溶液（5.8），温热溶解可溶性残渣。冷却后转移至 250 mL 容量瓶中，用实验用水淋洗坩埚，将淋洗液全部转移至容量瓶中，用实验用水定容至标线，混匀，待测。

表 3-51　尾矿渣微波消解法升温程序参考

升温时间/min	消解温度/℃	保持时间/min
5	100	2
5	150	3
5	180	25

7.3.2　尾矿渣浸出液试样

7.3.2.1　电热板消解法

量取 50.0 mL 浸出液于 150 mL 三角瓶中，加入 2 mL 硝酸（5.1），混匀。在三角瓶口插入小漏斗后置于电热板上低温 [（95±5）℃] 加热，少于 20 mL 时取下冷却。用少量实验用水冲洗小漏斗和三角瓶内壁，如消解液中含有较多杂质，则需进行过滤，抽滤装置需用硝酸溶液（5.9）润洗。全量消解液转移至 50 mL 容量瓶中，用实验用水淋洗三角瓶，将淋洗液转移至容量瓶中，用实验用水定容至标线，混匀，待测。

7.3.2.2　微波消解法

量取 25.0 mL 浸出液倒入消解罐中（根据消解罐容积和样品浓度高低确定浸出液量取体积，最终溶液体积不得超过仪器规定的限值）。向消解罐中加入 2 mL 硝酸（5.1），盖紧消解罐。将消解罐放在微波炉转盘上。设定微波消解仪的工作程序（表 3-52），启动仪器。

表 3-52　尾矿渣浸出液微波消解法升温程序参考

升温时间/min	消解温度/℃	保持时间/min
10	180	15

消解程序结束后，消解罐应在微波消解仪内冷却至少 5 min 后取出。在通风橱内小心打开消解罐的盖子，释放其中的气体。如消解液中含有较多杂质，则需进行过滤。抽滤装置需用硝酸溶液（5.9）润洗。将消解液转移至 50 mL 容量瓶中，用实验用水淋洗消解罐，将淋洗液转移至容量瓶，用实验用水定容至标线，混匀，待测。也可用电热板或石墨消解仪将微波消解后的消解液在亚沸状态下［保持溶液温度（95±5）℃］加热浓缩，用实验用水淋洗消解罐，将淋洗液转移至 25 mL 容量瓶，用实验用水定容至标线。

7.3.3　空白样品制备

7.3.3.1　尾矿渣空白

使用空容器按照 7.3.1 的步骤制备尾矿渣空白样品。

7.3.3.2　尾矿渣浸出液空白

使用实验用水配制成浸提剂，按照 7.2.2 制备尾矿渣浸出液空白，按照 7.3.2 进行消解。

13-4-8　分析步骤

8.1　仪器参考测量条件

根据仪器说明书要求优化测试条件。仪器参考测量条件见表 3-53。

表 3-53　仪器参考测量条件

元　素	钡（Ba）
光源	钡空心阴极灯
测定波长/nm	553.6
通带宽度/nm	0.5
干燥温度/℃，时间/s	85～120，55
灰化温度/℃，时间/s	1 000，8
原子化温度/℃，时间/s	2 600，2.8
清除温度/℃，时间/s	2 650，2
原子化阶段是否停气	是
氩气流速/（L/min）	3.0
进样量/μL	20

8.2　校准曲线

分别吸取钡标准使用液（5.14）0.00 mL、1.00 mL、2.00 mL、4.00 mL、6.00 mL、8.00 mL、10.00 mL 于 100 mL 容量瓶中，用硝酸溶液（5.10）定容至标线，混匀。此标准系列含钡分别为 0 μg/L、10.0 μg/L、20.0 μg/L、40.0 μg/L、60.0 μg/L、80.0 μg/L、100.0 μg/L。或者按照以上浓度由仪器自动配制。由低浓度到高浓度依次向石墨管内加入 20 μL 标准溶液，按照仪器测量条件（8.1）测量吸光度。以相应吸光度为纵坐标，以钡标准系列质量浓度为横坐标，建立钡的校准曲线。

8.3　空白样品测定

制备好的空白样品（7.3.3），按照与建立校准曲线相同的条件进行测定。

8.4　样品测定

制备好的样品（7.3.1 或 7.3.2），按照与建立校准曲线相同的条件进行测定。

注 1：根据样品分析过程中背景干扰，确定是否需要加入 10%体积的基体改进剂硝酸钙溶液（5.15）。若样品中加入基体改进剂，所使用的校准曲线配制时也应按照比例加入。

13-4-9　结果计算与表示

9.1　尾矿渣结果计算

尾矿渣中钡的含量 ω（mg/kg）按照下式计算：

$$\omega = \frac{(\rho_1 \times f - \rho_0) \times V_0}{m_3} \times \frac{m_2}{m_1} \times 10^{-3}$$

式中：ρ_1——由校准曲线查得试样中钡的质量浓度，μg/L；

f——试样稀释倍数；

ρ_0——实验室空白试样中钡的质量浓度，μg/L；

V_0——消解后试样的定容体积，mL；

m_1——尾矿渣样品的称取量，g；

m_2——风干或冷冻干燥后尾矿渣样品的质量，g；

m_3——研磨过筛后试样的称取量，g。

9.2　尾矿渣浸出液结果计算

尾矿渣浸出液中钡的质量浓度 ρ（μg/L）按照下式计算：

$$\rho = \frac{(\rho_1 \times f - \rho_0) \times V_1}{V_2}$$

式中：ρ_1——由校准曲线查得试样中钡的质量浓度，μg/L；

f——试样稀释倍数；

ρ_0——实验室空白试样中钡的质量浓度，μg/L；

V_1——浸出液消解后的定容体积，mL；

V_2——消解时取浸出液的体积，mL。

9.3　结果表示

对于尾矿渣，当测定结果小于 10 mg/kg 时，保留小数点后一位；当测定结果大于或等于 10 mg/kg 时，保留 3 位有效数字。

对于尾矿渣浸出液，当测定结果小于 10 μg/L 时，保留小数点后一位；当测定结果大于或等于 10 μg/L 时，保留 3 位有效数字。

13-4-10　质量保证和质量控制

10.1　每批样品至少做 2 个实验室空白，其测定结果应低于测定下限。

10.2 每批样品需做校准曲线，用线性拟合曲线进行校准，其相关系数应大于或等于0.995。

10.3 每批样品至少按10%的比例进行平行双样测定，样品数量少于10个时，应至少测定1个平行双样，两次测定结果的相对偏差不大于20%。

10.4 每批样品至少应做10%加标回收试验，样品数量少于10个时至少做1个，加标回收率应为70%～120%。

10.5 每测10个样品和分析结束后，应测定校准空白和一个位于校准曲线中间的标准点，确保标准点测量值的变化不大于10%。

13-4-11 废物处理

实验过程中产生的废液和废物应分类收集，并送具有资质的单位集中处理。

13-4-12 注意事项

12.1 所用消解罐和玻璃容器先用硝酸溶液（5.9）浸泡 24 h，然后用自来水和实验用水依次冲洗干净，置于干净的环境中晾干。对于新使用的或疑似受污染的容器，需用热盐酸溶液（5.11）浸泡至少 2 h，再用热硝酸溶液（5.9）浸泡至少 2 h，然后用自来水和实验用水依次冲洗干净，置于干净的环境中晾干。

12.2 为降低基体干扰影响，分析时须开启背景校正模式。

12.3 尾矿渣消解时，应在不蒸干样品的前提下将白烟赶尽，以降低分析过程中的干扰，延长石墨管的使用寿命。

方法二

同5-4方法二。

14 钼

14-1 电感耦合等离子体质谱法

同5-1。

14-2 电感耦合等离子体发射光谱法

同5-2。

14-3 火焰原子吸收分光光度法

同5-3方法二。

14-4　石墨炉原子吸收分光光度法

方法一

同 8-4 方法一。

方法二

同 5-4 方法二。

15　锰

15-1　电感耦合等离子体质谱法

同 5-1。

15-2　电感耦合等离子体发射光谱法

同 5-2。

15-3　火焰原子吸收分光光度法

同 5-3 方法二。

15-4　石墨炉原子吸收分光光度法

同 5-4 方法二。

16　铊

16-1　电感耦合等离子体质谱法

同 5-1。

16-2　电感耦合等离子体发射光谱法

同 5-2。

16-3 火焰原子吸收分光光度法

同 5-3 方法二。

16-4 石墨炉原子吸收分光光度法

同 5-4 方法二。

17 钒

17-1 电感耦合等离子体质谱法

同 5-1。

17-2 电感耦合等离子体发射光谱法

同 5-2。

17-3 火焰原子吸收分光光度法

同 5-3 方法二。

17-4 石墨炉原子吸收分光光度法

同 5-4 方法二。

18 钴

18-1 电感耦合等离子体质谱法

同 5-1。

18-2 电感耦合等离子体发射光谱法

同 5-2。

18-3 火焰原子吸收分光光度法

同 5-3 方法二。

18-4 石墨炉原子吸收分光光度法

同 5-4 方法二。

19 钛

19-1 电感耦合等离子体发射光谱法

同 6-2。

20 汞

20-1 原子荧光分光光度法

特别提示：实验中使用的硝酸、盐酸具有挥发性和腐蚀性，操作时应按规定要求佩戴防护用品，溶液配制及样品预处理应在通风橱中操作。

20-1-1 编制依据

本方法依据《固体废物 汞、砷、硒、铋、锑的测定 微波消解/原子荧光法》（HJ 702—2014）编制。

20-1-2 适用范围

本方法规定了尾矿渣和尾矿渣浸出液中汞、砷、硒、锑的微波消解/原子荧光测定方法。

本方法适用于尾矿渣和尾矿渣浸出液中汞、砷、硒、锑的测定。当尾矿渣取样品量为 0.5 g 时，本方法汞的检出限为 0.002 μg/g，测定下限为 0.008 μg/g；砷、硒、锑的检出限为 0.010 μg/g，测定下限为 0.040 μg/g。当尾矿渣浸出液取样体积为 40 mL 时，汞的检出限为 0.02 μg/L，测定下限为 0.08 μg/L；砷、硒、锑的检出限为 0.10 μg/L，测定下限为 0.40 μg/L。

20-1-3 方法原理

尾矿渣和尾矿渣浸出液试样经微波消解后，进入原子荧光仪，其中的砷、锑、硒和汞等元素在硼氢化钾溶液还原作用下，生成砷化氢、锑化氢、硒化氢气体和汞原子蒸气。这些气体在氩氢火焰中形成基态原子，在元素灯（汞、砷、硒、锑）发射光的激发下产生原子荧光，原子荧光强度与试样中元素含量成正比。

20-1-4 试剂和材料

除非另有说明，分析时均使用符合国家标准的优级纯试剂，实验用水为蒸馏水。

4.1 盐酸：ρ（HCl）=1.19 g/mL。

4.2 硝酸：ρ（HNO_3）=1.42 g/mL。

4.3 氢氧化钾（KOH）。

4.4 硼氢化钾（KBH_4）。

4.5 盐酸溶液：5+95（V/V）。

量取 25 mL 盐酸（4.1）用蒸馏水稀释至 500 mL。

4.6 盐酸溶液：1+1（V/V）。

量取 500 mL 盐酸（4.1）用蒸馏水稀释至 1 000 mL。

4.7 硫脲（CH_4N_2S）：分析纯。

4.8 抗坏血酸（$C_6H_8O_6$）：分析纯。

4.9 还原剂。

4.9.1 硼氢化钾（KBH_4）溶液 A：10 g/L。

称取 0.5 g 氢氧化钾（4.3）放入盛有 100 mL 蒸馏水的烧杯中，玻璃棒搅拌待完全溶解后再加入称好的 1.0 g 硼氢化钾（4.4），搅拌溶解。此溶液当日配制，用于测定汞。

4.9.2 硼氢化钾（KBH_4）溶液 B：20 g/L。

称取 0.5 g 氢氧化钾（4.3）放入盛有 100 mL 蒸馏水的烧杯中，玻璃棒搅拌待完全溶解后再加入称好的 2.0 g 硼氢化钾（4.4），搅拌溶解。此溶液当日配制，用于测定砷、硒、锑。

注 1：也可以用氢氧化钠、硼氢化钠配置硼氢化钠溶液。

4.10 硫脲和抗坏血酸混合溶液。

称取硫脲（4.7）、抗坏血酸（4.8）各 10 g，用 100 mL 蒸馏水溶解，混匀，当日配制。

4.11 汞（Hg）标准溶液。

4.11.1 汞标准固定液（简称固定液）。

将 0.5 g 重铬酸钾溶于 950 mL 蒸馏水中，再加入 50 mL 硝酸（4.2），混匀。

4.11.2 汞标准贮备液：100.0 mg/L。

购买市售有证标准物质/有证标准样品，或称取在硅胶干燥器中放置过夜的氯化汞（$HgCl_2$）0.135 4 g，用适量蒸馏水溶解后移至 1 000 mL 容量瓶中，最后用固定液（4.11.1）定容至标线，混匀。

4.11.3 汞标准中间液：1.00 mg/L。

移取汞标准贮备液（4.11.2）5.00 mL，置于 500 mL 容量瓶中，加入 50 mL 盐酸溶液（4.6），用固定液（4.11.1）定容至标线，混匀。

4.11.4 汞标准使用液：10.0 μg/L。

移取汞标准中间液（4.11.3）5.00 mL，置于 500 mL 容量瓶中，加入 50 mL 盐酸溶液（4.6），用固定液（4.11.1）定容至标线，混匀。用时现配。

4.12　砷（As）标准溶液。

4.12.1　砷标准贮备液：100.0 mg/L。

购买市售有证标准物质/有证标准样品，或称取 0.132 0 g 经过 105℃干燥 2 h 的优级纯三氧化二砷（As_2O_3）溶解于 5 mL 1 mol/L 氢氧化钠溶液中，用 1 mol/L 盐酸溶液中和至酚酞红色褪去，移入 1 000 mL 容量瓶中，用蒸馏水定容至标线，混匀。

4.12.2　砷标准中间液：1.00 mg/L。

移取砷标准贮备液（4.12.1）5.00 mL，置于 500 mL 的容量瓶中，加入 100 mL 盐酸溶液（4.6），用蒸馏水定容至标线，混匀。

4.12.3　砷标准使用液：100.0 μg/L。

移取砷标准中间液（4.12.2）10.00 mL，置于 100 mL 容量瓶中，加入 20 mL 盐酸溶液（4.6），用蒸馏水定容至标线，混匀。用时现配。

4.13　硒（Se）标准溶液。

4.13.1　硒标准贮备液：100.0 mg/L。

购买市售有证标准物质/有证标准样品，或称取 0.100 0 g 高纯硒粉，置于 100 mL 烧杯中，加 20 mL 硝酸（4.2）低温加热溶解后冷却至温室，移入 1 000 mL 容量瓶中，用蒸馏水定容至标线，混匀。

4.13.2　硒标准中间液：1.00 mg/L。

移取硒标准贮备溶液（4.13.1）5.00 mL，置于 500 mL 的容量瓶中，加入 200 mL 盐酸溶液（4.6），用蒸馏水定容至标线，混匀。

4.13.3　硒标准使用液：100.0 μg/L。

移取硒标准中间液（4.13.2）10.00 mL，置于 100 mL 容量瓶中，加入 40 mL 盐酸溶液（4.6），用蒸馏水定容至标线，混匀。用时现配。

4.14　锑（Sb）标准溶液。

4.14.1　锑标准贮备液：100.0 mg/L。

购买市售有证标准物质/有证标准样品，或称取 0.119 7 g 经过 105℃干燥 2 h 的三氧化二锑（Sb_2O_3）溶解于 80 mL 盐酸（4.1）中，移入 1 000 mL 容量瓶中，补加 120 mL 盐酸（4.1），用蒸馏水定容至标线，混匀。

4.14.2　锑标准中间液：1.00 mg/L。

移取锑标准贮备液（4.15.1）5.00 mL，置于 500 mL 的容量瓶中，加入 100 mL 盐酸溶液（4.6），用蒸馏水定容至标线，混匀。

4.14.3　锑标准使用液：100.0 μg/L。

移取 10.00 mL 锑标准中间液（4.15.2），置于 100 mL 容量瓶中，加入 20 mL 盐酸溶液（4.6），用蒸馏水定容至标线，混匀。用时现配。

4.15　载气和屏蔽气：氩气（纯度≥99.99%）。

4.16 慢速定量滤纸。

20-1-5 仪器和设备

5.1 原子荧光光谱仪：仪器性能指标应符合 GB/T 21191 的规定。

5.2 元素灯（汞、砷、硒、锑）。

5.3 微波消解仪：具有温度控制和程序升温功能，温度精度可达±2.5℃。

5.4 天平：精度为 0.01 g。

5.5 分析天平：精度为 0.000 1 g。

5.6 一般实验室常用仪器和设备。

20-1-6 样品

6.1 采集与保存

按照本手册第一部分的相关规定进行尾矿渣样品的采集和保存。

6.2 样品制备

6.2.1 尾矿渣

准确称取 10 g 样品（m_1，精确至 0.01 g），自然风干或冷冻干燥，再次称重（m_2，精确至 0.01 g），研磨，全部过 100 目筛备用。

6.2.2 尾矿渣浸出液

按照本手册第二部分“1 硫酸硝酸法”进行浸出液的制备。

6.3 试样制备

6.3.1 尾矿渣试样

使用分析天平（5.5）准确称取过筛后的样品（6.2.1）0.5 g（m_3），精确至 0.000 1 g。将试样置于溶样杯中，用少量蒸馏水润湿。在通风橱中，先加入 6 mL 盐酸（4.1），再慢慢加入 2 mL 硝酸（4.2），使样品与消解液充分接触。若有剧烈的化学反应，待反应结束后再将溶样杯置于消解罐中密封。将消解罐装入消解罐支架后放入微波消解仪中，按表 3-54 推荐的升温程序进行微波消解。消解结束，待罐内温度降至室温后，在通风橱中取出、放气，打开。判断消解是否完全，溶液是否澄清，若不澄清需进一步消解。

表 3-54 尾矿渣的微波消解升温程序

步骤	升温时间/min	目标温度/℃	保持时间/min
1	5	100	2
2	5	150	3
3	5	180	25

用慢速定量滤纸（4.17）将消解后溶液过滤至 50 mL 容量瓶中，用蒸馏水淋洗溶样杯及沉淀至少 3 次。将所有淋洗液并入容量瓶中，用蒸馏水定容至标线，混匀。

6.3.2　尾矿渣浸出液试样

移取尾矿渣浸出液 40.0 mL 置于 100 mL 溶样杯中，在通风橱中加入 3 mL 盐酸（4.1）和 1 mL 硝酸（4.2），混匀。若反应剧烈或有大量气泡溢出，待反应结束后再将溶样杯置于消解罐中密封。将消解罐装入消解罐支架后放入微波消解仪中，按表 3-55 推荐的升温程序进行微波消解。消解结束后，按照 6.3.1 取出、放气、打开消解罐。

表 3-55　尾矿渣浸出液的微波消解升温程序

步骤	升温时间/min	目标温度/℃	保持时间/min
1	5	100	5
2	5	170	15

将试液转移至 50 mL 容量瓶中，用蒸馏水淋洗溶样杯、杯盖（至少 3 次），将淋洗液并入容量瓶中，用蒸馏水定容至标线，混匀。

6.4　试料的制备

6.4.1　尾矿渣试料

分取 10.0 mL 试液（6.3.1）置于 50 mL 容量瓶中，不同元素按表 3-56 的量加入盐酸（4.1）、硫脲和抗坏血酸混合溶液（4.10），用蒸馏水定容至标线，混匀，室温放置 30 min（室温低于 15℃时，置于 30℃水浴中保温 30 min），待测。

表 3-56　定容 50 mL 时试剂加入量　　单位：mL

名称	汞	砷、锑	硒
盐酸（4.1）	2.5	5.0	10.0
硫脲和抗坏血酸混合溶液	—	10.0	—

6.4.2　尾矿渣浸出液试料

分取 10.0 mL 试液（6.3.2）置于 50 mL 容量瓶中，不同元素按表 3-56 的量加入盐酸（4.1）、硫脲和抗坏血酸混合溶液（4.10），用蒸馏水定容至标线，混匀，室温放置 30 min（室温低于 15℃时，置于 30℃水浴中保温 30 min），待测。

20-1-7　分析步骤

7.1　仪器参考条件

开机预热待仪器稳定后，按照原子荧光仪的使用说明书设定灯电流、负高压、载气流量、屏蔽气流量等工作参数，通常采用的参数见表 3-57。

表 3-57 仪器参数

元素名称	灯电流/mA	负高压/V	原子化器温度/℃	载气流量/（mL/min）	屏蔽气流量/（mL/min）
汞	15～40	230～300	200	400	800～1 000
砷	40～80	230～300	200	300～400	800
硒	40～80	230～300	200	350～400	600～1 000
锑	40～80	230～300	200	200～400	400～700

7.2 校准

7.2.1 校准系列的制备

7.2.1.1 汞的校准系列

分别移取 0 mL、0.50 mL、1.00 mL、2.00 mL、3.00 mL、4.00 mL、5.00 mL 汞标准使用液（4.11.4）于一组 50 mL 容量瓶中，分别加入 2.5 mL 盐酸（4.1），用蒸馏水定容至标线，混匀。

7.2.1.2 砷的校准系列

分别移取 0 mL、0.50 mL、1.00 mL、2.00 mL、3.00 mL、4.00 mL、5.00 mL 砷标准使用液（4.12.3）于一组 50 mL 容量瓶中，分别加入 5.0 mL 盐酸（4.1）、10 mL 硫脲和抗坏血酸混合溶液（4.10），室温放置 30 min（室温低于 15℃时，置于 30℃水浴中保温 30 min），用蒸馏水定容至标线，混匀。

7.2.1.3 硒的校准系列

分别移取 0 mL、0.50 mL、1.00 mL、2.00 mL、3.00 mL、4.00 mL、5.00 mL 硒标准使用液（4.13.3）于一组 50 mL 容量瓶中，分别加入 10 mL 盐酸（4.1），室温放置 30 min（室温低于 15℃时，置于 30℃水浴中保温 30 min），用蒸馏水定容至标线，混匀。

7.2.1.4 锑的校准系列

分别移取 0 mL、0.50 mL、1.00 mL、2.00 mL、3.00 mL、4.00 mL、5.00 mL 锑标准使用液（4.15.3）于一组 50 mL 容量瓶中，分别加入 5.0 mL 盐酸（4.1）、10 mL 硫脲和抗坏血酸混合溶液（4.10），室温放置 30 min（室温低于 15℃时，置于 30℃水浴中保温 30 min），用蒸馏水定容至标线，混匀。

汞、砷、硒、锑的校准系列溶液浓度见表 3-58，该系列浓度适用于一般样品的测定。

表 3-58 各元素校准系列溶液浓度 单位：μg/L

元素	标准系列						
汞	0.00	0.10	0.20	0.40	0.60	0.80	1.00
砷	0.00	1.00	2.00	4.00	6.00	8.00	10.00
硒	0.00	1.00	2.00	4.00	6.00	8.00	10.00
锑	0.00	1.00	2.00	4.00	6.00	8.00	10.00

7.2.2　绘制校准曲线

以硼氢化钾溶液（4.9.1 或 4.9.2）为还原剂、盐酸溶液（4.5）为载流，浓度由低到高依次测定表 3-58 中各元素校准系列溶液。用扣除零浓度空白的校准系列原子荧光强度为纵坐标，溶液中相对应的元素浓度（μg/L）为横坐标，绘制校准曲线。

7.3　空白试验

按 6.3 和 6.4 的步骤制备空白样品，按 7.4 进行测定。

7.4　测定

将制备好的试料在与绘制校准曲线相同仪器分析条件下进行测定。

20-1-8　结果计算与表示

8.1　尾矿渣结果计算

尾矿渣中元素（汞、砷、硒、锑）的含量ω（μg/g）按照下式进行计算。

$$\omega = \frac{(\rho - \rho_0) \times V_0 \times V_2}{m_3 \times V_1} \times \frac{m_2}{m_1} \times 10^{-3}$$

式中：ρ——由校准曲线计算试样中待测元素的浓度，μg/L；

ρ_0——空白试样中待测元素的浓度，μg/L；

V_0——消解后试样的定容体积，mL；

V_1——分取试液的体积，mL；

V_2——分取后测定试液的定容体积，mL；

m_3——研磨过筛后试样的质量，g；

m_2——干燥后固体样品的质量，g；

m_1——固体样品的质量，g。

8.2　尾矿渣浸出液

尾矿渣浸出液中元素（汞、砷、硒、锑）的浓度ρ（μg/L）按下式计算：

$$\rho = \frac{(\rho_1 - \rho_0) \times V_0}{V} \times \frac{V_2}{V_1}$$

式中：ρ_1——由校准曲线计算试样中待测元素的浓度，μg/L；

ρ_0——空白试样中待测元素的浓度，μg/L；

V——微波消解时移取浸出液的体积，mL；

V_0——微波消解后试液定容体积，mL；

V_1——分取试液的体积，mL；

V_2——分取后测定试液的定容体积，mL。

8.3　结果表示

对于尾矿渣，当测试计算结果小于 1 μg/g 时，保留小数点后三位；大于或等于 1 μg/g 时，保留 3 位有效数字。

对于尾矿渣浸出液，当测试计算结果小于 10 μg/L 时，保留小数点后两位；大于或等于 10 μg/L 时，保留 3 位有效数字。

20-1-9 质量保证和质量控制

9.1 每批样品应做空白试验，其测定结果应低于方法测定下限。

9.2 每批样品应至少测定 10%的平行样（样品数量少于 10 个时至少测定 1 个平行样），两次测定结果不超过 20%。

9.3 每批样品应至少做 10%加标回收试验（样品数量少于 10 个至少做 1 个），加标回收率应在 70%～130%。

9.4 每批样品测定至少做 1 个有证标准物质/有证标准样品。

9.5 每次样品分析应绘制校准曲线，相关系数应大于或等于 0.999。

20-1-10 废物处理

实验过程中产生的废液和废物，不可随意倾倒，应置于密闭容器中保存，委托相关有资质的单位进行处理。

20-1-11 注意事项

实验所用的玻璃器皿均需用（1+1）硝酸溶液浸泡 24 h 后，依次用自来水、蒸馏水洗净后方可使用。

20-2 电感耦合等离子体质谱法

同 5-1 方法二。

20-3 冷原子吸收分光光度法

20-3-1 编制依据

本方法依据《固体废物　总汞的测定　冷原子吸收分光光度法》（GB/T 15555.1—1995）编制。

20-3-2 适用范围

本方法规定了测定尾矿渣浸出液中总汞的高锰酸钾-过硫酸钾消解冷原子吸收分光光度法。

本方法适用于尾矿渣浸出液中总汞的测定。

在最佳条件下（测汞仪灵敏度高，基线漂移及试剂空白值极小），当试样体积为 200 mL 时，最低检出浓度可达 0.05 μg/L。在一般情况下，测定范围为 0.2～50 μg/L。

20-3-3 方法原理

在硫酸-硝酸介质及加热条件下，用高锰酸钾和过硫酸钾等氧化剂，将试液中的各种汞化合物消解，使所含的汞全部转化为二价无机汞。

用盐酸羟胺将过量的氧化剂还原，在酸性条件下，再用氯化亚锡将二价汞还原成金属汞。

在室温下通入空气或氮气，使金属汞气化，通入冷原子吸收测汞仪，在 253.7 nm 处测定吸光度值。

20-3-4 干扰

碘离子浓度等于或大于 3.8 mg/L 时明显影响精密度和回收率。

20-3-5 试剂

除非另有说明，分析时均使用符合国家标准或专业标准的试剂。

5.1 无汞蒸馏水。

二次重蒸馏水或电渗析去离子水可满足要求。也可将蒸馏水用优级纯盐酸酸化至 pH=3，然后通过巯基棉纤维管（5.2）除汞。

5.2 巯基棉纤维除汞管。

在内径 6～8 mm，长 100 mm 左右，一端拉细的玻璃管中，或 500 mL 分液漏斗放液管中，填充 0.1～0.2 g 巯基棉纤维（5.3），将待净化的试剂或蒸馏水以 10 mL/min 的速度流过 1～2 次即可除尽汞。

5.3 巯基棉纤维。

于棕色广口瓶中，依次加入巯基乙酸（$CH_2SHCOOH$）100 mL、乙酸酐 60 mL、36% 乙酸 40 mL、浓硫酸 0.3 mL，充分混匀，冷却至室温后，加入 30 g 长纤维脱脂棉，使之浸泡完全，用水冷却，待反应热散去后，加盖放入（40±2）℃的烘箱中 2～4 d 后取出。用砂芯过滤漏斗抽滤，用无汞重蒸馏水（5.1），充分洗涤至中性后，摊开于 30～35℃烘干，放于棕色广口磨口瓶中，避光，低温下，保存待用。

5.4 硫酸，ρ（H_2SO_4）=1.84 g/mL，优级纯。

5.5 硝酸，ρ（HNO_3）=1.42 g/mL，优级纯。

5.6 盐酸，ρ（HCl）=1.19 g/mL，优级纯。

5.7 重铬酸钾（$K_2Cr_2O_7$），优级纯。

5.8 高锰酸钾（$KMnO_4$）溶液，5%。

将 50 g $KMnO_4$ 优级纯（若纯度达不到优级纯，要求重结晶提纯 $KMnO_4$）用水溶解后，定容至 1 000 mL，贮于棕色瓶中。

5.9 过硫酸钾（$K_2S_2O_8$）溶液，5%。

将 5 g 过硫酸钾溶于少量水中，定容至 100 mL。现配现用。

5.10 盐酸羟胺（$NH_2OH{\cdot}HCl$）溶液，20%。

将 20 g 盐酸羟胺用水溶解后稀释至 100 mL。该溶液不可久贮。

5.11 氯化亚锡（$SnCl_2$）溶液，20%。

将 20 g $SnCl_2$ 加入 20 mL HCl（5.6）中，微微加热溶解，冷却后用水稀释至 100 mL。以 2.5 L/min 的流速通入氮气约 2 min 除汞，加几颗锡粒密塞保存。

5.12　经碘化处理的活性炭。

称取 1 份重量碘、2 份重量碘化钾和 20 份重量水，在烧杯中制成溶液，加入约 10 份重量的粒状活性炭（工业用，ϕ3 mm，长 3～7 mm），用力搅拌至溶液脱色后，用 G1 号砂芯漏斗滤出活性炭，在约 105℃烘干 1～2 h，备用。

5.13　汞标准固定液（称固定液），0.5 g/L。

将 0.5 g 重铬酸钾（5.7）溶于 950 mL 水中，再加入 50 mL HNO_3（5.5）。

5.14　稀释液。

将重铬酸钾（5.7）0.2 g 溶于 900 mL 水中，加入 H_2SO_4（5.4）28 mL，冷却后定容至 1 000 mL。

5.15　汞标准贮备液，100 μg/mL。

称取在硅胶干燥器中放置过夜的氯化汞（HgCl）0.135 4 g，用固定液（5.13）溶解后转移至 1 000 mL 容量瓶中，再用固定液定容，摇匀。

5.16　汞中间标准溶液，10 μg/mL。

吸取汞标准贮备液（5.15）10.0 mL，用固定液（3.13）定容至 100 mL。

5.17　汞标准使用溶液，0.10 μg/mL。

吸取汞标准中间液（5.16）10.0 mL，用固定液（5.13）定容至 1 000 mL，摇匀。于室温下阴凉处保存。通常可使用 3 个月。

5.18　变色硅胶：干燥用。

5.19　洗液。

将 10 g 重铬酸钾溶于 9 L 蒸馏水中，加入 1 000 mL HNO_3。

20-3-6　仪器

一般实验室器皿及下列专用仪器及器材。

6.1　测汞仪（图 3-3）。

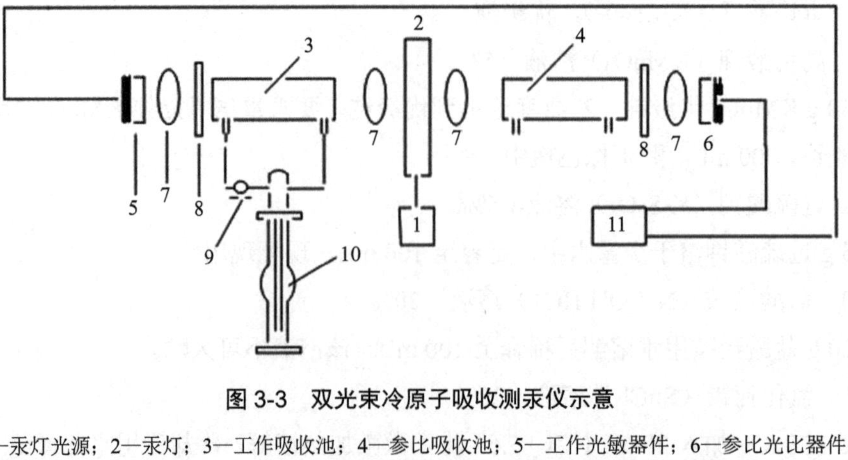

图 3-3　双光束冷原子吸收测汞仪示意

1—汞灯光源；2—汞灯；3—工作吸收池；4—参比吸收池；5—工作光敏器件；6—参比光比器件；7—透镜片；8—滤色片；9—循环泵；10—还原瓶；11—放大器及数显。

6.2　汞还原器，容积分别有 25 mL、50 mL、100 mL，具有磨口，带有莲蓬形多孔吹气头的翻气瓶。

6.3　U 形管，φ15×110 mm，内填普通粒状变色硅胶（5.18），填料高度为 60～80 mm。

6.4　三通阀。

6.5　汞吸收装置：250 mL 玻璃制干燥塔，内填经碘化处理的活性炭（5.12）。仪器的净化系统，可根据不同测汞仪的特点及具体条件进行连接。更换 U 形管中的硅胶。

20-3-7　步骤

7.1　样品保存：采用表面光洁的硬质玻璃容器，在接收浸出液的器皿中应预先加入适量的固定液（5.13）。样品应在 40℃下保存，最长不超过 28 d。

7.2　试样制备：本法推荐用高锰酸钾-过硫酸钾消解处理试样。

移取 10～50 mL 试液（视其中汞含量而定）于 125 mL 的锥形瓶中，若取样量不足 50 mL，应补充适量无汞蒸馏水（5.1）至约 50 mL。依次加入硫酸（5.4）1.5 mL、高锰酸钾溶液（5.8）4 mL（如果在 5 min 内紫色褪去，应补加适量的高锰酸钾溶液，使溶液维持紫色不褪）、4 mL 过硫酸钾溶液（5.9），插入小漏斗，置于沸水中使试液在近沸状态保温 1 h（近沸保温法），取下冷却。或者向试液中加数粒玻璃珠或者沸石，插入小漏斗，擦干瓶底，在电热板上加热煮沸 10 min（煮沸法）取下冷却。

在临测定时，边摇边滴加盐酸羟胺溶液（5.10），直至刚好使过剩的高锰酸钾褪色及生成的二氧化锰全部溶解为止，转移至 100 mL 容量瓶中，用稀释液（5.14）定容。

7.3　空白试样：每分析一批试样，应同时用无汞蒸馏水代替浸出液试样，按上述试样处理步骤（7.2），制备 2 份空白试料。

7.4　校准曲线的绘制

取 100 mL 容量瓶 8 个，准确吸取汞标准使用溶液（7.17）0 mL、0.50 mL、1.00 mL、1.50 mL、2.00 mL、2.50 mL、3.00 mL 和 4.00 mL 注入容量瓶中，每个容量瓶中加入适量固定液补足至 4.0 mL，加稀释液至标线，摇匀。按 7.5 测量试料步骤逐一进行测试。

以经过空白校正的各测试值为纵坐标，以相应标准溶液的汞浓度（μg/L）为横坐标，绘制校准曲线。

7.5　测定：取出汞还原器吹气头，逐个吸取 10.0 mL 经 7.2 步骤处理后的试样或空白溶液（7. 3）注入汞还原器中，加入氯化亚锡（5.11）1 mL，迅速插入吹气头，将三通阀旋至“进样”处，使载气通入汞还原器，记下检测表头的最大读数或记录仪上的峰高，待指针或记录笔重新回零后，将三通阀旋至“校零”处，取出吹气头，弃去废液，用水冲洗汞还原器 2 次，再用稀释液洗涤 1 次（氧化可能残留的 Sn^{2+}），仪器读数恢复到零，然后进行另一份试料的测定。

20-3-8　结果表示

浸出液中（汞）浓度 c（μg/L）按下式计算：

$$c = c_1 \times \frac{V_0}{V}$$

式中：c_1——被测试料中汞的浓度，μg/L；

V_0——制样时定容体积，mL；

V——试料的体积，mL。

附录 A
注意事项
（参考件）

A1 当采用抽气或吹气法把汞蒸气带入吸收池时，载气流速太大，会稀释吸收池内汞蒸气浓度；太小，导致气化速度减慢，均会降低灵敏度。一般以 0.7～1.2 L/min 为宜。载气流量应恒定。

A2 温度对测定灵敏度有影响。当室温低于 10℃时，不利于汞的挥发，灵敏度较低。并要注意标准溶液及试样溶液温度的一致性。

A3 反应瓶体积和气液比对测定也有影响。反应瓶体积大小应根据测定试样体积而定。用抽气或吹气鼓泡法进样时，气液比以 2∶1～3∶1 最好。经验证明，气液比大时，灵敏度有增加的趋势。

A4 在氯化亚锡溶液中加入锡粒，是为了防止其氧化成高价锡而失效。

A5 用盐酸羟胺还原高锰酸钾会产生氯气，必须放置数分钟使氯气逸失，以免干扰汞的测定。

A6 汞容易被吸附在仪器壁及导气管上，联结导管宜用塑料导管而不用橡皮管，所用器皿应充分洗涤。尤其反应瓶内壁及鼓气头上常沾有少量的 $Sn(OH)_2$ 白色沉淀物，它极易吸附汞，在连续测定中会使测定值越来越低。每测定 5～10 个样，必须用热的稀硝酸冲洗。

A7 为了工作曲线的稳定，绘制时可采用平行样测定。

A8 试剂中的汞及在紫外区有吸收的挥发性杂质，可预先通净化空气或氮气除去。

A9 双光束冷原子吸收测汞仪精密度高，可克服电压波动、光源不稳定的影响，还可以克服环境气氛等因素的影响。

附录 B
浸出液的制备方法
（补充件）

尾矿渣浸出试验方法标准正在制定中，本法及以下各方法所用的浸出液，先按以下方法制备。国家标准颁布后，按国家所颁布的尾矿渣浸出试验方法标准制备浸出液。

B1　仪器和材料

B1.1　蒸馏水或去离子水。

B1.2　混合容器：容积为 2 L 的带密封塞的高密聚乙烯瓶。

B1.3　振荡器：往复式水平振荡器。

B1.4　过滤装置；市售成套玻璃砂芯过滤器，纤维滤膜（孔径=0.45 μm）。

B2　浸出步骤

B2.1　称取 100 g 试样（以干基计），置于浸取用的混合容器中，加水 1 L（包括试样的含水量）。

B2.2　将浸取用的混合容器垂直固定在振荡器上，调节振荡频率为（110±10）次/min，振幅为 40 mm，在室温下振荡 8 h，静置 16 h。

B2.3　通过过滤装置分离固液相，并立即测定滤液的 pH。滤液应尽快分析，或者按规定分析方法的要求妥善保护贮存浸出液。

注：当采集的尾矿渣中干固体的含量小于 0.5%（*m/m*）时，则不经过浸出可以直接取样分析。如果尾矿渣为多相，干固体的含量大于 0.5%（*m/m*），可分离固液相，固相风干磨碎（应能通过ϕ5 mm 的筛孔），然后浸取。液相如果和浸出液相容，可合并混匀后分析。如果液相和浸出液不相容，则各自计量体积后分别进行分析。

21　砷

21-1　原子荧光分光光度法

方法一

同 20-1。

方法二

21-1-1　编制依据

本方法依据以下标准方法编制：

《危险废物鉴别标准 浸出毒性鉴别》（GB 5085.3—2007）附录 E《固体废物 砷、锑、铋、硒的测定 原子荧光分光光度法》；

《危险废物鉴别标准 浸出毒性鉴别》（GB 5085.3—2007）附录 S《固体废物 金属元素样品分析的前处理 微波辅助酸消解法》。

21-1-2 适用范围

本方法适用于尾矿渣中砷（As）、锑（Sb）、硒（Se）的原子荧光法测定。

本方法检出限 As、Sb 为 0.000 1～0.000 2 mg/L，Se 为 0.000 2～0.000 5 mg/L。

本方法存在的主要干扰元素是高含量的 Cu^{2+}、Co^{2+}、Ni^{2+}、Ag^{+}、Hg^{2+}，以及形成氢化物元素之间的互相影响等。其他常见的阴阳离子无干扰。

21-1-3 方法原理

在消解处理后的水样中加入硫脲，把 As、Sb 还原成三价，Se 还原成四价。

在酸性介质中加入硼氢化钾溶液，三价 As、Sb 和四价硒 Se 分别形成砷化氢、锑化氢和硒化氢气体，由载气（氩气）直接导入石英管原子化器中，进而在氩氢火焰中原子化。基态原子受特种空心阴极灯光源的激发，产生原子荧光，通过检测原子荧光的相对强度，利用荧光强度与溶液中的 As、Sb 和 Se 含量成正比的关系，计算样品溶液中相应成分的含量。

21-1-4 试剂和材料

4.1 硝酸，优级纯。

4.2 高氯酸，优级纯。

4.3 盐酸，优级纯。

4.4 氢氧化钾或氢氧化钠，优级纯。

4.5 0.7%硼氢化钾溶液。

称取 7 g 硼氢化钾于预先加有 2 g KOH 的 200 mL 去离子水中，用玻璃棒搅拌至溶解后，用脱脂棉过滤，稀释至 1 000 mL。此溶液现用现配。

4.6 10%硫脲溶液。

称取 10 g 硫脲微热溶解于 100 mL 去离子水中。

4.7 砷标准贮备溶液。

称取 0.132 0 g 经过 105℃干燥 2 h 的优级纯 As_2O_3，溶于 5 mL 1 mol/L NaOH 溶液中，用 1 mol/L HCl 中和至酚酞红色褪去，稀释至 1 000 mL。此溶液 1.00 mL 含 0.1 mg As。

4.8 砷标准工作溶液。

移取砷标准贮备溶液 5.00 mL 于 500 mL 容量瓶中，以 1 mol/L HCl 溶液定容，摇匀。此溶液 1.00 mL 含 100 μg As，再移取此溶液 10 mL 于 100 mL 容量瓶中，用 1 mol/L HCl 定容，摇匀。此溶液 1.00 mL 含 0.10 μg As。

4.9 锑标准贮备溶液。

称取 0.119 7 g 经过 105℃干燥 2 h 的 Sb_2O_3 溶解于 80 mL HCl 中，转入 1 000 mL 容

量瓶中，补加 HCl 120 mL，用水稀释至刻度，摇匀。此溶液 1 mL 含 0.1 mg Sb。

4.10 锑标准工作溶液。

移取锑标准贮备溶液 5.00 mL 于 500 mL 容量瓶中，以 1 mol/L HCl 溶液定容，摇匀。此溶液 1.00 mL 含 1.00 μg Sb，再移取此溶液 10 mL 于 100 mL 容量瓶中，用 1 mol/L HCl 溶液定容，摇匀。此溶液 1.00 mL 含 0.10 μg Sb。

4.11 硒标准贮备溶液。

称取 0.100 0 g 光谱纯硒粉于 100 mL 烧杯中，加 10 mL HNO_3，低温加热溶解后，加 3 mL $HClO_4$ 蒸至冒白烟时取下，冷却后用去离子水吹洗杯壁并蒸至刚冒白烟，加水溶解，移入 1 000 mL 容量瓶中，并稀释至刻度，摇匀。此溶液 1 mL 含 0.1 mg/L Se。

4.12 硒标准工作溶液。

用硒的标准贮备溶液逐级稀释至 1 mL 含 10 μg Se、1 mL 含 1 μg Se、1 mL 含 0.10 μg Se 的标准工作溶液，并保持 4 mol/L HCl 浓度。

21-1-5 仪器、装置及工作条件

5.1 仪器及装置

5.1.1 砷、锑、硒高强度空心阴极灯。

5.1.2 原子荧光光谱仪。

5.1.3 微波消解仪，输出功率为 1 000～1 600 W。具有可编程控制功能，可对温度、压力和时间（升温时间和保持时间）进行全程监控；具有安全防护机制。

5.1.4 消解罐，由碳氟化合物（可溶性聚四氟乙烯 PFA 或改性聚四氟乙烯 TFM）制成的封闭罐体，可抗压（170～200 psi）、耐酸和耐腐蚀，具有泄压功能。用于水样消解的消解罐最好带有刻度。

5.1.5 量筒，体积 50 mL 或 100 mL。

5.1.6 定量滤纸。

5.1.7 玻璃漏斗。

5.1.8 分析天平，量程 300 g，精密度±0.01 g。

5.1.9 离心管，30 mL，玻璃和塑料材质。

5.2 工作条件（表 3-59）

表 3-59 原子荧光光谱仪的工作条件

元素	灯电流/mA	负高压/V	氩气流速/（mL/min）	原子化温度/℃
砷	40～60	240～260	1 000	200
锑	60～80	240～260	1 000	200
铋	40～60	250～270	1 000	300
硒	90～100	260～280	1 000	200

21-1-6 样品的采集、保存和预处理

6.1 所有的采样容器都应预先用洗涤剂、酸和实验用水洗涤，塑料和玻璃容器均可使用。如果要分析极易挥发的硒、锑和砷化合物，要使用特殊容器（如用于挥发性有机物分析的容器）。

6.2 水样必须用硝酸酸化至 pH 小于 2。

6.3 非水样品应冷藏保存，并尽快分析。

6.4 当分析样品中可溶性砷时，不要求冷藏，但应避光保存，温度不能超过室温。

21-1-7 样品制备

7.1 消解前的准备：所使用的消解罐和玻璃容器先用稀酸（约 10% *V*/*V*）浸泡，然后用自来水和实验用水依次冲洗干净，放在干净的环境中晾干。对于新使用的或怀疑受污染的容器，应用热盐酸（1∶1）浸泡（温度高于 80℃，但低于沸腾温度）至少 2 h，再用热硝酸浸泡至少 2 h，然后用实验用水洗干净，放在干净的环境中晾干。

7.2 样品的消解

7.2.1 使用前，称量碳氟化合物（PFA 或 TFM）消解容器、阀门和盖子的质量，精确到 0.01 g。

7.2.2 取样

7.2.2.1 沉积物、污泥、土壤和油类样品：称量（精确到 0.001 g）一份混合均匀的样品，加入消解罐中。土壤、沉积物和污泥的称样量少于 0.500 g，油则少于 0.250 g。

7.2.2.2 废水和尾矿渣的浸出液样品：用量筒量取 45 mL 样品倒入带刻度的消解罐中。

7.2.3 加酸

7.2.3.1 沉积物、污泥、土壤和油类样品：在通风橱中，向样品中加入（10±0.1）mL 浓硝酸。如果反应剧烈，在反应停止前不要给容器盖盖。按产品说明书的要求盖紧消解罐。称量带盖的消解罐，精确到 0.001 g。将消解罐放到微波炉转盘上。

7.2.3.2 废水和尾矿渣的浸出液样品：向样品中加入 5 mL 浓硝酸。按产品说明书的要求盖紧消解罐。称量带盖的消解罐，精确到 0.01 g。将消解罐放到微波消解仪转盘上。

注 1：某些样品可能产生有毒的氮氧化物气体，因此所有的操作必须在通风条件下进行。分析人员也必须注意该剧烈实验的危险性。如果有剧烈反应，要等其冷却后才能盖上消解罐。

注 2：当消解的固体样品含有挥发性或容易氧化的有机化合物，最初称重不能少于 0.10 g，如果反应剧烈，在加盖前必须终止反应。如果反应不剧烈，样品量称取 0.25 g。

注 3：固体样品中如果已知或疑似含有多于 2%的有机物质，必须预消解至少 15 min。

7.2.4 按说明书装好旋转盘，设定微波消解仪的工作程序。启动微波消解仪。

7.2.4.1 对于沉积物、污泥、土壤和油类样品：每一组样品微波辐射 10 min。每个样品的温度在 5 min 内升到 175℃，在 10 min 的辐射时间内平衡到 170～180℃。如果一批消解的样品量大，可以采用更大的功率，只要能按上述要求在相同的时间达到相同的温度。

7.2.4.2　对于废水和尾矿渣的浸出液样品：选定的程序应可将样品在 10 min 内升高到（160±4）℃，同时也允许在第二个 10 min 略微升高到 162～170℃。

7.2.5　消解程序结束后，在消解罐取出之前应在微波炉内冷却至少 5 min。消解罐冷却到室温后，称重，记录下每个罐的重量。如果样品加酸的重量减少超过 10%，舍弃该样品。查找原因，重新消解该样品。

在通风橱中小心打开消解罐的盖子，释放其中的气体。将样品进行离心或过滤。

7.2.5.1　离心：转速 2 000～3 000 r/min，离心 10 min。

7.2.5.2　过滤：过滤装置用 10%（*V*/*V*）的硝酸润洗。

7.2.6　将消解产物稀释到已知体积，并使样品和标准物质基体匹配，进行检测。

21-1-8　分析步骤

8.1　校准曲线的绘制

用含 As、Sb 和 Se 分别为 0.1 μg/mL 的标准工作溶液制备标准系列，在标准系列中各种元素的浓度如表 3-60 所示。

表 3-60　标准系列各元素的浓度　　单位：μg/L

元素	标准系列						
As	0.0	1.0	2.0	4.0	8.0	12.0	16.0
Sb	0.0	0.5	1.0	2.0	4.0	6.0	8.0
Se	0.0	1.0	2.0	4.0	8.0	12.0	16.0

准确移取相应量的标准工作溶液于 100 mL 容量瓶中，加入 12 mL HCl、8 mL 10%硫脲溶液，用去离子水定容，摇匀后按样品测定步骤进行操作。记录相应的相对荧光强度，绘制校准曲线。

8.2　样品测定

移取 20 mL 清洁的水样或经过预处理的水样于 50 mL 烧杯中，加入 3 mL HCl、2 mL 10%硫脲溶液，混匀。放置 20 min 后，用定量加液器注入 5.0 mL 于原子荧光仪的氢化物发生器中，加入 4 mL 硼氢化钾溶液，进行测定，或通过蠕动泵进样测定（调整进样和进硼氢化钾溶液流速为 0.5 mL/s），但须通过设定程序保证进样量的准确性和一致性，记录相应的相对荧光强度值。从校准曲线上查得测定溶液中 As 或 Sb、Se 的浓度。

21-1-9　结果计算

由校准曲线查得测定溶液中各元素的浓度，再根据水样的预处理稀释体积进行计算。

$$\text{元素浓度（μg/L）} = \frac{V_1 C}{V_2}$$

式中：C——从校准曲线上查得相应测定元素的浓度，μg/L；

V_1——测量时水样的总体积，mL；

V_2——预处理时移取水样的体积，mL。

21-1-10 注意事项

10.1 分析中所用的玻璃器皿均需用（1+1）硝酸溶液浸泡 24 h，或热硝酸荡洗后，再用去离子水洗净后方可使用。对于新器皿，应作相应的空白检查后才能使用。

10.2 对所用的每一瓶试剂都应作相应的空白实验，特别是盐酸要仔细检查。配制标准溶液与样品应尽可能使用同一瓶试剂。

10.3 所用的标准系列必须每次配制，与样品在相同条件下测定。

21-2 电感耦合等离子体质谱法

同 5-1 方法二。

21-3 电感耦合等离子体发射光谱法

同 5-2 方法二。

21-4 二乙基二硫代氨基甲酸银分光光度法

21-4-1 编制依据

本方法依据《固体废物 砷的测定 二乙基二硫代氨基甲酸银分光光度法》（GB/T 15555.3—1995）编制。

21-4-2 适用范围

本方法规定了测定尾矿渣浸出液中砷的二乙基二硫代氨基甲酸银分光光度法。

本方法适用于尾矿渣浸出液中砷的测定。

试料量为 50 mL 时，用 5 mL 吸收液、10 mm 比色皿检出限为 0.007 mg/L。测定上限浓度为 0.5 mg/L。

21-4-3 干扰

有锑、铋、硫离子共存时，有正干扰。

21-4-4 方法原理

在碘化钾与氯化亚锡存在下，使五价砷还原成三价砷。锌与酸作用产生新生态的氢，与三价砷作用生成砷化氢气体。此气体用二乙基二硫代氨基甲酸银-三乙醇胺氯仿溶液吸收，生成红色胶态银，在 530 nm 波长处测量吸收液的吸光度。

21-4-5 试剂

本方法所用试剂除另有说明外，均使用符合国家标准或专业标准的分析纯试剂和蒸馏水或同等纯度的水。

5.1 二乙基二硫代氨基甲酸银（$C_5H_{10}NS_2Ag$）。

5.2 三乙醇胺［$(HOCH_2CH_3)_3N$］。

5.3 氯仿（$CHC1_3$）。

5.4 硫酸（H_2SO_4），ρ=1.84 g/moL。

5.5 盐酸（HC1），ρ=l.19 g/moL。

5.6 无砷锌粒（10～20 目）。

5.7 碘化钾（KI）。

5.8 氯化亚锡（$SnCl_2 \cdot 2H_2O$）。

5.9 三氧化二砷（As_2O_3，优级纯）。

5.10 硫酸溶液，1+1（*V*/*V*）。

取 50 mL 硫酸（5.4），在不断搅拌下慢慢加入到 50 mL 水中，冷却后使用。

5.11 氯化亚锡溶液，40%（*m*/*V*）。

称取 40 g 氯化亚锡（5.8），溶于 40 mL 盐酸（5.5）中，待溶液澄清后，用水稀释到 100 mL，加入数粒金属锡，于棕色瓶中保存。

5.12 碘化钾溶液。

称取 15 g 碘化钾（5.7）溶于水中，并稀释至 100 mL，于棕色瓶中保存。

5.13 氢氧化钠（NaOH）溶液，5 mol/L 贮存于聚乙烯瓶中。

5.14 醋酸铅溶液，10%（*m*/*V*）。

称取 10 g 醋酸铅［$Pb(CH_3COO)_2 \cdot 3H_2O$］，溶于水中，并用水稀释至 100 mL。

5.15 硫酸溶液，2 mol/L。

5.16 醋酸铅棉。

称取 10 g 脱脂棉浸泡在 100 mL 醋酸铅溶液（5.14）中，0.5 h 后取出，挤去水分，在室温下自然晾干。

5.17 砷化氢吸收溶液

称取 0.25 g 二乙基二硫代氨基甲酸银（5.1），用少量氯仿（5.3）溶成糊状，加入三乙醇胺（5.2）2 mL，再用氯仿（5.3）稀释至 100 mL，用力振动使之溶解后，于暗处放置 24 h，用定性滤纸过滤至棕色瓶中，在冰箱中保存。

5.18 砷标准贮备溶液 1 000.0 mg/L。

将三氧化二砷（5.9）于 110℃下烘 2 h，冷却后准确称取 0.132 0 g，用氢氧化钠溶液（5.13）2 mL 溶解后，加入硫酸溶液（5.15）10 mL，转移到 100 mL 容量瓶中，用水稀释至刻度，充分摇匀。

5.19 砷标准溶液 10.0 mg/L。

吸取 1.0 mL 砷标准溶液（5.18）于 100 mL 容量瓶中，用水稀释至刻度，充分摇匀。

5.20 砷标准使用溶液，1.0 mg/L。

吸取 10.0 mL 砷标准溶液（5.19）于 100 mL 容量瓶中，用水稀释至刻度，充分摇匀。

注 1： 三氧化二砷为剧毒化学药品（俗称砒霜），用时小心，切勿入口。

21-4-6 仪器

一般实验室用仪器：

6.1 分光光度计；比色皿（10 mm）。

6.2 砷化氢发生装置（图 3-4）。

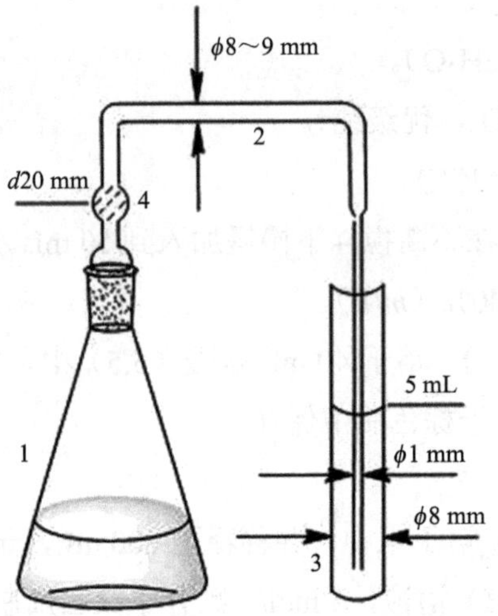

图 3-4 砷化氢发生与吸收装置

1—三角瓶；2—导气管；3—吸收管；4—乙酸铅棉花。

21-4-7 步骤

7.1 样品采集与保存

按照本手册第一部分的相关规定进行尾矿渣样品的采集和保存。

制备好的浸出液置于玻璃瓶中，用硫酸（4.4）调节 pH<2，于 4℃下保存，不要超过 7 d。

7.2 浸出液的制备

按照本手册第二部分“2 水平振荡法”进行浸出液的制备。

7.3 试料

取适量浸出液（含砷不超过 25 μg），于砷化氢发生瓶（5.2）中，用水稀释至 50 mL。

7.4 空白试验：在测定实际样品同时进行空白试验，所用试剂及用量均与测定（7.5）相同，包括预处理步骤。但用水取代试料。

7.5 测定

7.5.1 显色

7.5.1.1 向砷化氢发生瓶（5.2）中加入硫酸溶液（4.10）8 mL，碘化钾溶液（4.12）5.0 mL；氯化亚锡溶液（4.11）2.0 mL，摇匀放置 10 min。

7.5.1.2 吸取砷化氢吸收溶液（4.17）5.0 mL，没于吸收管（图 3-4）中，插入导气管，使其与发生瓶（5.2）连接好。

7.5.1.3 加入 4 g 无砷锌粒（4.6）于砷化氢发生瓶（5.2），立即将导气管与砷化氢发生瓶（5.2）连接好，保证反应装置密闭不漏气。

7.5.1.4 在室温下反应 1 h，使砷化氢气体完全释放出来，加氯仿（4.3）于吸收管（图 3-4）中，补充其吸收液体积到 5.0 mL 并混匀。

注 2：①砷化氢是剧毒气体，整个反应在通风橱内或通风良好处进行。

②在砷化氢完全释放以后，吸收管内的红色胶体溶液在 2.5 h 内是稳定的，应在这段时间内进行吸光度测定。

7.5.2 测量

用 10 mm 比色皿，以氯仿（4.3）为参比，在 530 nm 波长处测量吸收液（7.5.1.4）的吸光度，减去空白（7.4）试验的吸光度值，由所得的吸光度，从校准曲线（5.5.3）查得试样的含砷量（μg）。

7.6 校准曲线的绘制

7.6.1 制备标准工作溶液

于 8 个砷化氢发生瓶（5.2）中，分别加入 0.0 mL、1.00 mL、2.50 mL、5.00 mL、10.00 mL、15.00 mL、20.00 mL、25.00 mL 砷标准溶液（4.20），加水到 50 mL。

7.6.2 显色与测量

按测定（7.5）中所述步骤进行。

7.6.3 绘制校准曲线

减去空白试验（7.4）的吸光度，修正对应的每个标准溶液（7.6.1）的吸光度。以修正后的吸光度为纵坐标，与之对应的砷量为横坐标作图。要经常绘制校准曲线，最好与被测试料同时绘制。

21-4-8 结果表示

浸出液中砷的浓度 c（mg/L）按下式计算：

$$c=\frac{m}{V}$$

式中：m——于校准曲线上查得的试料中的砷量，μg；

V——试料体积，mL。

附录 A
注意事项
（参考件）

A1 吸收液的高度应保持在 8～10 cm 为宜，且各管的高度应一致。

A2 各反应瓶的反应温度及酸度应保持一致，否则会影响精密度。

A3 试样的保存应用硫酸调至 pH 小于 2，不可用硝酸。因硝酸浓度在 0.01 mol/L 时对砷的测定有负干扰。

A4 吸收管毛细管的口径必须小于 1.0 mm。

A5 有时空白值偏高是因为 DDC-Ag 试剂变质。

A6 二乙基二硫代氨基甲酸银溶液颜色变深时，需要重配或用活性炭脱色后再用，否则会引起空白偏高。

A7 若反应环境温度很高，还原反应速度激烈，可适当减少浓硫酸的用量或将砷化氢发生器放入冰水中，并不断补充氯仿于吸收管中，使吸收液高度一致。

A8 醋酸铅棉稍有变黑时，即应更换。

21-5 石墨炉原子吸收分光光度法

同 5-4 方法二。

22 硒

22-1 原子荧光分光光度法

方法一

同 20-1。

方法二

同 21-1 方法二。

22-2 电感耦合等离子体质谱法

同 5-1。

22-3 石墨炉原子吸收分光光度法

同 5-4 方法二。

23　锑

23-1　原子荧光分光光度法

方法一

同 20-1。

方法二

同 21-1 方法二。

23-2　电感耦合等离子体质谱法

同 5-1。

23-3　电感耦合等离子体发射光谱法

同 5-2。

23-4　火焰原子吸收分光光度法

同 5-3 方法二。

23-5　石墨炉原子吸收分光光度法

同 5-4 方法二。

24　硫离子和氰根离子

24-1　离子色谱法

24-1-1　编制依据

本方法依据以下标准方法编制：

《工业固体废物采样制样规范》（HJ/T 20—1998）；

《固体废物　浸出毒性浸出方法　硫酸硝酸法》（HJ/T 299—2007）；

《危险废物鉴别标准　浸出毒性鉴别》（GB 5085.3—2007）附录 G《固体废物　氰根离子和硫离子的测定　离子色谱法》；

《水质　氰化物的测定　容量法和分光光度法》（HJ 484—2009）；

《土壤　氰化物和总氰化物的测定　分光光度法》（HJ 745—2015）；

《危险废物鉴别及土壤监测技术》。

24-1-2　适用范围

本方法规定了测定尾矿渣总量和尾矿渣浸出液中氰根离子和硫离子的离子色谱法。

尾矿渣浸出液：方法检出限为 0.1 μg/L，方法测定下限为 0.4 μg/L。

尾矿渣总量：当样品量为 5 g 时，实验室硫离子检出限为 0.004 mg/kg，实验室测定下限为 0.016 mg/kg；实验室氰根离子检出限为 0.003 mg/kg，实验室测定下限为 0.012 mg/kg。

24-1-3　术语和定义

下列术语和定义适用于本方法。

3.1　离子色谱：一种液相色谱，通过离子交换分离离子组分，然后用适当的检测方法检测。

3.2　分析柱：在保护柱后连接一支或多支分离柱组成一系列用以分离待测离子的分析系统。系列中所有柱子对分析柱的总容量均有贡献。

3.3　保护柱：置于分离柱之前的柱子，用于保护分离柱免受颗粒物或不可逆保留物等杂质的污染。

3.4　分离柱：根据待测离子保留特性，在检测前将被检测离子分离的交换柱。

3.5　淋洗液：离子流动相，样品通过交换柱的载体。

24-1-4　方法原理

氰根离子和硫离子在实际样品中一般以络合态存在。加入浓硫酸后，络合的氰根离子和硫离子会被释放出来，与氢离子结合生成氰化氢和硫化氢。而后两者被强碱性溶液吸收，成为氰化钠和硫化钠。氰化钠和硫化钠进入色谱柱后，和其他阴离子随淋洗液进入阴离子交换分析柱中（由保护柱和分离柱组成），根据分析柱对不同离子的亲和力不同进行分离，具有电化学活性的氰根离子和硫离子被检测，以相对保留时间定性，以峰面积或峰高定量。

24-1-5　试剂和材料

除非另有说明，分析时均使用符合国家标准的分析纯试剂。

5.1　实验用水：新制备的实验室二级用水。

5.2　氢氧化钠溶液：ρ（NaOH）=1 mol/L。

移取 52.0 mL 50%氢氧化钠溶于水中，稀释至 1 000 mL，摇匀，贮于聚乙烯容器中。

5.3　氢氧化钠溶液：ρ（NaOH）=250 mmol/L。

移取 13.00 mL50%氢氧化钠溶于水中，稀释至 1 000 mL，摇匀，贮于聚乙烯容器中。

5.4　淋洗液溶液（100 mmol/L 氢氧化钠溶液；500 mmol/L 醋酸钠溶液；0.5%乙二胺）。

溶解 42.1 g 无水醋酸钠至纯水中加入 5.2 mL 50%氢氧化钠溶液，用纯水稀释定容至 1 000 mL 然后加入总体积的 0.5%的乙二胺溶液。

5.5　硫酸：ρ=1.83 g/mL。

5.6　氰根离子标准使用溶液：ρ=1.00 mg/L。

吸取 5.00 mL 氰化钾标准溶液于 500 mL 棕色容量瓶中，用氢氧化钠溶液（5.3）稀释至标线摇匀，用时现配。

5.7　硫化物标准使用溶液：ρ=1.00 mg/L。

吸取 5.00 mL 硫化物标准溶液于 500 mL 棕色容量瓶中，用氢氧化钠溶液（5.3）稀释至标线摇匀，避光，用时现配。

24-1-6　仪器和设备

6.1　离子色谱仪（安培/电导双检测器）

6.2　分析天平：精度 0.001 g。

6.3　超声波清洗器。

6.4　离心机。

6.5　振荡设备：转速为（30±2）r/min，可控温（23±2）℃的翻转式振荡装置，使用前经有资质部门检定/校准并确认。

6.6　过滤装置

6.6.1　正压过滤器：容积＞2 L，配有空气泵。

6.6.2　滤膜：玻纤滤膜或微孔滤膜，孔径 0.6～0.8 μm。

6.7　蒸馏仪：功率可调。

6.8　Teflon 筛：孔径 9.5 mm。

6.9　尼龙筛：孔径 180 μm。

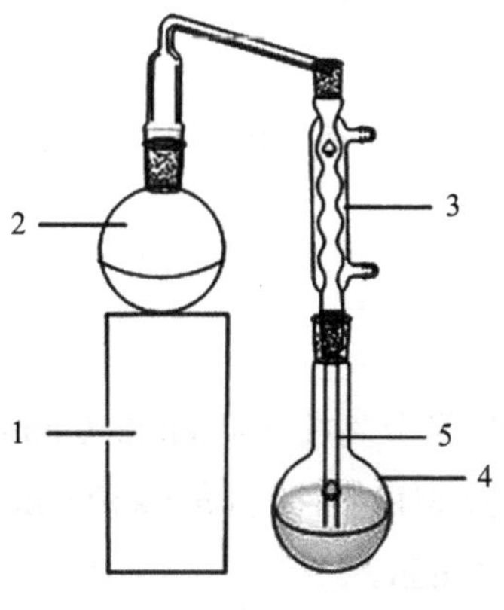

图 3-5　硫离子/氰根离子蒸馏

1—可调电炉；2—蒸馏瓶；3—冷凝管；4—接收瓶；5—馏出液导管。

24-1-7 样品采集与保存

按照本手册第一部分的相关规定进行尾矿渣样品的采集和保存。

不要使用玻璃棒取样，否则易导致离子污染。

尾矿渣样品 4℃冷藏保存并于 1 个月内进行分析。

24-1-8 样品制备

8.1 尾矿渣浸出液

8.1.1 浸出液制备

按照本手册第二部分“1 硫酸硝酸法”进行浸出液的制备。

浸出液需贮存于用蒸馏水清洗并干燥后的聚乙烯塑料瓶中，应加氢氧化钠固定。如不能及时分析样品，须将浸出液存放在 4℃的冰箱内，并于 24 h 内分析。

8.1.2 蒸馏

准确移取浸出液 200 mL 于蒸馏瓶中，连接蒸馏装置，打开冷凝水，在接收瓶中加入 10 mL 1 mol/L 的氢氧化钠溶液作为吸收液，迅速加入 10 mL 浓硫酸于蒸馏瓶中，立即加盖。打开电炉，馏出液以 2～4 mL/min 的速度进行加热蒸馏，接收瓶内试样接近 100 mL 时，停止蒸馏，用少量水冲洗溜出液导管取出接收瓶，用水定容至 100 mL。

8.2 尾矿渣

取 5 g（准确至 0.001 g）过 180 μm 筛的尾矿渣（新鲜样），加入 200 mL 水，连接蒸馏装置，打开冷凝水，在接收瓶中加入 10 mL 1 mol/L 的氢氧化钠溶液作为吸收液。迅速加入 10 mL 浓硫酸于蒸馏瓶中，立即加盖。打开电炉，馏出液以 2～4 mL/min 的速度进行加热蒸馏，接收瓶内试样接近 100 mL 时，停止蒸馏，用少量水冲洗馏出液导管取出接收瓶，用水定容至 100 mL。

注 1：蒸馏前务必检查蒸馏装置的气密性，以防在蒸馏过程中蒸馏装置发生泄漏，且在蒸馏过程中，保持馏出液插入吸收液液面以下，使其完全吸收。

8.3 空白试样制备

尾矿渣浸出液空白用实验用水代替待测样品；尾矿渣总量空白在蒸馏瓶中只加入 200 mL 水；按样品相同步骤处理。

24-1-9 分析测试

9.1 仪器条件

9.1.1 分析柱：IonPac AS7 型分离柱（4 mm×250 mm）。

9.1.2 保护柱；IonPac AG7 型保护柱（4 mm×50 mm）。

9.1.3 淋洗液流速：1.0 mL/min。

9.1.4 柱温：30℃。

9.1.5 淋洗液：100 mmol/L 氢氧化钠溶液；500 mmol/L 醋酸钠溶液；0.5%乙二胺溶液。

9.1.6　检测器：安培检测器，银工作电极，Ag/AgCl参比电极，三电位脉冲安培检测。

9.1.7　进样量：25 μL。

9.2　标准曲线的绘制

取 100 mL 容量瓶 5 个，分别加入氰根离子/硫离子标准使用液 0.00 mL、0.50 mL、1.00 mL、2.00 mL、3.00 mL、5.00 mL，用 250 mmol/L NaOH 溶液定容、混匀，配制成 0.0 μg/L、5 μg/L、10 μg/L、20 μg/L、30 μg/L、50 μg/L 不同质量浓度的混合标准系列。按其质量浓度由低到高的顺序依次注入离子色谱仪，以氰根离子/硫离子质量浓度为横坐标，以测定的峰面积（峰高）为纵坐标，绘制标准曲线。

9.3　校正

9.3.1　分析氰根离子/硫离子方法工作溶液，记录谱图上的出峰时间，确定保留时间。

9.3.2　分析空白，方法工作溶液（已知进样体积），以峰高或峰面积为纵坐标，以离子浓度为横坐标，选择合适的回归方式，确定方法工作曲线。

9.3.3　如果空白溶液谱图中有与氰根离子/硫离子保留时间相同的可测峰，外推校正曲线至横坐标，在横坐标上的截距代表空白溶液中该离子的浓度。将空白溶液中所含离子浓度加入方法工作溶液的浓度中，例如：氰根离子方法工作溶液浓度为 10.0 μg/L，空白离子浓度为 0.2 μg/L，则该方法工作溶液浓度修正为 10.2 μg/L。以修正后的标准溶液浓度对峰高或峰面积重新做方法工作曲线。

9.4　样品的测定

按照与绘制标准曲线相同的色谱条件和步骤，将样品的馏出液注入离子色谱仪测定氰根离子质量浓度，以保留时间定性、仪器响应值定量。

24-1-10　结果计算与表示

10.1　尾矿渣浸出液

尾矿渣浸出液中硫离子/氰根离子的质量浓度 ρ（μg/L）按下式计算：

$$\rho = \frac{\rho_1 \times V_1 \times f}{V}$$

式中：ρ_1——由校准曲线计算试样中硫离子/氰根离子的浓度，μg/L；

V_1——馏出液体积，mL；

V——试样体积，mL；

f——稀释倍数。

10.2　尾矿渣

尾矿渣中硫离子/氰根离子的含量 ω（mg/kg）按下式计算：

$$\omega = \frac{\rho \times V_1 \times f}{m} \times 10^{-3}$$

式中：ρ——氰根离子/硫离子的测定浓度，μg/L；

V_1——馏出液体积，mL；

m——称取样品的质量，g；

f——样品的稀释倍数。

10.3 结果表示

当尾矿渣浸出液测定结果小于 1 μg/L 时，结果保留小数点后两位；当测定结果大于或等于 1 μg/L 时，结果保留 3 位有效数字。

当尾矿渣测定结果小于 1 mg/kg 时，结果保留小数点后两位；当测定结果大于或等于 1 mg/kg 时，结果保留 3 位有效数字。

24-1-11 质量保证和质量控制

11.1 每批样品至少做一个全程序空白试验，其测定结果应低于方法检出限。

11.2 每批样品应至少随机测定 10%的平行样（样品数量少于 10 个时至少测定 1 个平行样），两次测定结果相对偏差不超过 15%。

11.3 每批样品应至少做 10%加标回收试验（样品数量少于 10 个时至少测定 1 个），加标回收率范围在 80%～120%。

24-1-12 注意事项

12.1 试样制备过程中，为防止蒸馏或吸收装置发生漏气现象，导致氰化氢和硫化氢泄漏，必须提前检查连接部位，使其严密。

12.2 蒸馏时，馏出液导管下端要插入吸收液液面下，使其吸收完全。

12.3 在分析完高含量样品后，应分析一个或多个空白试验样品检查交叉污染。

第四部分　质量保证与质量控制方案

1　总体要求

编制《尾矿库环境调查质量保证与质量控制方案》，建立由省级技术牵头单位、特邀技术专家、质控单位组成的外部质控工作组，任务承担单位内部质控工作组组成的内、外两级质控审核机制。

尾矿库环境调查工作应委托专业机构承担。被委托单位应建立尾矿库环境调查质量审核制度，制订和实施内部质量控制计划，要在样品采集、样品浸出、分析检测、报告编制等方面，从严落实全过程质量控制措施，对项目技术报告的真实性、准确性、完整性负责，并自觉接受省级质量控制工作组的监督检查。

本次质控工作主要包括采样质量检查、分析测试质量检查以及采样单位、检测单位及质控单位工作质量评估。

2　采样质量检查

采样单位应开展采样的自审及内审工作，覆盖率分别为100%和20%；采样质量检查外部质控应不低于尾矿库调查数量的10%，检查包括资料检查和现场检查两种方式各5%。资料检查为事后检查，现场检查为随机检查。通过质量检查判断采样工作是否存在质量问题，并确定相应的问题处理方式。

2.1　资料检查

各级外审人员及内审人员可通过线上查阅资料或线下调阅资料的方式，依据布点采样技术规定、质量保证与质量控制方案及布点方案的相关要求，根据系统内上传的采样过程照片、采样记录单等资料，按照采样质控检查记录表（附表4-1）的要求，进行采样准备和采样过程的资料检查。项目结束时，各承担单位及时填写附表4-1。

（1）采样准备资料检查

检查布点采样方案及专家评审意见等的准备情况。

检查方式及判定原则记录于附表 4-1。

（2）采样过程资料检查

检查尾矿渣样品现场采样记录填写是否规范、信息是否完整；检查现场采样过程的内审自查记录；检查现场测试仪器设备的检定/校准；检查现场测试的原始记录；检查现场测试仪器使用记录；对照尾矿库污染源调查采样手持终端（以下简称手持终端）或信息系统，检查采样记录单是否填写完整。

检查方式及判定原则记录于附表 4-1。

2.2 现场检查

内审人员和外审人员按照布点采样技术规定、质量保证与质量控制方案及布点方案的相关要求对采样过程进行现场检查。现场检查包括对采样准备和采样过程的检查，应覆盖尾矿渣全部采样环节。项目结束时，各承担单位及时填写附表 4-1。

（1）采样准备现场检查。

检查布点方案、现场人员与设备、样品保存工具的准备情况。检查方式及判定原则记录于附表 4-1。

（2）采样过程现场检查。

①检查布点方案、现场人员与设备、样品保存工具的准备情况。检查方式及判定原则记录于附表 4-1。

②尾矿渣是否按照剖面或柱状方式采样，并进行现场称量及初均。

③尾矿渣样品采集方法等是否规范，样品标识是否清晰完整，样品包装是否完好。

④尾矿渣样品的保存、运输方法是否规范，是否采取有效措施防止样品在保存、运输过程被沾污。

⑤样品编号是否规范、有无编号混乱或有重号，样品重量或数量是否符合规定要求；样品是否在有效期内送达。

检查方式及判定原则记录于附表 4-1。

2.3 采样质量评价

采样质量问题以采样点为评价对象，分为“严重问题”和“一般问题”。对“严重问题”按环节分类，每一环节拆分不同的检查项目，根据资料检查和现场检查方式的差异细化判定原则（附表 4-1）。判定时，每一环节存在以下任一检查项目不合格，则认为该环节不合格，即存在“严重问题”。

（1）采样位置明显与布点方案的要求不符（即附表 4-1 中第 2 环节“采样点数量和

位置”项目不合格，则认为该环节存在“严重问题”）。

（2）尾矿渣剖面或柱状采样等环节存在“严重问题”（即附表 4-1 中第 2 环节的相关检查项目不合格，则认为该环节存在“严重问题”）。

（3）未按规定方法保存各类样品，存在以下任一情形的，认定为存在“严重问题”：样品在保存、运输过程中受到破损或沾污；样品重量或数量不符合规定要求；样品保存时间已超出规定的送检时间；样品无编号、编号混乱或有重号及样品标识不清等（即附表 4-1 中第 2 环节相关检查要点不合格，则认为该环节存在“严重问题”）。

（4）采样记录单不合格（即附表 4-1 中第 4 环节不合格，则认为该环节存在“严重问题”）。

（5）缺乏采样关键环节的照片或照片不足以支撑质量问题的判定。

（6）质量检查人员判定的其他“严重问题”，对其他造成采样没有代表性及采样结果不可信的“严重问题”的补充，应详细说明问题的严重性及后果。

对“严重问题”的判定应有 2 名（含）以上质量检查人员的确认。除上述“严重问题”外的其他质量问题，判定为“一般问题”。

质量检查发现的质量问题及整改意见应在质量问题及整改意见单中描述清晰，现场检查发现的“严重问题”应通过照片或视频等文件进行记录，由质控单位留存。

由于资料检查为事后检查，对资料检查认定存在“严重问题”的采样尾矿库，如该尾矿库的样品检测结果已可反映尾矿库存在污染问题，技术牵头单位可视情况决定该尾矿库是否需要重新采样。

2.4　采样质量问题处理

质量检查发现的问题，外审人员和内审人员应填写采样质控整改意见单，采样组长及内（外）审人员应记录整改情况并确认，明确质量问题的原因及整改意见。采样工作组完成整改后，采样组长应填写采样质控整改回复单，获得外审人员认可后方可认为整改完成。

资料检查发现存在“严重问题”的采样点，由技术牵头单位确认是否要求采样单位重新采样，对存在“严重问题”的采样单位，应加大对该单位的检查比例。对存在“一般问题”的采样单位，应要求该采样单位对类似质量问题及时进行排查整改。

现场检查发现存在“严重问题”的采样点，外审人员应现场提出整改和重新采样的要求，并监督采样单位完成整改，整改完成后签字确认。质控单位应对存在“严重问题”的采样单位已完成的采样尾矿库进行资料复查，对存在类似“严重问题”的采样点由技术牵头单位确认是否要求采样单位重新采样；后续应加大对该单位的质量检查比例。现场检查发现的“一般问题”，外审人员应提出整改要求，同时要求采样单位对已完成工作自行复查，对存在类似“一般问题”进行整改并复核。

3 分析测试质量检查

分析测试质量检查包括技术资料检查和现场检查两种方式，技术资料检查为事后检查，现场检查为实验室随机检查。

技术资料检查首先由实验室负责 100%的全面内部审核检查，在此基础上由质控专家及质控单位负责随机抽取 10%（非平行样）报告及原始记录进行外部审核检查；尾矿库污染源调查中密码平行样点的检测报告、质控报告及原始记录检查覆盖率达到 100%。

技术资料检查覆盖率达到 20%（包括 10%平行样及 10%非平行样）；实验室现场质量检查频率为每个测试单位每月 2 次，总共不少于 4 次。通过质量检查判断分析测试工作是否存在质量问题，并确定相应的问题处理方式。

3.1 技术资料检查

技术资料主要包括各尾矿库检测报告、质控报告及相关原始记录。由省级外审人员及内审人员通过线下调阅资料的方式，依据检测技术规定、质量保证与质量控制方案的相关要求，按照尾矿库污染源调查检测报告和质控报告审核的要求，进行分析测试的技术资料检查。尾矿库污染源调查的技术资料检查，重点检查检测报告、质控报告编制的规范性、完整性；原始记录的可溯性、完整性；检测结果的正确性、合理性。

3.2 现场检查

实验室现场检查主要内容：

①分析测试实验室是否具备尾矿库污染源调查必测项目的资质能力。

②实验室仪器设备、环境场所及技术人员的配置及能力确认是否满足所承担工作量要求。

③实验室内部质量控制工作是否按本手册要求制订质量控制计划，并按要求开展质控措施，其有效性及合格率是否满足规定要求。

④尾矿库污染源调查的现场随机抽取检查检测报告、质控报告各 1 份，重点检查报告所附原始记录的可溯性、完整性；工作站检测结果的真实性、一致性。

⑤实验室外部质量控制检查，重点检查外部质控措施落实情况及质控结果的符合性。

⑥实施外部质控现场检查，必要时，开展留样复测或发放国家标准物质考核样。

4 尾矿库调查质控工作质量评估

各项目承担单位针对尾矿库污染源调查工作开展质量评估，质量评估主要包括内控机制、能力保障及工作实效等方面。

4.1 采样单位、分析测试单位工作质量评估

内控机制：是否制订了包括资料检查和现场检查在内的内部质控计划，内审是否与承担工作同步开展，是否建立了问题发现与督促整改的闭环工作制度。

能力保障：是否配备了足够的内审人员，是否针对承担工作人员和内审人员组织技术培训和交流。

工作实效：内部质控工作是否与承担工作同步启动，现场检查与资料检查是否实现了全部的质量控制。是否及时、准确地发现了承担工作中存在的“严重问题”，是否对存在的“严重问题”进行了监督整改，是否对存在的“一般问题”进行了整改和复核。

4.2 外审工作质量评估

外控机制：是否制订了包括资料检查和现场检查在内的外部质控工作方案，外审是否与各环节工作同步开展，是否建立了问题发现与督促整改的闭环工作制度。

能力保障：是否配备了足够的外审人员，是否对外审人员组织了技术培训和交流。

工作实效：外部质控工作是否与各环节工作同步启动，是否满足相应的外审比例，是否及时、准确地发现了各环节工作中存在的“严重问题”，对存在“严重问题”的单位是否加大了质量检查比例，是否要求对存在的“一般问题”进行整改和复核。

各任务承担单位应在完成调查任务时提交工作质量自评估报告及相应内审资料，质控实验室配合技术牵头单位编制尾矿库污染源调查质量保证与质量控制工作总结报告。

5 附件及附表

附件 4-1 密码平行样分析结果比对判定规则。

附件 4-2 实验室内部质量控制措施。

附表 4-1 采样质控检查记录表。

附表 4-2 检测实验室现场质控检查记录表。

附件 4-1

密码平行样分析结果比对判定规则

“陕西省秦岭区域尾矿库污染源调查”项目技术规定要求采集现场实验室内及实验室间密码平行样，在本次调查工作中参考 2020 年“全国重点行业企业用地污染状况调查”国家环境分析测试中心发布的《数据上报系统中外部质控密码平行样分析结果比对设置要求（修订版）》，编制了《密码平行样分析结果比对判定规则》，此规则运用于尾矿库调查工作。

一、基本判定原则

1．选取《土壤环境质量建设用地土壤污染风险管控标准（试行）》（GB 36600—2018）建设用地土壤污染第一类用地筛选值为尾矿渣密码平行样比对分析结果评价依据；选取《地表水环境质量标准》（GB 3838—2002）Ⅳ类标准限值为尾矿渣浸出液密码平行样比对分析结果评价依据。

2．当两个尾矿渣样品比对分析结果均小于或等于第一类筛选值、或均大于第一类筛选值且小于或等于第一类管制值、或均大于第一类管制值时，判定比对结果合格；否则应比较两个比对分析结果的相对偏差（RD），在最大允许相对偏差范围内为合格，其余为不合格。

3．当两个尾矿渣浸出液样品比对分析结果均小于或等于地表水质量类标准限值、或均大于地表水质量Ⅳ类标准限值时，判定比对结果合格；否则应比较两个比对分析结果的相对偏差（RD），在最大允许相对偏差范围内为合格，其余为不合格。

4．尾矿渣样品中，没有标准限值的参数，按照本设置要求的第（三）条进行判定。

其中各类样品具体有以下参数（共 14 项）：

尾矿渣：铬、银、锌、硒、锰、钼、钛、铊、钡、氟化物、硫离子、氰根离子，共 12 项；

浸出液：银、铬，共 2 项。

二、相对偏差计算

尾矿库现场采集的 3 份尾矿渣平行样品，其中 2 份送承担分析测试任务实验室，开展实验室内平行分析，获得检测结果 A 和 B 及算术平均值 C，另 1 份送比对实验室，开展实验室间比对分析，获得检测结果 D。

实验室内相对偏差计算公式：RD（%）=（$A-B$）/（$A+B$）×100

实验室间相对偏差计算公式：RD（%）=（$C-D$）/（$C+D$）×100

调查数据上报按照以下要求对检测结果（A、B、C、D）分别进行判定：

（一）尾矿渣样品

1．无机污染物

- 实验室内平行分析结果（*A* 和 *B*）比对设置

A 和 *B* 均小于或等于第一类筛选值或均大于第一类筛选值且小于或等于第一类管制值、或均大于第一类管制值时，判定比对结果合格；否则应比较两个比对分析结果的相对偏差（RD），若 RD 小于或等于 30%，比对结果为合格，其余为不合格。

- 实验室间平行分析结果（*C* 和 *D*）比对设置

C 和 *D* 均小于或等于第一类筛选值、或均大于第一类筛选值且小于或等于第一类管制值、或均大于第一类管制值时，判定比对结果合格；否则应比较两个比对分析结果的相对偏差（RD），若 RD 小于或等于 35%，比对结果为合格，其余为不合格。

2．尾矿渣腐蚀性（pH）

- 实验室内平行分析结果（*A* 和 *B*）比对设置

A 和 *B* 绝对偏差小于或等于 0.3，比对结果为合格；否则为不合格。

- 实验室间平行分析结果（*C* 和 *D*）比对设置

C 和 *D* 绝对偏差小于或等于 0.5，比对结果为合格；否则为不合格。

（二）尾矿渣浸出液样品

- 实验室内平行分析结果（*A* 和 *B*）比对设置

1．*A* 和 *B* 均小于或等于或大于地表水Ⅳ类标准限值（*S*），比对结果为合格。

2．*A* 和 *B* 中一个大于 *S*，一个小于或等于 *S*，计算 RD，若 RD 小于或等于 30%，比对结果为合格，否则为不合格。

- 实验室间平行分析结果（*C* 和 *D*）比对设置

1．*C* 和 *D* 均小于或等于，或均大于 *S*，比对结果为合格。

2．*C* 和 *D* 中一个大于 *S*，一个小于或等于 *S*，计算 RD，若 RD 小于或等于 40%，比对结果为合格，否则为不合格。

（三）各类样品无标准限值的判定

- 实验室内平行分析结果（*A* 和 *B*）比对设置

计算两个比对分析结果的相对偏差（RD），若 RD 小于或等于 40%，比对结果为合格，其余为不合格。

- 实验室间平行分析结果（*C* 和 *D*）比对设置

计算两个比对分析结果的相对偏差（RD），若 RD 小于或等于 50%，比对结果为合格，其余为不合格。

表 1 建设用地土壤污染风险筛选值和管制值 单位：mg/kg

序号	项目名称	筛选值	管制值
		一类用地	一类用地
1	砷	20	120
2	镉	20	47
3	铬（六价）	3.0	30
4	铜	2 000	8 000
5	铅	400	800
6	汞	8	33
7	镍	150	600
8	锑	20	40
9	铍	15	98
10	钴	20	190
11	钒	165	330

表 2 地表水环境质量标准基本项目标准限值（Ⅳ类） 单位：mg/L

序号	项目名称	标准限值	序号	项目名称	标准限值
1	氟化物（以 F^- 计）	1.5	6	铬（六价）	0.05
2	铜	1.0	7	硒	0.02
3	锌	2.0	8	砷	0.1
4	铅	0.05	9	汞	0.001
5	镉	0.005			

表 3 地表水环境质量标准补充项目标准限值 单位：mg/L

序号	项目名称	标准限值	序号	项目名称	标准限值
1	铁	0.3	2	锰	0.1

表 4 地表水环境质量标准特定项目标准限值 单位：mg/L

序号	项目名称	标准限值	序号	项目名称	标准限值
1	钼	0.07	6	镍	0.02
2	钴	1.0	7	钡	0.7
3	铍	0.002	8	钒	0.05
4	硼	0.5	9	钛	0.1
5	锑	0.005	10	铊	0.000 1

附件 4-2

实验室内部质量控制措施

样品类型	分析方法	参数	实验室质控措施	评价要求	备注
尾矿渣（总量）	《固体废物 金属元素的测定 电感耦合等离子体质谱法》（HJ 766—2015）	镉、铬、铅、镍、铍、银、钡、铜、锌、锰、钼、钒、铊、钴	1．每批样品至少分析 2 个空白试样	1．空白值应符合下列情况之一：（1）低于方法检出限；（2）低于标准限值的 10%；（3）低于每批样品最低测定值的 10%	
			2．每批样品测定 5%密码平行样，当批次样品数＜20 时，应至少随机抽取 1 个样品进行平行双样分析	2．总镉、总铜、总铅、总铬、总锌、总镍的精密度需满足表 1 的要求，其他参数精密度满足表 2 的要求	
			3．每批样品测定 5%明码平行样，当批次样品数＜20 时，应至少随机抽取 1 个样品进行平行双样分析	3．总镉、总铜、总铅、总铬、总锌、总镍的精密度需满足表 1 的要求，其他参数精密度满足表 2 的要求	
			4．每批样品测定 5%标准样品，当批次样品数＜20 时，应至少测定 1 个标准样品；或每批样品应至少测定 5%基体加标，当批次样品数＜20 时，应至少随机抽取 1 个样品进行基体加标分析	4．质控样测定结果需在标准样品证书标准值范围内；加标回收率应在 75%～125%	
			5．每批样品分析一次校准曲线中间浓度点	5．测定结果与实际浓度值相对偏差应≤10%	
			6．每批样品分析完毕后，应进行一次曲线最低点的分析	6．测定结果与实际浓度值相对偏差应≤30%	
			7．也可按照分析测试方法的质量控制规定，增加质控措施，但不得低于上述要求	7．须满足分析方法质控措施要求	
	《固体废物 汞、砷、硒、铋、锑的测定 微波消解/原子荧光法》（HJ 702—2014）	汞、砷、硒、锑	1．每批样品至少分析 1 个空白试验	1．测定结果应低于方法测定下限	
			2．每批样品测定 5%密码平行样，当批次样品数＜20 时，应至少随机抽取 1 个样品进行平行双样分析	2．两次测定结果误差不超过 20%	
			3．每批样品测定 5%明码平行样，当批次样品数＜20 时，应至少随机抽取 1 个样品进行平行双样分析	3．两次测定结果误差不超过 20%	

样品类型	分析方法	参数	实验室质控措施	评价要求	备注
尾矿渣（总量）	《固体废物 汞、砷、硒、铋、锑的测定 微波消解/原子荧光法》（HJ 702—2014）	汞、砷、硒、锑	4．每批应至少做 1 个有证标准物质/有证标准样品；每批至少做 10%加标回收样品，样品数少于 10 个，至少做 1 个	4．质控样测定结果需在标准样品证书标准值范围内；加标回收率应为 70%～130%	
			5．每次样品分析应绘制校准曲线	5．曲线的相关系数应大于 0.999	
			6．每批样品，分析一个校准曲线中间浓度点	6．测定结果与实际浓度值相对偏差应≤10%	
			7．也可按照分析测试方法的质量控制规定，增加质控措施，但不得低于上述要求	7．须满足分析方法质控措施要求	
	《固体废物 六价铬的测定 碱消解/火焰原子吸收分光光度法》（HJ 687—2014）	六价铬	1．每批样品（最多 20 个）至少分析 2 个空白试验	1．测定结果应低于方法检测限	
			2．每批样品测定 5%密码平行样，当批次样品数＜20 时，应至少随机抽取 1 个样品进行平行双样分析	2．相对偏差≤20%	
			3．每批样品测定 5%明码平行样，当批次样品数＜20 时，应至少随机抽取 1 个样品进行平行双样分析	3．相对偏差≤20%	
			4．每批样品测定 5%标准样品，当批次样品数＜20 时，应至少测定 1 个标准样品。或每批样品应至少测定 5% 基体加标，当批次样品数＜20 时，应至少随机抽取 1 个样品进行基体加标分析	4．质控样测定结果需在标准样品证书标准值范围内；加标回收率应为 70%～130%	
			5．每次样品分析应绘制校准曲线	5．曲线的相关系数应＞0.999	
			6．每分析测试 20 个样品，分析一个校准曲线中间浓度点	6．测定结果与实际浓度值相对偏差应≤10%	
			7．也可按照分析测试方法的质量控制规定，增加质控措施，但不得低于上述要求	7．须满足分析方法质控措施要求	
	《固体废物 氟的测定 碱熔-离子选择电极法》（HJ 999—2018）	氟	1．每批样品（最多 20 个）至少分析 2 个空白试验	1．测定结果应低于方法检测限	
			2．每批样品测定 5%密码平行样，当批次样品数＜20 时，应至少随机抽取 1 个样品进行平行双样分析	2．相对偏差≤20%	
			3．每批样品测定 5%明码平行样，当批次样品数＜20 时，应至少随机抽取 1 个样品进行平行双样分析	3．相对偏差≤20%	

样品类型	分析方法	参数	实验室质控措施	评价要求	备注
尾矿渣（总量）	《固体废物　氟的测定　碱熔-离子选择电极法》（HJ 999—2018）	氟	4．每批样品测定 5%标准样品，当批次样品数＜20 时，应至少测定 1 个标准样品。或每批样品应至少测定 5% 基体加标，当批次样品数＜20 时，应至少随机抽取 1 个样品进行基体加标分析	4．质控样测定结果需在标准样品证书标准值范围内；加标回收率应为 70%～130%	
			5．每次样品分析应绘制校准曲线	5．曲线的相关系数应＞0.999	
			6．每分析测试 20 个样品，分析一个校准曲线中间浓度点	6．测定结果与实际浓度值相对偏差应≤10%	
			7．也可按照分析测试方法的质量控制规定，增加质控措施，但不得低于上述要求	7．须满足分析方法质控措施要求	
	《危险废物鉴别标准　浸出毒性鉴别》（GB 5085.3—2007）附录 G《固体废物　氰根离子和硫离子的测定　离子色谱法》	氰根离子、硫离子	1．每批样品（最多 20 个）至少分析 1 个空白试验	1．测定结果应低于方法检测限	
			2．每批样品测定 5%密码平行样，当批次样品数＜20 时，应至少随机抽取 1 个样品进行平行双样分析	2．精密度需满足表 2 的要求	
			3．每批样品测定 5%明码平行样，当批次样品数＜20 时，应至少随机抽取 1 个样品进行平行双样分析	3．精密度需满足表 2 的要求	
			4．每批样品应至少测定 5%基体加标，当批次样品数＜20 时，应至少随机抽取 1 个样品进行基体加标分析	4．加标回收率需满足表 2 的要求	
			5．每次样品分析应绘制校准曲线	5．曲线的相关系数应＞0.999	
			6．每分析测试 20 个样品，分析一个校准曲线中间浓度点	6．测定结果与实际浓度值相对偏差应≤10%	
			7．也可按照分析测试方法的质量控制规定，增加质控措施，但不得低于上述要求	7．须满足分析方法质控措施要求	
	《固体废物　22 种金属元素的测定　电感耦合等离子体发射光谱法》（HJ 781—2016）	钛	1．每批样品至少分析 1 个空白试验	1．测定结果不得超过方法测定下限	
			2．每批样品测定 5%密码平行样，当批次样品数＜10 时，应至少随机抽取 1 个样品进行平行双样分析	2．相对偏差＜35%	
			3．每批样品测定 5%明码平行样，当批次样品数＜10 时，应至少随机抽取 1 个样品进行平行双样分析	3．相对偏差＜35%	
			4．每批样品应至少测定 5%基体加标，当批次样品数＜20 时，应至少随机抽取 1 个样品进行基体加标分析	4．加标回收率应为 70%～120%	
			5．每次样品分析应绘制校准曲线	5．曲线的相关系数应大于 0.995	

样品类型	分析方法	参数	实验室质控措施	评价要求	备注
尾矿渣（总量）	《固体废物　22 种金属元素的测定　电感耦合等离子体发射光谱法》（HJ 781—2016）	钛	6. 每分析测试 50 个样品，分析一个校准曲线中间浓度点	6. 测定结果与最近一次校准曲线该点浓度的相对偏差应≤10%	
			7. 也可按照分析测试方法的质量控制规定，增加质控措施，但不得低于上述要求	7. 须满足分析方法质控措施要求	
尾矿渣（浸出液）	《固体废物　腐蚀性测定　玻璃电极法》（GB/T 15555.12—1995）	pH	每个样品至少做 3 个平行试验	其标准差不得超过±0.15 pH 单位，取算术平均值报告试验结果	
	《固体废物　六价铬的测定　二苯碳酰二肼分光光度法》（GB/T 15555.4—1995）《固体废物　浸出毒性浸出方法　水平振荡法》（HJ 557—2010）	六价铬	1. 每批样品（或每 20 个样品）至少分析 1 个空白试验	1. 测定结果应低于方法检测限	
			2. 每批样品测定 5%密码平行样，当批次样品数<10 时，应至少随机抽取 1 个样品进行平行双样分析	2. 两次测定结果误差应满足表 2 的要求	
			3. 每批样品应至少测定 5%基体加标，当批次样品数<20 时，应至少随机抽取 1 个样品进行基体加标分析	3. 加标回收率应需满足表 2 的要求	
			4. 每次样品分析应绘制校准曲线	4. 曲线的相关系数应>0.999	
			5. 每分析测试 20 个样品，应测定一次校准曲线中间浓度点	5. 测定结果与实际浓度值相对偏差应≤10%	
			6. 也可按照分析测试方法的质量控制规定，增加质控措施，但不得低于上述要求	6. 须满足分析方法质控措施要求	
	《固体废物　氟化物的测定　离子选择性电极法》（GB/T 15555.11—1995）《固体废物　浸出毒性浸出方法　水平振荡法》（HJ 557—2010）	氟化物	1. 每批样品（或每 20 个样品）至少分析 1 个空白试验	1. 测定结果应低于方法检测限	
			2. 每批样品测定 5%密码平行样，当批次样品数<10 时，应至少随机抽取 1 个样品进行平行双样分析	2. 两次测定结果误差应满足表 2 的要求	
			3. 每批样品应至少测定 5%基体加标，当批次样品数<20 时，应至少随机抽取 1 个样品进行基体加标分析	3. 加标回收率应需满足表 2 的要求	
			4. 每次样品分析应绘制校准曲线	4. 曲线的相关系数应>0.999	
			5. 每分析测试 20 个样品，应测定一次校准曲线中间浓度点	5. 测定结果与实际浓度值相对偏差应≤10%	
			6. 也可按照分析测试方法的质量控制规定，增加质控措施，但不得低于上述要求	6. 须满足分析方法质控措施要求	

样品类型	分析方法	参数	实验室质控措施	评价要求	备注
尾矿渣（浸出液）	《危险废物鉴别标准 浸出毒性鉴别》（GB 5085.3—2007）附录G《固体废物 氰根离子和硫离子的测定 离子色谱法》	硫离子、氰根离子	1．每批样品（或每20个样品）至少分析1个空白试验	1．测定结果应低于方法检测限	
			2．每批样品测定5%密码平行样，当批次样品数<10时，应至少随机抽取1个样品进行平行双样分析	2．两次测定结果误差应满足表2的要求	
			3．每批样品应至少测定5%基体加标，当批次样品数<20时，应至少随机抽取1个样品进行基体加标分析	3．加标回收率应需满足表2的要求	
			4．每次样品分析应绘制校准曲线	4．曲线的相关系数应>0.999	
			5．每分析测试20个样品，应测定一次校准曲线中间浓度点	5．测定结果与实际浓度值相对偏差应≤10%	
			6．也可按照分析测试方法的质量控制规定，增加质控措施，但不得低于上述要求	6．须满足分析方法质控措施要求	
	《固体废物 金属元素的测定 电感耦合等离子体质谱法》（HJ 766—2015）《固体废物 浸出毒性浸出方法 硫酸硝酸法》（HJ/T 299—2007）	镉、铬、铅、镍、铍、银、钡、铜、锌、锰、钼、钒、铊、钴	1．每批样品至少分析2个空白试样	1．空白值应符合下列情况之一：（1）低于方法检出限；（2）低于标准限值的10%；（3）低于每批样品最低测定值的10%	
			2．每批样品测定5%密码平行样，当批次样品数<20时，应至少随机抽取1个样品进行平行双样分析	2．总镉、总铜、总铅、总铬、总锌、总镍的精密度需满足表1的要求，其他参数精密度满足表2的要求	
			3．每批样品测定5%标准样品，当批次样品数<20时，应至少测定1个标准样品；或每批样品应至少测定5%基体加标，当批次样品数<20时，应至少随机抽取1个样品进行基体加标分析	3．质控样测定结果需在标准样品证书标准值范围内；加标回收率应在75%～125%	
			4．每批样品分析一次校准曲线中间浓度点	4．测定结果与实际浓度值相对偏差应≤10%	
			5．每批样品分析完毕后，应进行一次曲线最低点的分析	5．测定结果与实际浓度值相对偏差应≤30%	
			6．也可按照分析测试方法的质量控制规定，增加质控措施，但不得低于上述要求	6．须满足分析方法质控措施要求	

样品类型	分析方法	参数	实验室质控措施	评价要求	备注
尾矿渣（浸出液）	《固体废物　汞、砷、硒、铋、锑的测定　微波消解/原子荧光法》（HJ 702—2014）《固体废物　浸出毒性浸出方法　硫酸硝酸法》（HJ/T 299—2007）	汞、砷、硒、锑	1．每批样品至少分析 1 个空白试验	1．测定结果应低于方法测定下限	
			2．每批样品测定 5%密码平行样，当批次样品数＜20 时，应至少随机抽取 1 个样品进行平行双样分析	2．两次测定结果误差不超过 20%	
			3．每批样品测定 5%标准样品，当批次样品数＜20 时，应至少测定 1 个标准样品。或每批样品应至少测定 5%基体加标，当批次样品数＜20 时，应至少随机抽取 1 个样品进行基体加标分析	3．质控样测定结果需在标准样品证书标准值范围内；加标回收率应为 70%～130%	
			4．每次样品分析应绘制校准曲线	4．曲线的相关系数应大于 0.999	
			5．每批样品，分析一个校准曲线中间浓度点	5．测定结果与实际浓度值相对偏差应≤10%	
			6．也可按照分析测试方法的质量控制规定，增加质控措施，但不得低于上述要求	6．须满足分析方法质控措施要求	
	《危险废物鉴别标准　浸出毒性鉴别》附录 A《固体废物　元素的测定　电感耦合等离子体原子发射光谱法》（GB 5085.3—2007）《固体废物　浸出毒性浸出方法　硫酸硝酸法》（HJ/T 299—2007）	钛	1．每批样品至少分析 1 个空白试验	1．测定结果不得超过方法测定下限	
			2．每批样品测定 5%密码平行样，当批次样品数＜10 时，应至少随机抽取 1 个样品进行平行双样分析	2．相对偏差＜35%	
			3．每批样品应至少测定 5%基体加标，当批次样品数＜20 时，应至少随机抽取 1 个样品进行基体加标分析	3．加标回收率应为 70%～120%	
			4．每次样品分析应绘制校准曲线	4．曲线的相关系数应＞0.995	
			5．每分析测试 50 个样品，分析一个校准曲线中间浓度点	5．测定结果与最近一次校准曲线该点浓度的相对偏差应≤10%	
			6．也可按照分析测试方法的质量控制规定，增加质控措施，但不得低于上述要求	6．须满足分析方法质控措施要求	

表 1　尾矿渣样品中主要检测项目分析测试精密度和准确度允许范围

检测项目	含量范围/（mg/kg）	精密度		准确度	
		室内相对偏差/%	室间相对偏差/%	加标回收率/%	相对误差/%
总镉	＜0.1	35	40	75～110	±40
	0.1～0.4	30	35	85～110	±35
	＞0.4	25	30	90～105	±30
总汞	＜0.1	35	40	75～110	±40
	0.1～0.4	30	35	85～110	±35
	＞0.4	25	30	90～105	±30
总砷	＜10	20	30	85～105	±30
	10～20	15	20	90～105	±20
	＞20	10	15	90～105	±15
总铜	＜20	20	25	85～105	±25
	20～30	15	20	90～105	±20
	＞30	10	15	90～105	±15
总铅	＜20	25	30	80～110	±30
	20～40	20	25	85～110	±25
	＞40	15	20	90～105	±20
总铬	＜50	20	25	85～110	±25
	50～90	15	20	85～110	±20
	＞90	10	15	90～105	±15
总锌	＜50	20	25	85～110	±25
	50～90	15	20	85～110	±20
	＞90	10	15	90～105	±15
总镍	＜20	20	25	80～110	±25
	20～40	15	20	85～110	±20
	＞40	10	15	90～105	±15

表 2　尾矿渣及尾矿渣浸出液样品中其他检测项目分析测试精密度与准确度允许范围

检测项目	含量范围	精密度	准确度	适用的分析方法
		相对偏差/%	加标回收率/%	
无机元素	≤10MDL	30	80～120	AAS、ICP-AES、ICP-MS，其他常规方法
	≤10MDL	20	90～110	
	≤10MDL	30	70～130	AAS、ICP-AES、ICP-MS
	≤10MDL	20		

附表 4-1

采样质控检查记录表

审核级别：☐内审　☐外审（☐资料　☐现场）

尾矿库名称：________ 尾矿库编号：________ 采样单位：________ 采样组长：________

检查时间：________ 检查人员：________ 联系方式（组长）：________

序号	检查环节	检查项目	检查要点	检查方式	判定结果	检查样点编号及不合格原因
1	采样准备工作检查	布点方案及专家评审意见	布点方案及专家评审意见	资料检查通过查阅系统上传的布点方案及专家评审意见；现场检查查阅布点方案及专家评审意见	☐合格 ☐不合格	
		采样工具及样品保存工具	①采样工具的数量、类型； ②采样设备是否为专用	仅限现场检查。现场检查要对照实际情况检查采样工具的数量、类型配置是否满足采样要求；采样设备是否为专用	☐合格 ☐不合格	
		现场测试设备	①现场测试设备的配置； ②设备的检定校准； ③设备使用记录	仅限现场检查。现场检查要对照实际情况检查现场测试设备的数量、检定校准情况、设备使用记录信息是否完善	☐合格 ☐不合格	
		人员	检查人员数量配置、分工	仅限现场检查。现场检查要对照实际情况检查人员配置及分工	☐合格 ☐不合格	
2	尾矿渣采样	采样工具及样品保存工具	①采样工具的数量、类型； ②采样设备是否为专用	仅限现场检查。现场检查要对照实际情况检查采样工具的数量、类型配置是否满足采样要求；采样设备是否为专用	☐合格 ☐不合格	
		现场测试设备	①现场测试设备的配置； ②设备的检定校准； ③设备使用记录	仅限现场检查。现场检查要对照实际情况检查现场测试设备的数量、检定校准情况、设备使用记录信息是否完善	☐合格 ☐不合格	
		交叉污染防控	①采样设备是否为专用； ②采样前采样设备是否清洗干净； ③不同尾矿库间应清洗采样设备（与样品无直接接触或使用一次性的除外）等	资料检查通过现场照片；现场检查对照现场实际情况，检查采样设备清洗要求的执行情况	☐合格 ☐不合格	

序号	检查环节	检查项目	检查要点	检查方式	判定结果	检查样点编号及不合格原因
2	尾矿渣采样	样品编码	样品编码方式（含平行样）应满足技术规定要求	资料检查通过“样品保存检查记录单”和现场照片；现场检查对照现场实际情况，检查尾矿渣样品编码情况	□合格 □不合格	
		样品保存条件	①样品包装容器是否按照采样手册执行，样品保存箱是否为专用； ②样品采集后是否及时贴签存放至保存箱内	资料检查通过现场照片检查保存箱；现场检查对照现场实际情况，检查样品保存情况	□合格 □不合格	
		样品检查	①已采集样品应与“样品保存检查记录单”一致并满足布点方案要求； ②样品重量或体积满足检测要求	资料检查通过“样品保存检查记录单”和现场照片检查“样品保存检查记录单”与布点方案的一致性；现场检查对照现场实际情况，检查已采样品、“样品保存检查记录单”、布点方案三者的一致性	□合格 □不合格	
3	样品接收与运送	样品接收	①时效性：检查时，应满足相应检测指标的测试周期要求； ②保存条件：样品保存条件（包括温度、气泡及保护剂等）应满足全部送检样品要求； ③样品包装容器：样品包装容器应无破损，封装完好； ④标签：样品包装容器标签应完整、清晰、可辨识，标签上的样品编码应与运送单完全一致； ⑤“样品运送单”应填写完整、规范，且与实际情况一致	资料检查通过“样品交接清单”与现场照片，检查样品时效性和保存条件、样品包装容器、标签；现场检查对照现场实际情况，检查“样品交接清单”所记录全部内容是否与实际情况一致并满足全部检查要点要求	□合格 □不合格	
		样品运送	同样品交接，“样品运送单”应填写完整、规范，且与实际情况一致	资料检查通过“样品运送单”与现场照片，检查样品时效性和保存条件、样品包装容器、标签；现场检查对照现场实际情况，检查“样品运送单”所记录全部内容是否与实际情况一致并满足全部检查要点要求	□合格 □不合格	

序号	检查环节	检查项目	检查要点	检查方式	判定结果	检查样点编号及不合格原因
4	采样记录单	记录单	①检查尾矿渣所有采样记录单的完整性及准确性； ②检查样品保存、样品交接、样品运输记录的完整性及准确性	资料检查通过检查采样记录与现场照片，现场检查对照现场实际情况，检查所有现场原始记录单所记录全部内容是否与实际情况一致并满足全部检查要点要求	□合格 □不合格	
5	内审检查（外审单位完成）	内审	①是否开展内部质量控制检查； ②内部质量控制的完整性	资料检查通过“采样质控检查记录表（内审）”与现场照片，现场检查对照现场实际情况，检查“采样质控检查记录表（内审）”所记录全部内容是否与实际情况一致并满足全部检查要点要求	□合格 □不合格	

注 1：质量检查以环节为单位，应填写所检查环节的全部检查项目判定结果。

注 2：“现场照片”指该检查环节现场工作情景照片，采样工作组应对照检查要点、检查方式进行拍照，并充分反映相关工作内容；当照片无法支撑相关环节的判定时，质量检查人员可判定该环节为不合格。

注 3：不满足任一检查要点要求则判定为不合格，否则为合格。

附表 4-2

检测实验室现场质控检查记录表

审核级别：□内审 □外审（现场）

尾矿库名称：________ 尾矿库编码：________ 检测实验室名称：________ 检查组组长：________

检查时间：________ 检查人员：________ 联系方式（组长）：________

序号	检查环节	检查项目	检查要点	检查方式	判定结果	具体描述
1	样品制备	样品风干	①尾矿渣样品风干室是否通风良好，是否存在交叉污染，风干所用盛样工具是否存在污染； ②尾矿渣样品风干室与土壤样品风干室是否有效隔离	针对需要风干的监测项目，现场检查并记录	□合格 □不合格	
		样品制备环境及设备	①尾矿渣样品制备环境及设备是否齐全； ②尾矿渣样品浸提环境及设备是否齐全	①现场检查尾矿渣样品制备所用各种类型筛是否齐全并经过检定/校准，四分器、木槌、木棒、塑料板等是否齐全；是否具备排风设施；是否存在交叉污染； ②现场检查尾矿渣样品浸提所用仪器设备是否齐全并经过检定/校准，正压过滤器、浸提瓶等数量是否满足要求；是否具备排风设施；是否存在交叉污染	□合格 □不合格	
		样品制备操作	尾矿渣总量、浸提操作是否规范	现场检查样品制备过程操作是否规范	□合格 □不合格	
2	测试项目	测试项目能力资质	①必测项目是否取得检验检测机构资质认定； ②选测项目无能力时是否签订分包协议	通过现场资料检查，检查资质证书附表及无能力时的分包协议	□合格 □不合格	
3	检测实验室情况	首次检查检测实验室时，对检测实验室进行情况统计				
4	检测实验室质控执行情况	抽取检测实验室检测报告及质控报告一份，检查质控落实情况			□合格 □不合格	

序号	检查环节	检查项目	检查要点	检查方式	判定结果	具体描述
5	实验室测试分析	测试仪器设施是否满足要求及工作站数据与原始记录一致性	①仪器设备是否经过检定/校准并经过实验室确认； ②仪器设备记录是否齐全； ③测试人员是否持有上岗证； ④该批次空白、平行样、准确度控制是否按质控要求执行，测试结果是否合格； ⑤测试数据是否真实有效	随机抽取出具的覆盖无机、有机、理化 3 种类型的报告各 1 份，各挑取两个样品，检查仪器工作站记录是否与报告报出数据一致，仪器使用记录是否齐全，分析人员是否持证上岗，仪器设备是否经过检定/校准并经过实验室确认；质控措施是否执行到位，质控测试结果是否合格	□合格 □不合格	
		样品前处理	①样品前处理设备； ②样品前处理记录	追溯前述报告中抽取样品前处理设备是否满足检测方法要求，并有状态标识；样品前处理记录是否齐全	□合格 □不合格	
		样品称量	①实验室天平是否检定并经过实验室确认； ②天平使用记录	现场检查天平检定及确认情况；追溯前述报告中抽取样品称量记录是否齐全，并与报告中一致	□合格 □不合格	
		样品流转	①样品流转记录是否齐全； ②样品流转过程中是否出现标签掉落	追溯前述报告中现场检查抽取样品流转记录，并检查留样标签情况	□合格 □不合格	
		样品制备	①样品制备过程是否记录完整； ②是否规范留样	追溯前述报告中抽取样品保存是否规范；记录是否完整	□合格 □不合格	